U0593583

高等卫生职业院校教材

形态学实验教程

| 第二版 |

陈淑敏　黄建斌　主编

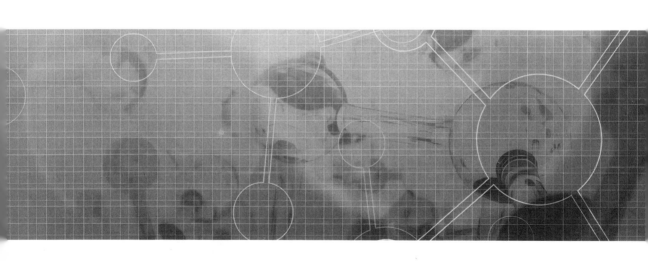

厦门大学出版社
XIAMEN UNIVERSITY PRESS
国家一级出版社
全国百佳图书出版单位

图书在版编目（CIP）数据

形态学实验教程 / 陈淑敏，黄建斌主编. -- 2 版
. -- 厦门：厦门大学出版社，2025.8
　　ISBN 978-7-5615-9300-4

　　Ⅰ. ①形… Ⅱ. ①陈… ②黄… Ⅲ. ①人体形态学-
实验-高等职业教育-教材 Ⅳ. ①R32-33

中国版本图书馆CIP数据核字(2024)第028898号

责任编辑	施高翔　胡　佩
封面设计	李夏凌
技术编辑	许克华

出版发行　厦门大学出版社

社　　址	厦门市软件园二期望海路39号
邮政编码	361008
总　　机	0592-2181111　0592-2181406(传真)
营销中心	0592-2184458　0592-2181365
网　　址	http://www.xmupress.com
邮　　箱	xmup@xmupress.com
印　　刷	厦门市竞成印刷有限公司

开本	787 mm×1 092 mm　1/16
印张	13.25
插页	28
字数	450 千字
版次	2007 年 10 月第 1 版　2025 年 8 月第 2 版
印次	2025 年 8 月第 1 次印刷
定价	48.00 元

厦门大学出版社
微信二维码　　厦门大学出版社
微博二维码

本书编委会

主　　编　陈淑敏　黄建斌

副主编　陈雅静　陈桐君

主　　审　唐忠辉

编　　委　(按姓名汉语拼音排序)

陈淑敏(漳州卫生职业学院)

陈桐君(漳州卫生职业学院)

陈雅静(漳州卫生职业学院)

黄建斌(漳州卫生职业学院)

黄丽萍(漳州卫生职业学院)

黄智城(漳州卫生职业学院)

简晓敏(漳州卫生职业学院)

罗宝英(漳州卫生职业学院)

孟加榕(联勤保障部队第909医院)

史河秀(福建卫生职业技术学院)

苏海燕(福建医科大学附属漳州市医院)

孙忠亮(广西中医药大学高等职业技术学院)

唐忠辉(漳州卫生职业学院)

王　燕(漳州卫生职业学院)

徐文娟(漳州卫生职业学院)

叶碧云(漳州卫生职业学院)

郑舒静(福建医科大学附属漳州市医院)

邹宗楷(福建医科大学附属漳州市医院)

二版前言

医学职业教育已成为我国高等教育的重要组成部分,基础医学实验课在医学职业教育实践中占据相当重要的地位,具有培养"有知识、强能力、重实践、高素质"医学高级人才的启蒙和重要桥梁作用。随着基础医学实验教学的深入改革,我们更注重学生的主动学习,提倡学生动手操作,参与科学实验,激发学生在学习上的自信心和观察事物的兴奋感,培养学生的科研素质,即严谨的科学作风、严密的科学思维和实事求是的科学态度。为此,我们教学团队结合教学和临床新技术,在原版本的基础上重新编写了本教材。

《形态学实验教程》是将"组织学与胚胎学"和"病理学"课程的实验内容有机融合为一体,是医学基础实验教学课程的重要内容。在组织编写此书的过程中,我们力争教材的全面性、系统性、先进性和思想性,强调实用性。"组织学与胚胎学"和"病理学"实验课的研究材料主要来自尸体解剖、活体组织检查和动物实验等。只有熟悉正常人体的结构和功能,才能学好异常情况下的病理学形态结构改变。学生在学习病理学实验课时往往忘记正常的组织学结构,严重影响实验教学质量效果。为此,我们把病理学和组织胚胎学两门实验课有机结合在一起,组织学的内容在前,相关章节的病理学内容紧随其后,以便在学习病理实验课时直接有针对性地复习组织学内容。根据实验教学内容的需要,我们精心挑选正常组织及病理组织镜下彩色图谱共255幅,以方便学生对正常组织与病变后的组织结构变化进行比较观察,培养学生观察能力,加深对理论知识的理解,提高实验效果。还包含免疫组织化学及FISH图谱共13幅,与临床诊断病理学密切相关,体现了先进性和适用性。每一章节都有二维码,除了镜下的组织学和病理学的图片,还增加了151幅病理的大体标本彩色图和2幅胎盘彩色图,形象直观,学生扫描二维码后可随时随地进行学习。此外,还增加知识拓展(课程思政)小故事模块,使学生在获取课外知识的同时潜移默化地接受思想熏陶。同时设有临床病例讨论、实验报告、复习和思考、选择题等,要求学生运用所学的理论知识与实际相结合,旨在培养学生独立思考、分析问题和解决问题的能力,为学好临床知识打下基础,这对培养实用型高等医学专门人才具有重要作用。

本书内容丰富,文字简明扼要,图版真实清晰,图文并茂,充分突出组织胚胎与病理形态学特点，适于医学本科、高职高专、五年一贯制、中专医药学校开设"正常人体学"、"组织与胚胎学"和"病理学"等相关学科形态学实验教学使用。

　　本书在编写过程中参考了多本国内外各层次的教材及相关专著，唐忠辉教授对本书进行了审阅和指导。此外，还得到华北理工大学医学部病理学教研室的支持与帮助，同时得到漳州卫生职业学院领导和福建师范大学生命科学学院的支持与帮助，在此致以诚挚的谢意。

　　教材建设是不断提高教学质量的重要基石，也是一项长期性工作。热忱欢迎使用本书的教师和同学惠予评议和指正，指出它的错误和欠妥之处，以便今后继续修订和改进。

陈淑敏

2024 年 8 月

一版前言

医学高职高专教育已成为我国高等教育的重要组成部分,基础医学实验课在高职高专教育实践中占据相当重要的地位,具有培养"有知识、强能力、重实践、高素质"医学高级人才的启蒙和重要桥梁作用。随着基础医学实验教学改革,许多高职高专医学院校将学科功能相关、教学手段相似的专业融合优化,建立新的实验课程体系,以适应实验室体制改革。在教学方法上改变传统的"程序式"教学法即灌输式,逐步向以学生为主体、教师为导向的教学法转轨。在教学手段上提倡学生动手操作,参与科学实验,使学生在整个学习过程中由被动变主动,激发学生在学习上的自信心和观察事物的兴奋感,培养学生的科研素质,即严谨的科学作风、严密的科学思维和实事求是的科学态度。为此,我们组织编写了本教材,以满足当前高职高专医学院校教学改革需要。

《形态学实验教程》是将"组织学与胚胎学"和"病理学"课程的实验内容有机融合为一体,是医学基础实验教学课程的重要内容。在组织编写此书的过程中,我们力争教材的全面性、系统性、先进性,强调高职高专特色的实用性。"组织学与胚胎学"和"病理学"实验课的研究材料主要来自尸体解剖、活体组织检查和动物实验等。只有熟悉正常人体的结构和功能,才能学好异常情况下的病理学形态结构改变。学生在学习病理学实验课时往往忘记正常的组织学结构,严重影响了实验教学质量效果。为此,我们把病理学和组织胚胎学两门实验课有机结合在一起,以便在实习病理实验课时直接有针对性地复习组织胚胎学内容。根据实验教学内容的需要,精心挑选正常组织及病理组织镜下彩色图谱各96幅,以便学生对正常组织与病变后的组织结构变化进行比较观察,培养学生的观察能力,加深对理论知识的理解,提高实习效果。同时设有临床病例讨论、实验报告、复习和思考,要求学生运用所学过的理论知识与实际结合,旨在培养学生独立思考、分析问题和解决问题的能力,为学好临床知识打下基础,这对培养实用型高等医学专门人才具有重要作用。

本书内容丰富,文字简明扼要,图版真实清晰,图文并茂,充分突出组织胚胎与病理形态学特点,适于高职高专、五年一贯制、中专医药院校开设"正常人体学"、"组织与胚胎学"和"病理学"等相关学科形态学实验教学使用。

　　本书由唐忠辉和邓建楠担任主编。具体分工:唐忠辉撰写第一篇绪论1.1、1.2、1.5~1.7,第二篇总论2.5~2.8,第三篇各论3.10~3.18和相应第五篇附录Ⅰ~Ⅱ,邓建楠撰写第二篇总论2.1~2.2、第三篇各论3.6~3.7、第四篇人体胚胎发育和相应第五篇附录Ⅱ,庄丽莉撰写第一篇绪论1.3~1.4、第二篇总论2.3~2.4和相应第五篇附录Ⅱ,杜志昭撰写第三篇各论3.1~3.2,黄建斌撰写第三篇各论3.3~3.4,许一超撰写第三篇各论3.5、3.8~3.9和相应第五篇附录Ⅱ。陈惠华、陈桐君、周勤、林彩环、林燕燕、蔡晓莉、黄丽红和郑源海协助打稿、拍摄和编辑等。全书由唐忠辉和邓建楠统稿,得到林永富和吴德荣审阅。

　　编写本书过程中,得到了福建医科大学原校长陈丽英教授和福建医科大学基础医学院院长黄爱民教授二位同行专家的指导,同时得到漳州卫生职业学院领导和福建师范大学生物科学院的支持与帮助,在此致以诚挚的谢意。

　　教材建设是不断提高教学质量的重要基石,也是一项长期性工作。热忱欢迎使用本书的教师和同学惠予评议和指正,指出它的错误和欠妥之处,以便今后继续修订和改进。

唐忠辉

2007 年 8 月

目　录

第一篇　绪　论

　　形态学实验是基础医学实验教学课程中的重要内容,实践性较强,其实验的目的是坚持以学生为主体、教师为主导,增强学生的感性认识,使学生正确运用已学到的知识,通过对正常和病理状态下的器官、组织进行大体形态观察及光学显微镜的动手操作来观察细胞,认识和了解机体组织结构、胚胎发生过程的形态演变以及疾病发生、发展过程及一般规律中的特殊规律,以达到理论联系实际的目的。用直观方法观察病理大体标本和用显微镜观察组织切片的形态变化,使学生在整个学习过程由被动变主动,激发学生在学习上的自信心和观察事物的兴奋感,以达到培养创新意识及提高发现问题、分析问题、解决问题的能力,同时培养学生严肃的科学态度、严格的科学作风和严密的科学方法。

一、形态学实验的要求

　　实验教学是在学生掌握好理论知识的情况下,在独立操作的原则下进行的,教师只在具体方面进行必要的指导。为此,对上实验课的学生有以下要求:

　　1. 做好实验前理论准备

　　(1)实验前应认真复习理论知识,预习实验指导,明确本次实验的目的和主要内容,以期在实验中收到良好效果。

　　(2)课前准备好实验用具:如形态学实验教程、教科书、实验报告纸、红蓝色笔、HB 铅笔、小刀、橡皮、尺子和工作服等。

　　2. 以严谨的科学态度进行实验

　　(1)自觉遵守实验室的规章制度。

　　(2)检查显微镜是否能正常使用,并清点组织切片片数。如有损坏或缺少的现象,应立即向老师报告。

　　(3)严格按实验程序认真操作,先用低倍镜观察,切忌一开始即用高倍镜观察。

　　(4)爱护病理大体标本和组织切片,不得进行与实验无关的操作。

　　(5)以实事求是的科学态度对待每项实验,仔细、耐心地观察实验机体组织结构、胚胎发生过程的形态演变以及疾病过程中出现的病理变化,做到实验联系理论,理论联系临床,运用已学得的理论知识,解释患者的症状与体征;并进行逻辑推理,分析病变的来源以及发展下去可能的后果。

　　(6)加强形态学描述和描绘技能训练。

　　3. 实验后

　　(1)要关好显微镜光源,各旋钮处于正常位置。

　　(2)填写使用实验仪器的登记本(卡)。

（3）为了加深对机体组织结构或病变的理解与记忆，对典型结构或病变的部位，绘出镜下所见简图。

（4）认真书写实验报告，按时递交任课教师批阅。

二、光学显微镜的构造和使用方法

1. 光学显微镜的构造

双目显微镜的主要构造可分为机械部分和光学部分（图 1-0-1）。

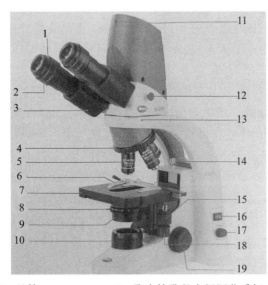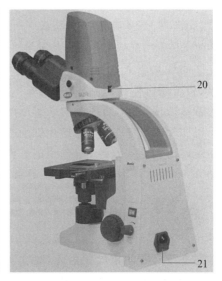

1—目镜	8—聚光镜孔径光阑调节手柄	15—载物台 Y 向调节手轮
2—视度调节筒	9—聚光镜	16—电源开关
3—镜筒	10—集光镜	17—亮度调节手轮
4—物镜转换器	11—LED 指示灯	18—载物台 X 向调节手轮
5—物镜	12—拉杆	19—细（微）调焦手轮
6—压片夹	13—镜筒紧定螺钉	20—USB 输出端
7—载物台	14—粗调焦高度限位调节螺钉	21—电源输出端

图 1-0-1 双目显微镜的主要构造

（1）机械部分

①镜座：是显微镜的底座，呈方形或椭圆形。

②镜臂：是显微镜的支柱和握持显微镜的部分，常呈弧形。

③调焦手轮：可分为两种。一种是粗调焦手轮，又称粗调节螺旋，简称"粗调"。另一种是细（微）调焦手轮，又称细（微）调节螺旋，简称"细调"或"微调"。两种调焦手轮都安装在镜臂下部的两侧，转动粗调焦手轮，可使载物台上升或下降，以调节焦距；转动细调焦手轮，可使物像更加清晰。

④物镜转换器：是物镜上方的圆盘，可转换装于其上的物镜。

⑤载物台：是镜臂下部前方置切片标本的平台，中央有一圆孔，称通光孔。载物台上有压片夹，可固定切片标本。载物台下方的左侧或右侧装有 X 向或 Y 向调节手轮，可移动切片标本。

（2）光学部分

①目镜：装在镜筒上端，常用放大倍数为 10× 的目镜。镜内装有指针，以指示镜下结构。

②物镜：装在转换器下面，一般分为低倍镜（4×、10×）、高倍镜（40×）和油镜（100×）三种。物镜放大倍数×目镜放大倍数＝物像放大倍数。

③照明器：是显微镜的照明系统，直接装在镜座内部。

④聚光器：装在载物台下方，可升降。主要作用是把照明光线聚集在被观察的物体上。聚光器底部装有光圈，可以开大或缩小，用以调节射入光线的强弱。

2. 光学显微镜的使用方法

（1）拿显微镜应以右手握镜臂，左手托镜座。取镜放镜的动作要轻稳。

（2）显微镜应放在胸部的左前方，离实验桌缘 15 cm 左右。

（3）将电源插头插入外接电源插座（插入前应检查外接电源电压与输入电源电压是否相符）。

（4）先将亮度调节柄（或螺旋）调至最小位置，开启电源开关，转动亮度调节柄至适中位置。

（5）使用低倍镜时，应先降低载物台，再转动转换器，将低倍镜对准载物台圆孔，然后打开光圈，上升聚光器。

（6）将切片标本置于载物台上，有盖玻片的一面朝上，并用压片夹固定切片，借助 X 向或 Y 向调节手轮把要观察的组织移置通光孔中央，双眼从侧面注视，转动粗调焦手轮使载物台上升至低倍镜与切片相距 0.5 cm 为止，然后双眼观察镜内视野，缓慢转动粗调焦手轮，下降载物台至视野内出现物像为止，再转动细调焦手轮，使看到的物像达到最清晰的程度。

（7）使用高倍镜前，先用低倍镜看清物像，寻找典型结构并移到视野中央，然后转换高倍镜，再转动细调焦手轮至看清物像为止。如要观察不在同一视野内的其他结构，应重新转用低倍镜，找到后移至视野中央，再用高倍镜观察。

（8）使用油镜时，应从低倍镜到高倍镜看清物像，然后移开高倍镜，将香柏油滴在切片上，转换油镜与切片接触，缓慢转动细调焦手轮至看清物像为止。

（9）显微镜使用完毕后，降低载物台，镜头调到低倍镜，取出切片标本，用柔软的绸布轻轻擦拭显微镜的机械部分，用擦镜纸从里到外螺旋式轻轻擦拭显微镜光学部分。如用过油镜，应在擦镜纸上滴 1～2 滴乙醇、乙醚的混合液或二甲苯，将镜头上的油擦掉，再用干燥的擦镜纸把镜头擦干净，然后将亮度调节柄（或螺旋）调至最小，关闭电源开关，最后用绸布包好，罩上遮光显微镜罩。

（10）将显微镜放回原处或送还显微镜室。

三、组织切片的制作方法简介

组织切片最常用的是石蜡切片，其制作过程有如下步骤：

（1）取材：从人体或动物体内切取厚约 0.2～0.3 cm 的组织块，大小以 (1.0～1.5)cm×(1.0～1.5)cm 为宜。

（2）固定：将取下的组织块放入固定液中，使组织细胞内所含物质尽量保持生活状态时的形态结构和位置。常用固定液有以下几种：

①中性甲醛溶液：具有渗透力强、组织收缩小、染色效果好的特点，还能保存大多数抗原物质，提高免疫组织化学检测的阳性率。可用作常规固定液，脂肪染色常用此液固定，也是免疫

组织化学最常用的固定液。固定时间一般为 $6\sim24$ h。此液中甲醛浓度为 $6\%\sim8\%$。

②乙醇-乙酸-甲醛液(AAF液)：其特点是固定快速，对脂质、糖类、蛋白质等物质有很好的固定作用。AAF液兼有固定和脱水的作用，经过 AAF 液固定后的组织块可直接移入 95% 乙醇进行脱水。

③包氏(Bouin)固定液：其特点是渗透力强，组织固定均匀，收缩较小，染色效果好，细胞核着色鲜明；对皮肤及肌腱等较硬的组织具有软化作用，对含脂肪的乳腺组织、淋巴结和脂肪肿瘤标本的固定效果好。是一种用于常规活检标本固定的良好混合固定液，适用于大多数组织的固定，尤其适用于结缔组织染色。固定时间以 $12\sim24$ h 为宜。

(3)洗涤：将固定后的组织放在自来水中冲洗，把未与组织结合的多余固定液洗去。

(4)脱水：将组织内的水分用某些化学试剂置换出来的过程称为脱水，脱水是为下一步透明做准备。将固定后的组织块放入不同浓度的乙醇中，从低浓度向高浓度过渡，乙醇的量应为组织块的 $20\sim50$ 倍，不同浓度乙醇中留置时间一般为 $20\sim120$ min。若留置时间太长，会引起组织收缩、变硬，造成切片困难。

(5)透明：用某些化学试剂(如二甲苯等)将组织中的脱水剂置换出来，以利于浸蜡和包埋，因组织块浸入这些试剂后常呈半透明状，故称透明(或媒浸)。组织块浸入透明剂 $2\sim3$ 次即能达到透明目的。透明时间的长短取决于标本的种类和组织块的厚薄，一般活检标本透明 $15\sim20$ min 即可。

(6)浸蜡：把透明后的组织块再经三次 56 ℃的石蜡浸渍，使其充分渗入组织细胞内，使组织具有一定的硬度，有利于切片。浸蜡时间一般以 $3\sim4$ h 为宜。

(7)包埋：用石蜡或其他包埋剂将组织块包成一定形状，使其具有一定的硬度和韧度，便于切成薄片的过程。

(8)切片：用切片机将蜡块切成适宜厚度的薄片的过程称为石蜡切片。切片厚度一般为 $4\sim6$ μm，也可切到 $1\sim2$ μm。将切下的蜡带正面向上轻放于供展片的温水中，用镊子帮助展平。待蜡带中的组织完全展平后用载玻片捞起蜡带，称为捞片。展片温度一般为 $42\sim48$ ℃。将载玻片在烤片仪上烘烤片刻或放入烤箱烘烤 30 min。烤片温度一般为 $60\sim70$ ℃。

(9)染色：常用苏木精(hematoxylin)和伊红(eosin)染色，简称 HE 染色。苏木素为碱性染料，使细胞内的某些物质(如染色质和核糖体等)染为蓝紫色。伊红是酸性染料，可使细胞膜、细胞质和胶原纤维等染为红色。

四、形态学实验的内容和方法

形态学实验的内容包括大体标本观察，组织切片观察，幻灯片、录像 VCD 片、微课视频观看，尸体解剖，病例讨论及动物观察等，其中最主要的是大体标本和组织切片观察。

首先应熟悉正常人体的结构和功能，才能学习异常情况下的形态结构的改变。病理标本与组织切片主要来自尸体解剖、活体组织检查的材料，它仅仅是疾病发展过程中某一阶段的病变表现。我们观察时还应以动的观点把固定标本和切片看"活"，即运用已学过的理论知识，进行逻辑推理，弄清前因后果和分析可能的转归。

1. 大体标本观察方法和步骤

(1)首先应识别标本属于何种器官或组织。

(2)与相应的正常脏器和组织比较：该器官或组织的体积大小、形状、色泽是否正常。

(3)表面和切面的状况：

①光滑度:平滑或粗糙。

②透明度:器官的包膜是变薄或增厚,透明或混浊等。

③颜色:暗红、苍白、黑色、黄色等。

④质地:软、硬、韧、松脆等。

(4)病灶的情况:按从表面到切面、先外后内、先上后下的顺序逐次观察,找出病变位置。

①分布与位置:在器官哪一部位。

②数量与包膜:单个或多个,局部或弥散,有无包膜。

③大小与形态:体积以"长×宽×厚"表示,面积以"长×宽"表示,均以厘米计算。实际中常以实物大小来形容,如米粒大、黄豆大、鸡蛋大、成人拳头大等。

④颜色与质地:正常器官应保持其固有的色泽和质地。如有不同着色,则往往是由于内源性或外源性色素的影响(暗红色表示含血量多,黄绿色表示含有胆汁,黄色表示含有脂肪或类脂);质地常以软、硬、韧、松脆来表示。

⑤病变与周围组织关系:境界清楚或模糊,有无压迫或破坏等。若系肠腔性器官,还要注意器官增厚或变薄,内壁粗糙或平滑,有无突起等,腔内内容物颜色、性质、容量,器官外壁有无粘连等情况。

(5)分析及判断病变性质,并作出初步病理诊断。

(6)运用所学过的理论知识,从动态观点分析病变发生原因、发展经过、临床表现,推测其结局。

注意:实验所见大体标本,一般经过 10%福尔马林固定,其大小、颜色、硬度与新鲜标本有所不同。

2. 组织切片观察方法、步骤及注意事项

(1)观察组织切片的方法

观察组织切片应有规律地逐一观察。先用肉眼观察切片的一般轮廓、形态和染色情况,判断是实质性器官还是空腔性器官;再用低倍镜观察切片的整体结构,实质性器官应从外向内观察,空腔性器官则由腔内向外依次分层观察,选择典型组织结构或细胞移到视野中央,最后转换高倍镜进一步观察。必要时才使用油镜观察。

(2)观察组织切片的步骤

①先用肉眼或用倒转目镜观察,初步了解整个切片组织情况(何种组织、病变位置)。

②再用低倍镜上下左右扫视全片,确认是何种组织、病变的部位和性质,并明确病变与周围组织的关系。切忌一开始即用高倍镜观察。

③最后才用高倍镜有的放矢地仔细观察病变的组织和细胞的微细形态结构改变。病理组织切片一般不用油镜。

④通过分析综合作出病理诊断。

⑤结合大体标本分析病变发生、发展、转归规律及临床表现。

(3)观察组织切片的注意事项

①应遵循先肉眼观察再低倍镜观察后高倍镜观察的原则。目的是养成正确的观察和分析习惯——从整体到局部,从一般到特殊的结构。肉眼观察可以帮助区分组织切片的正反面,确定观察部位和观察顺序(参见上述);低倍镜观察可以了解组织切片的全貌、层次、部位关系;高倍镜用于局部组织结构的放大,切勿放置切片后立即用高倍镜观察。应将切片上有盖玻片的一面朝上,切勿反置。

②应注意切面与整体的关系。同一个细胞、组织或器官,由于所切的方向或部位不同,在切片上所显示的形态结构就不同。如从细胞的边缘切断,切面上无细胞核;从细胞中央切断,则可见细胞核。管道器官由于切的方向不同,可以显示不同形态。

③应注意形态与功能的关系。细胞、组织或器官的功能状态不同,所呈现的形态结构也有差异。如代谢旺盛的细胞,细胞核较大及染色较淡,核仁明显;含蛋白质多的细胞,胞质内含有大量粗面内质网,细胞质多呈嗜碱性等。

④应注意识别切片中的人为假象。在制作标本过程中,某些因素的影响,如染料残渣、刀痕、气泡、空泡、组织皱褶重叠等,都会使组织切片出现一些人工假象,观察时应加以辨别。

3. 描述、诊断原则及绘图

对大体标本或组织切片的描述一定要真实,不可主观臆造。语言要精练,层次要清楚,从整体到局部,由里到外,由上到下,逐次描述。

对大体标本或组织切片作诊断时,要结合病史,联系理论知识,反复观察、综合分析,诊断原则是器官或组织名称＋病理变化,如脾梗死、支气管鳞状上皮化生等。

绘图是学习形态的主要方法之一,在绘图之前,必须先看懂正常组织结构或病变结构,然后本着真实的原则,不可人为加工,更不可抄袭图谱。

4. 临床病例讨论

(1)病例讨论的目的

通过阅读典型病例的临床病理(尸体解剖)资料,结合所学病理学理论知识,在教师指导下进行讨论,达到理论联系实际,进一步加深对所学理论知识的理解以及培养分析问题和解决问题的能力的目的。

(2)病例讨论的要求及注意事项

①根据肉眼及镜下所见病理变化,结合临床表现,作出主要病理诊断。

②分析病变的发生、发展过程及主要病变间的相互关系。

③分析病变和主要临床表现的关系。

④找出患者的主要死亡原因。

⑤讨论前必须认真、仔细阅读有关资料,运用所学病理学及有关基础医学的知识,写出发言提纲并积极参与讨论。

5. 信息化教学

配合教学内容,放映相关章节的录像、微课视频等,强化教学效果。每一章节附相应彩图的二维码,扫描后可观察标本。

五、绘图与实验报告

绘图和书写报告是学习形态学的主要方法之一,是培养实事求是的科学作风、严格的科学态度以及训练观察、描述和表达能力的重要手段。因此,绘图必须真实确切,切勿单凭美术观点或单凭印象虚构,书写报告必须整洁,简明扼要地写出病变特点及其与周围组织的关系。

描绘病变要求选择有代表性部分,真实简明地绘出病变特点。应根据自己观察的病变特点,联系理论课内容,客观地分析,精练地写出实验报告。

1. 绘图要求

(1)工具

①红、蓝铅笔和 HB 铅笔各一支。

②实验绘图用纸。

③橡皮。

④尺。

(2)方法

①选择典型。在低倍镜全面观察的基础上,根据组织结构特点采用低倍镜或转高倍镜重点观察,选择有代表性或结构典型能表示出该组织或器官的主要部位,准备绘图。

②确定画面。选择典型画面后,用尺子或圆规在实验报告纸上确定画面位置和大小。画面的位置一般选在实验报告纸中上部偏左侧处(右侧用于注字)。构图采用圆形或方形画面。

③绘图。先用 HB 铅笔,根据实验要求和镜下所观察到的内容,按其微细结构、大小比例与形态位置绘出镜下细胞或组织的轮廓,再用红、蓝色笔绘图。在 HE 染色中,细胞核和嗜碱性颗粒用蓝色笔,细胞质和嗜酸性颗粒用红色笔。绘图必须正确反映镜下所见,看到什么内容就绘什么,不能凭空想象或照图谱摹画,做到实事求是。

④注字。绘图后用 HB 铅笔有规则地在图右侧标线及注明各种结构名称。标线要平行对齐,不可交叉或随意拉线。

⑤注意按顺序绘图的方法应视组织或器官不同而改变。如画上皮组织时,应由一侧按顺序进行;当画管腔、囊状器官时,则由腔内向外侧画;当画实质性器官时,则由表面向内部,按一定顺序进行。

2. 验报告书写规范

书写实验报告力求简洁、通顺,字迹清楚、工整,按格式要求逐一书写。

(1)实验题目:章节名称(如:实验 细胞和组织的损伤与修复)一般放在实验报告纸的第一行居中。

(2)实验目的要求:抄写本章"目的要求"的内容。

(3)实验内容:(略)

(4)绘图:甲状腺切片

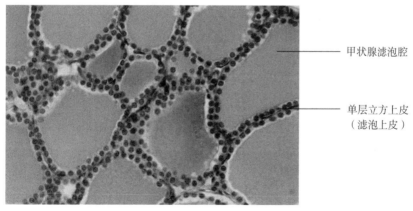

HE×400(染色与放大倍数)

组织名称:甲状腺

描述:滤泡上皮由单层立方上皮组成,细胞为立方形,胞质染色淡,细胞核圆球形,呈紫蓝色,位于细胞中央。

六、实验室守则

1. 光学显微镜管理守则

(1)做好五防:

①防潮:房间保持干燥,学生观察切片时,不得让水或试剂沾染显微镜。

②防尘:使用前后应将显微镜光学部分和机械部分用擦镜纸和绸布拭净。

③防腐蚀:显微镜不能和具有腐蚀性的物品放在一起。

④防震:使用时应轻拿轻放,切勿与重物碰撞。

⑤防热:不能受阳光直晒,不应靠近电炉等发热物体,以免引起镜片脱胶。

(2)为培养学生责任感,各班学生应按实验老师的安排,固定号码领用显微镜。使用前后应检查仪器性能是否完好,发现问题及时报告实验老师,并做好登记手续,以便维修。

(3)使用显微镜时应严守操作规程,不得擅自拆卸或调换显微镜部件。因违反操作规程而损坏者,按学校有关规定进行赔偿。使用完毕应及时填写使用登记表。

(4)观察示教镜时,不得擅自动用粗调焦手轮和移动手轮,以免影响其他学生观察。

2. 组织切片管理守则

(1)各班学生应按实验老师的安排,固定号码领取组织切片盒。使用前,应检查组织切片,如有损坏或遗失,应及时报告实验老师。

(2)实验完毕,将切片按编号放回切片盒,填写使用登记表,并将切片盒放回原位。

(3)组织切片来之不易,使用时应轻取轻放,损坏者按学校有关规定赔偿。

3. 形态学实验守则

(1)按时到达实验室,不得迟到、早退或随意缺席,进实验室必须穿工作服。

(2)养成良好的学习和工作作风,保持实验室安静。严禁在实验室高声喧哗、打闹。

(3)爱护显微镜、大体标本、组织切片及其他教具,不得损坏。

(4)保持安静整洁的学习环境,严禁吸烟、随地吐痰、乱扔纸屑,不必要的物品不得带入实验室。

(5)每次实验结束后,值日生做好清洁卫生,并整理好实验台面和凳子,关好实验室门窗、水电。

(陈淑敏)

第二篇　总　论

2.1　上皮组织

【目的要求】

(1)掌握上皮组织结构特点和分类。

(2)掌握各种被覆上皮的结构特点。

(3)了解杯状细胞的结构特点。

【实验内容】

组织切片	示教片
1. 单层扁平上皮(垂直切面观)	1. 单层扁平上皮(表面观)
2. 单层立方上皮(垂直切面观)	2. 单层扁平上皮(切面观)
3. 单层柱状上皮	3. 角化的复层扁平(鳞状)上皮
4. 假复层纤毛柱状上皮	
5. 未角化的复层扁平(鳞状)上皮	
6. 变移上皮	

一、组织切片

1. 单层扁平上皮(simple squamous epithelium)(垂直切面观)

材料:动物肾脏切片

2.1组织切片图

染色:HE 染色

肉眼观察:肾切片多为三角形,染成红色。靠近三角形底部染色较深的部分为肾皮质,靠近三角形尖端染色较浅的部分为肾髓质。

低倍镜观察:肾皮质内可见许多圆球形或椭圆形结构,称为肾小体,将肾小体移到视野中央,用高倍镜观察。

高倍镜观察:肾小体的中央部是一团血管球,血管球的外周部可见一环形空白区,为肾小囊腔。肾小囊腔的边界由一层单层扁平上皮细胞围成。单层扁平上皮垂直切面观可见:细胞扁而薄,细胞核扁圆形,染成紫蓝色;胞质很少,染成淡红色细线状,含核的部分略厚(图 2-1-1)。

2. 单层立方上皮(simple cuboidal epithelium)(垂直切面观)

材料:甲状腺切片

染色:HE 染色

肉眼观察:甲状腺切片为淡紫红色块状结构。

低倍镜观察:甲状腺实质内有许多大小不等、近似圆形或多边形的滤泡断面,滤泡腔内充满粉红色胶状物。滤泡壁由单层立方上皮细胞构成。

高倍镜观察:选择一个较典型的滤泡进行观察,单层滤泡上皮细胞为立方形,细胞核圆球形,染成紫蓝色,位于细胞中央,细胞质染成淡粉红色(图 2-1-2)。

3. 单层柱状上皮(simple columnar epithelium)

材料:动物胆囊切片

染色:HE 染色

肉眼观察:胆囊切片为红色长方形块状结构,一侧边缘呈锯齿状,染成紫红色的是胆囊腔面的黏膜皱襞,为观察部位。

低倍镜观察:胆囊的黏膜皱襞表面由单层柱状上皮细胞组成。单层柱状上皮细胞的细胞质和细胞膜染成红色,细胞核染成紫蓝色。选择一段细胞膜、细胞质、细胞核清楚的部位,转高倍镜观察。

高倍镜观察:单层柱状上皮细胞垂直切面观呈高柱状,细胞核整齐排列于单层柱状上皮细胞的基底部,核膜清楚。细胞膜清楚,细胞质染成粉红色。细胞的游离面朝向胆囊腔,与游离面相对的一侧与结缔组织相连,称基底面,基膜不明显。由于标本切面不同,所以细胞核呈椭圆形或圆形,有时可见细胞核重叠现象(局部切片较厚所致)(图 2-1-3)。

4. 假复层纤毛柱状上皮(pseudostratified ciliated columnar epithelium)

材料:动物气管切片

染色:HE 染色

肉眼观察:气管横断面呈半环形或半弧形结构,被覆腔面的薄层蓝紫色部分是假复层纤毛柱状上皮,为观察部位。

低倍镜观察:上皮较厚,染色较深,呈蓝紫色,选择一段较典型结构在高倍镜观察。

高倍镜观察:假复层纤毛柱状上皮细胞的游离面,可见排列纤细整齐的纤毛,上皮由高矮不等、形状不一的柱状细胞、梭形细胞、锥体形细胞组成。细胞核染成紫蓝色,由于细胞高矮不一,所有细胞的基底面均附在基膜上,因此,核位置深浅不一,形似多层,实为单层。细胞质染红色,其中柱状纤毛细胞较多,纤毛细胞向上皮的游离面伸出排列纤细整齐的纤毛。上皮细胞之间夹杂着杯状细胞。杯状细胞形似高脚酒杯状,其顶部较宽大,呈空泡状,为杯状细胞所产生的分泌颗粒(黏原颗粒)在制作切片过程中被溶解所致。杯状细胞的底部较细窄,细胞核位于此处(图 2-1-4)。

5. 未角化的复层扁平(鳞状)上皮(nonkeratinized stratified squamous epithelium)

材料:动物食管横切片

染色:HE 染色

肉眼观察:食管横断面略呈圆形或椭圆形,中部可见数条分支状狭窄裂隙,即为食管腔,为食管收缩,腔面纵行黏膜皱襞向中部靠近所致。

低倍镜观察:凸向食管腔面,红色带状结构为食管黏膜的复层扁平上皮,朝向管腔一侧的为游离面,与游离面相对的一侧为基底面,染色较深,与深部结缔组织相连。选择一段复层扁平上皮转成高倍镜观察。

高倍镜观察:复层扁平上皮由数十层细胞紧密排列而成。深层细胞体积较小,呈立方体,染色较深,细胞边界不清楚,其基底面与深部结缔组织相连;中层细胞体积大,呈多边形,细胞核大而圆,位于细胞中央,细胞质呈淡粉红色,细胞边界清楚;浅层细胞扁平形,细胞核小,呈扁椭圆形,细胞质染红色,较透亮,细胞边界清楚,越靠近表层,细胞越扁而薄(图 2-1-5)。

6. 变移上皮(transitional epithelium)

材料:收缩期膀胱切片

染色:HE 染色

肉眼观察:膀胱切片为弓形条状,凹凸不平的一侧为膀胱黏膜。

低倍镜观察:有着紫蓝色的带状边缘是变移上皮,在变移上皮深面为红色的结缔组织。将变移上皮转为高倍镜观察

高倍镜观察:变移上皮表层细胞较大,呈大立方形或多角形,称盖细胞;核圆而大,一般为 1 个核,偶见 1 个细胞内有 2 个核;盖细胞近游离面的细胞质染色较深(较红),称壳层。中间层细胞较小,呈多边形,基底层细胞更小,呈立方形(图 2-1-6)。

二、示教片

1. 单层扁平上皮(simple squamous epithelium)(表面观)

材料:肠系膜铺片

染色:镀银染色

高倍镜观察:在高倍镜下可见间皮细胞呈多边形,相互紧密连接,细胞边界呈黑色锯齿状条纹。细胞核圆形,染成淡灰色,细胞质染淡黄褐色(图 2-1-7)。

2. 单层扁平上皮(切面观)

材料:心脏切片

染色:HE 染色

高倍镜观察:心内膜较薄,表面为单层扁平上皮(内皮)。单层扁平上皮垂直切面观可见细胞扁而薄,细胞核扁平形,染成紫蓝色,胞质很少,染成淡红色细线状,含核的部分略厚(图 2-1-8)。

3. 角化的复层扁平(鳞状)上皮(keratinized stratified squamous epithelium)

材料:手指皮肤切片

染色:HE 染色

高倍镜观察:可见手指表皮由角化的复层扁平(鳞状)上皮组成。角质层很厚,染粉红色,由多层无核、扁平的角质细胞组成,其深面的结构染色深,细胞形态与未角化的复层扁平上皮基本相似(图 2-1-9)。

【实验报告】

绘图:单层立方上皮垂直切面(甲状腺切片)。

(要求:选择一个甲状腺滤泡绘图,注明单层立方上皮的游离面、基底面、细胞质、细胞膜和细胞核。)

【复习和思考】

1. 上皮组织的结构特点是什么？

2. 总结各种被覆上皮的分类和分布(列表小结)。

【选择题】

1. 关于上皮组织的结构特点,哪一项是错误的?（　　　）

A.细胞排列紧密,细胞间质少

B.覆盖于体表或衬于有腔器官的腔面

C.上皮组织可陷入结缔组织形成腺体

D.上皮组织有极性,可分为游离面和基底面

E.上皮组织内有血管和神经分布

2. 分布于心脏、血管和淋巴管腔面的单层扁平上皮称（　　　）。

A.单层柱状上皮　　　　　　B.单层立方上皮　　　　　　C.内皮

D.间皮　　　　　　　　　　E.假复层纤毛柱状上皮

3. 分布于腹膜和浆膜心包等处的单层扁平上皮称（　　　）。

A.单层柱状上皮　　　　　　B.单层立方上皮　　　　　　C.内皮

D.间皮　　　　　　　　　　E.假复层纤毛柱状上皮

4. 属于单层立方上皮的是（　　　）。

A.小肠黏膜上皮　　　　　　B.气管黏膜上皮　　　　　　C.肾远曲小管上皮

D.阴道黏膜上皮　　　　　　E.食管黏膜上皮

5. 分布于胃肠道腔面的上皮是（　　　）。

A.单层柱状上皮　　　　　　B.单层立方上皮　　　　　　C.变移上皮

D.内皮　　　　　　　　　　E.假复层纤毛柱状上皮

6. 分布于气管腔面的上皮是（　　　）。

A.单层柱状上皮　　　　　　B.单层立方上皮　　　　　　C.复层扁平上皮

D.变移上皮　　　　　　　　E.假复层纤毛柱状上皮

7. 属于角化的复层扁平上皮的是（　　　）。

A.小肠黏膜上皮　　　　　　B.气管黏膜上皮　　　　　　C.皮肤的表皮

D.阴道黏膜上皮　　　　　　E.食管黏膜上皮

8. 属于未角化的复层扁平上皮的是（　　　）。

A.小肠黏膜上皮　　　　　　B.气管黏膜上皮　　　　　　C.皮肤的表皮

D.皮肤的真皮　　　　　　　E.阴道黏膜上皮

9. 分布于膀胱腔面的上皮是（　　　）。

A.单层扁平上皮　　　　　　B.单层立方上皮　　　　　　C.复层扁平上皮

D.变移上皮　　　　　　　　E.假复层纤毛柱状上皮

10. 下列哪项的上皮细胞游离面在光镜下呈现有纹状缘?（　　　）

A.小肠　　　　　　　　　　B.气管　　　　　　　　　　C.血管

D.输尿管　　　　　　　　　E.甲状腺滤泡

11. 内分泌腺和外分泌腺是根据哪项进行分类的？（　　　）

A.分泌物的化学成分　　　　B.分泌物的性质　　　　C.有无腺泡

D.有无导管　　　　　　　　E.合成分泌物所需物质的来源

知识拓展

　　山中伸弥(Shinya Yamanaka)，1962 年 9 月 4 日出生于日本大阪府，医学家，2012 年诺贝尔生理学或医学奖获得者，京都大学 iPS 细胞研究与应用中心名誉主任。

　　山中伸弥主要从事诱导多功能干细胞研究工作。2006 年，山中伸弥等科学家把 4 个转录因子通过逆转录病毒载体转入小鼠的成纤维细胞，使其变成多功能干细胞(iPScell)。这意味着未成熟的细胞能够发展成所有类型的细胞。他们从其他科学家已经公布的研究结果中挑选出 24 种最有希望的转录因子，发现这 24 种转录因子中的确有 4 种转录因子可以将人体细胞重组成干细胞。他们把 4 种基因注入皮肤细胞，从而得到"鸡尾酒"iPS 细胞。

　　山中伸弥团队发现了 iPS 细胞，iPS 细胞又被称为"万能细胞"，它最大的优势是能够再生人体器官。2007 年，山中伸弥所在的研究团队通过对小鼠的实验，发现了诱导人体表皮细胞使之具有胚胎干细胞活动特征的方法。此方法诱导出的干细胞可转变为心脏和神经细胞，为研究治疗多种心血管绝症提供了助力。这一研究成果在全世界被广泛应用，因为其免除了使用人体胚胎提取干细胞的伦理道德制约。

　　山中伸弥在科学研究中这种善于总结、勇于探索、仔细观察的精神值得我们学习！

资料来源：廖新化.从骨科医生到诺贝尔奖得主：Shinya Yamanaka(山中伸弥)发现 iPS 的研究历程[J].生命的化学，2013,33(1):118-123；姜英浩，张菊，卢兹凡.干细胞伦理之争的"终结者"：谈诺贝尔生理学与[或]医学奖获得者山中伸弥[J].医学争鸣，2013,4(5):18-20.

　　　　　　　　　　　　　　　　　　　　　　　　　　　　　（黄建斌、简晓敏）

2.1答案

2.2　结缔组织

【目的要求】

(1)掌握结缔组织的结构特点和分类。

(2)掌握疏松结缔组织的结构特点。

(3)掌握透明软骨和骨的构造,比较三种软骨的结构特点。

【实验内容】

组织切片	示教片
1. 疏松结缔组织(铺片)	1. 浆细胞
2. 疏松结缔组织(切片)	2. 巨噬细胞
3. 透明软骨	3. 规则致密结缔组织
4. 骨组织	4. 不规则的致密结缔组织
	5. 脂肪组织
	6. 网状组织
	7. 弹性软骨
	8. 纤维软骨

一、组织切片

1. 疏松结缔组织(loose connective tissue)(铺片)

材料:兔皮下组织铺片

2.2 组织切片图

染色:偶氮洋红和醛复红染色

肉眼观察:铺片呈紫红色。选择标本最薄处,在低倍镜观察。

低倍镜观察:镜下可见纵横交错、排列疏松的纤维,染成粉红色的纤维是胶原纤维,蓝紫色的单根纤维是弹性纤维,不规则散在分布的细胞主要为成纤维细胞和纤维细胞。选取纤维分布较均匀的部位,转高倍镜观察。

高倍镜观察:

①辨认细胞:主要可见成纤维细胞和纤维细胞,其他细胞不容易找到。成纤维细胞贴附于胶原纤维上或紧靠胶原纤维附近,细胞体积较大,细胞核较大,呈椭圆形,着色浅,核仁明显。细胞质弱嗜碱性,细胞轮廓不太清楚。纤维细胞数量较多,散在于胶原纤维之间。细胞体积小,呈长梭形,细胞核小,呈圆形或扁椭圆形,染色深,核仁不明显(图 2-2-1)。

②辨认纤维:纵横交错、粗细不等的粉红色纤维是胶原纤维,胶原纤维有的呈波浪状。呈蓝紫色的纤维是弹性纤维,单根交错分布,有的弹性纤维末端有弯曲或分叉(图 2-2-1)。

2. 疏松结缔组织(loose connective tissue)(切片)

材料:食管切片

染色:HE 染色

肉眼观察：食管横断面略呈圆形或椭圆形，中部可见数条分支状狭窄裂隙，即为食管腔，为食管收缩、腔面纵行黏膜皱襞向中部靠近所致。

低倍镜观察：凸向食管腔面，红色带状结构为食管黏膜的复层扁平上皮，靠近管腔一侧的为黏膜层，黏膜层的深面为黏膜下层，由疏松结缔组织构成，在此层转高倍镜观察。

高倍镜观察：各种纤维断面均被染成红色，排列较松散，相互交织。外形较粗、数量较多的红色纤维是胶原纤维。纤维之间散在分布的染成紫蓝色的细胞核，多为成纤维细胞或纤维细胞。图中可见各种小动脉、小静脉、小淋巴管的断面，其管壁内面衬贴内皮（图2-2-2）。将聚光镜降低，使视野变暗，转动细调焦手轮，可见胶原纤维之间带有光泽的淡红色纤维，是弹性纤维。

3. 透明软骨（hyaline cartilage）

材料：气管横断面切片

染色：HE染色

肉眼观察：气管横断面呈半环形或半弧形，其凸侧染成紫蓝色的部分为观察部位。

低倍镜观察：标本中染成紫蓝色的部分为透明软骨。它两侧染成紫红色的薄层结缔组织为软骨膜（外侧的较厚，内侧的较薄），转换高倍镜观察。

高倍镜观察：

①软骨膜：位于软骨周围的一层淡红色结构为软骨膜，由致密结缔组织组成。从软骨膜逐渐向深部观察。

②软骨组织：

软骨细胞：靠近软骨膜处的软骨细胞较小，呈梭形，越靠近软骨中央部的软骨细胞越大，且三五成群地存在于一个软骨陷窝内。由于每群细胞由一个软骨细胞分裂增生而成，故称为同源细胞群。在制片过程中，软骨细胞多因脱水而皱缩，所以软骨细胞周围透亮的部分就是软骨陷窝。

软骨基质：染成紫蓝色。软骨细胞包埋在软骨基质中，包裹软骨细胞的基质称为软骨陷窝。位于陷窝周围的基质染成深紫蓝色，称软骨囊。该处富含硫酸软骨素，在含量越少处，染色越浅。由于纤维与基质折光率一致，所以在软骨基质中看不到纤维成分（图2-2-3）。

4. 骨组织（osseous tissue）

材料：动物骨磨片

染色：大力紫染色

肉眼观察：标本为方形浅粉红色组织块，此为骨密质横切。

低倍镜观察：

①骨单位：又称哈弗斯系统（Haversian system）。视野中可见许多大小不等、呈同心圆排列的骨单位，其中央有一个圆形的管腔，染色深，称为中央管（哈弗斯管），内含血管、神经、淋巴管及骨膜组织等已难辨认。有时可见连接两个中央管的横行的穿通管。多层骨板沿中央管呈同心圆排列，称为哈弗斯骨板。在骨板上有呈环形排列的骨陷窝，从骨陷窝向周边发出放射状黑色细线状突起，称骨小管。骨陷窝内有骨细胞，骨小管是骨细胞的突起所在位置，相邻骨细胞的突起借骨小管彼此相连。中央管、穿通管及骨陷窝，均由染料所充填，呈黑色或黑中带红色（图2-2-4）。

②间骨板：在相邻几个骨单位之间，可见一些排列不规则的骨板，称间骨板，为陈旧的哈弗斯骨板被吸收后的残余部分（图2-2-4）。

二、示教片

1. 浆细胞（plasma cell）

材料：人鼻息肉切片

染色:HE染色

高倍镜或油镜观察:浆细胞呈圆形或椭圆形,胞质内偏嗜碱性,染紫红色,核椭圆形,偏居一侧,核内染色质以核仁为中心呈辐射状分布,因此细胞核呈车轮状。

2. 巨噬细胞(macrophage)

材料:兔皮下组织铺片

染色:台盼蓝+偶氮洋红和醛复红染色

高倍镜观察:巨噬细胞体积较大,胞体不规则,核小而圆,染色深。胞质中可见被吞噬的大小不等、分布不均的蓝色颗粒。

3. 规则致密结缔组织(regular dense connective tissue)

材料:肌腱切片

染色:HE染色

高倍镜观察:大量胶原纤维束密集平行排列,染成粉红色。位于纤维之间,腱细胞呈扁平状,细胞核紫蓝色(图2-2-5)。

4. 不规则致密结缔组织(irregular dense connective tissue)

材料:指皮切片

染色:HE染色

高倍镜观察:在复层扁平上皮的深部,是致密结缔组织。主要见大量的胶原纤维,染成粉红色,均被切成纵、横、斜各种断面,弹性纤维细小混杂在胶原纤维之间,不易识别。细胞成分较少,仅见其细胞核散在纤维束之间,多数是成纤维细胞(图2-2-6)。

5. 脂肪组织(adipose tissue)

材料:皮下组织切片

染色:HE染色

高倍镜观察:镜下见脂肪组织被结缔组织分隔成许多小叶,小叶内有大量的脂肪细胞,排列紧密,细胞体积较大,近似圆形或椭圆形。因制作过程脂滴被溶解,胞质呈空泡状,细胞核扁平形,被脂滴挤到细胞一侧,位于细胞的边缘(图2-2-7)。

6. 网状组织(reticular tissue)

材料:淋巴结切片

染色:镀银染色

高倍镜观察:网状纤维染成黑色,细丝状,分支交叉,吻合成网(图2-2-8)。

7. 弹性软骨(elastic cartilage)

材料:耳廓切片

染色:霍夫氏弹性纤维染色

高倍镜观察:可见基质染成蓝色,含大量的染成深紫色的细丝状的弹性纤维,交织成网,在软骨囊处尤为密集,中央部分粗而多,边缘部分细而少。靠近软骨膜处的软骨细胞体积较小,中央部分的软骨细胞体积较大(图2-2-9)。

8. 纤维软骨(fibrous cartilage)

材料:椎间盘

染色:HE染色

高倍镜观察:可见大量密集的染成粉红色的胶原纤维束,走向不一,交错分布,在纤维束之间散在有排列方向一致的紫蓝色梭形软骨细胞,体积较小,数量少,单独存在。

【实验报告】

绘图:疏松结缔组织(铺片)。

(要求:在高倍镜下选择典型的疏松结缔组织绘图,注明胶原纤维、弹性纤维、成纤维细胞、纤维细胞等。)

【复习和思考】

1. 结缔组织与上皮组织在结构上有何特点? 可分几类?

2. 在疏松结缔组织铺片上如何区别成纤维细胞、纤维细胞、巨噬细胞、胶原纤维与弹性纤维?

3. 简述透明软骨的形态结构特点和分布。

4. 简述骨单位的结构特点。

【选择题】

1. 关于疏松结缔组织的特点,下列哪项错误? (   )

A.分布广泛　　　　　　　　B.细胞成分少,间质成分多

C.无血管,但神经末梢丰富　D.细胞无极性

E.具有支持、保护、营养和创伤修复等功能

2. 疏松结缔组织中数量最多的细胞是(   )。

A.成纤维细胞　　　　　　B.巨噬细胞　　　　　　C.浆细胞

D.肥大细胞　　　　　　　E.脂肪细胞

3. 不属于疏松结缔组织中细胞的是(   )。

A.红细胞　　　　　　　　B.巨噬细胞　　　　　　C.浆细胞

D.肥大细胞　　　　　　　E.脂肪细胞

4. 疏松结缔组织中,胞质嗜碱性、核偏位、核染色质呈粗块状并靠近核膜的细胞是(   )。

A.成纤维细胞　　　　　　B.巨噬细胞　　　　　　C.肥大细胞

D.未分化的间充质细胞　　E.浆细胞

5. 合成和分泌免疫球蛋白质的细胞是(   )。

A.肥大细胞　　　　　　　B.浆细胞　　　　　　　C.巨噬细胞

D.嗜酸性粒细胞　　　　　E.成纤维细胞

6. 关于肥大细胞,下列哪项错误? (   )

A.为疏松结缔组织中的细胞

B.胞质内无嗜碱性颗粒

C.胞质颗粒内含组胺、肝素和嗜酸性粒细胞趋化因子

D.其作用与过敏反应有关

E.细胞为圆形或椭圆形

7. 固有结缔组织不包括(   )。

A.疏松结缔组织　　　　　B.致密结缔组织　　　　C.软骨组织

D.脂肪组织　　　　　　　E.网状组织

8. 关于巨噬细胞特点的描述中,哪一项是错误的? (   )

A.形态多样,一般为圆形或椭圆形;活跃时,可伸出伪足而呈多突形

B.细胞核较小,呈圆形或卵圆形,染色较浅

C.细胞质较丰富,内含有许多颗粒或空泡

D.具有变形运动和强烈的吞噬能力

E.属于单核吞噬细胞系统

9. 三种软骨分类的主要依据是(　　　)。

A.部位不同　　　　　　B.细胞成分不同　　　　　　C.纤维成分不同

D.基质成分不同　　　　E.间质的密度不同

10. 以下何者由纤维软骨构成?(　　　)

A.肋软骨　　　　　　　B.关节软骨　　　　　　　　C.关节盘

D.耳廓　　　　　　　　E.会厌

11. 骨密质由下列哪个选项组成?(　　　)

A.外环骨板、骺板、内环骨板和间骨板

B.外环骨板、内环骨板、骨小梁骨板和间骨板

C.内环骨板、外环骨板、骨单位和间骨板

D.外环骨板、内环骨板、骨单位和骨小梁骨板

E.以上各种骨板

知识拓展

伊拉·伊里奇·梅契尼科夫,1845 年出生于乌克兰,是俄国动物学家、免疫学家、病理学家,1908 年获诺贝尔生理学或医学奖。

1882 年,梅契尼科夫观察到海星幼虫体内一种透明、可移动的细胞包围侵入的异物。他认为这种细胞有防御功能。1883 年,他发表这一发现,并确定"吞噬细胞"一词。之后他又观察到海星幼体的游走细胞可吸收幼虫变态过程中变得无用的身体部分,由此又证明高等动物(包括人)的白细胞也来自中胚层,并可以清除入侵的异物,尤其是细菌。许多人反对这个理论,认为吞噬细胞不是保护机体,而是将入侵的异物带到身体各处。1883—1910 年,他著书捍卫并修正自己的学说,如《炎症的比较病理学教程》(1892)、《传染病的免疫》(1901)。进入巴斯德研究所后,他继续研究免疫、发热及传染的机制,并公开讲课,吸引了许多学生。梅契尼科夫敢于直面困难并付诸实践战胜困难,终于获得成功。这种仔细观察、刻苦钻研的精神值得我们学习!

资料来源: G.彼得洛夫,刘后晗.伊·伊·梅契尼科夫[J].生物学通报,1955(7):1-2;雷素范,周开亿.梅契尼科夫[J].光谱实验室,1990(Z1):188-189.

（黄建斌、黄智城）

2.2答案

2.3 血液

【目的要求】

(1)掌握红细胞、中性粒细胞和淋巴细胞、血小板的形态结构特点。

(2)了解嗜酸性粒细胞、嗜碱性粒细胞、单核细胞和网织红细胞的形态结构特点。

【实验内容】

组织切片	示教片
血涂片	1. 单核细胞 2. 嗜酸性粒细胞 3. 嗜碱性粒细胞 4. 网织红细胞

一、组织切片

2.3 组织切片图

人血涂片（绘图）

材料：人外周血液涂片

染色：瑞氏染色

肉眼观察：载玻片表面为一薄层染成深紫色的血膜。区别血涂片正反面的方法：将涂有血膜的载玻片对着光线倾斜晃动，可见较粗糙、有染色的一面为观察面（正面），较光滑、无染色的一面为反面。

低倍镜观察：选择血膜较薄、血细胞分布均匀的部位转高倍镜、油镜观察。

高倍镜观察：可见体积较小、无核的红细胞，体积较大、有核的白细胞和呈大小不等颗粒状成群或散在分布的血小板。

油镜观察：

①红细胞：细胞较小，数量最多，为双凹圆盘形，无核，无细胞器，中央薄、染色淡，周边厚、染色深。细胞内由于含有嗜酸性血红蛋白，故被染成粉红色（图 2-3-1）。

②白细胞：有核，体积较大，数量较少。

中性粒细胞：是白细胞中数量最多的一种，容易找到。胞质内可见细小而分布均匀的颗粒，染成淡粉红色。细胞核染成紫蓝色，根据细胞核的形态可分为杆状核与分叶核两类。杆状核呈弯曲的腊肠状（图 2-3-1），见于幼稚的中性粒细胞。分叶核可分 2～5 叶，叶与叶之间常有细丝连接，见于成熟的中性粒细胞，以 2～3 叶最多见。核分叶越多，细胞越衰老。（图 2-3-2）

淋巴细胞：根据细胞体积可分大、中、小三种。小淋巴细胞数量居多，体积与红细胞相仿，细胞核圆形或椭圆形，染色质较浓密而呈深紫蓝色，占细胞大部分。胞质很少，在细胞核的边缘只见一窄圈染成蔚蓝色的细胞质。大、中淋巴细胞体积较大，胞质较多。（图 2-3-3）

③血小板：是骨髓巨核细胞的胞质脱落的小块，体积很小，无细胞核。在血涂片上，血小板形态不规则，中央部有染成紫色的细小颗粒，周围部分呈均质的浅蓝色。血小板常聚集成堆，

分布在血细胞之间(图 2-3-2、图 2-3-3)。

二、示教片

1. 人血涂片

材料:人外周血液涂片

染色:瑞氏染色

油镜观察:

①单核细胞:为体积最大的白细胞。数量少,细胞核多为肾形。染色质松散呈细网状,胞质呈灰蓝色,内含细小的嗜天青颗粒(图 2-3-3)。

②嗜酸性粒细胞:数量较少,比较难找。核多分为两叶,常呈"八"字形排列。细胞质含有粗大而分布均匀的嗜酸性颗粒(图 2-3-4)。

③嗜碱性粒细胞:数量最少,很难找到。胞核分叶或呈 S 形或不规则形,着色较浅,常被胞质颗粒掩盖。胞质内充满大小不等、分布不均匀、染成深紫蓝色的嗜碱性颗粒(图 2-3-5)。

2. 网织红细胞

材料:人外周血液涂片

染色:新亚甲蓝染色

油镜观察:在红细胞的胞质中,有蓝色的颗粒状结构,此为红细胞胞质中残留的核蛋白体被着色所形成。(图 2-3-6)

【实验报告】

绘图:血涂片(人外周血液涂片)。

(要求:在油镜下选择典型的血细胞绘图,注明红细胞、中性粒细胞、淋巴细胞、血小板等。)

【复习和思考】

1. 有粒白细胞分别是哪三种?各自有何形态结构特点?

2. 光镜下如何区别淋巴细胞和单核细胞?

3. 简述红细胞的形态结构特点、功能。其正常值为多少?

【选择题】

1. 以下对于成熟红细胞形态结构描述错误的是(　　　)。

A.无细胞核　　　　　　　B.无细胞器　　　　　　　C.双凹圆盘状

D.细胞内含有核糖体　　　E.胞质内充满血红蛋白

2. 以下哪个选项是错误的?(　　　)

A.中性粒细胞属于有粒白细胞

B.中性粒细胞细胞核一般没有分叶

C.嗜酸性粒细胞内充满橘红色颗粒

D.嗜酸性粒细胞细胞核常为 2 叶

E.嗜碱性粒细胞内充满紫蓝色颗粒

3. 以下对于血小板的描述正确的是(　　　)。

A.血小板有细胞核

B.血小板的形状呈双凹圆盘状

C.血小板受机械或化学刺激时,可伸出突起,呈不规则形状

D.胞质内无颗粒

E.血小板的直径与小淋巴细胞接近

4.　以下对于淋巴细胞描述错误的是(　　　)。

A.血液中的淋巴细胞大部分是大淋巴细胞

B.小淋巴细胞的细胞核呈圆形,一侧有小凹陷

C.淋巴细胞的胞质内含大量核糖体,故呈嗜碱性

D.根据淋巴细胞的形态大小,分为大、中、小淋巴细胞

E.红细胞的直径与小淋巴细胞接近

知识拓展

　　健康成人的血液主要来源于骨髓的造血作用。骨髓是人体内负责制造血细胞的器官,它位于骨头的中心部分,分为红骨髓和黄骨髓。红骨髓是活跃的造血组织,能够生成各种血细胞,包括红细胞、白细胞和血小板。随着年龄的增长,部分红骨髓可能会转化为黄骨髓,但当身体需要更多血液时,黄骨髓可以恢复为红骨髓以增加血细胞的生产。

　　定期献血对个人和社会具有重要意义。血液目前无法人工合成,只能靠健康适龄人群的捐献;而且血液也没办法长期保存,红细胞的最长保存期只有35天,血小板的保存期只有5天。因此,无偿献血不仅是为了救助当前的患者,更是为了维持血液库存的动态平衡,为未来的患者提供希望。献血只有我为人人,人人为我,热血循环方能生生不息。让大家一起行动起来,用自己的血液为生命续航,共同守护这份来之不易的希望。

　　资料来源:晏雯.献血冷知识大揭秘!高校学子与科普达人一起探索献血的奥秘[EB/OL].(2024-11-13)[2025-03-10].https://ishare.ifeng.com/c/s/v002eP1VAlDu7Jex-_aJQuuec04ojwshbls7kivav3LL VeLo__.

(叶碧云)

2.3答案

2.4　肌组织和神经组织

【目的要求】

(1)掌握三种肌纤维在不同切面的光镜形态结构特点。

(2)掌握多极神经元胞体的形态结构特点。

(3)掌握有髓神经纤维的形态结构特点。

(4)了解无髓神经纤维的形态结构特点、神经末梢的分类和主要结构。

【实验内容】

组织切片	示教片
1. 骨骼肌	1. 闰盘
2. 心肌	2. 无髓神经纤维
3. 平滑肌	3. 触觉小体
4. 多极神经元	4. 环层小体
5. 有髓神经纤维	5. 运动终板

一、组织切片

2.4 组织切片图

1. 骨骼肌(skeletal muscle)

材料:骨骼肌纵、横切片

染色:HE 染色

肉眼观察:切片上为长方形红色切面结构。

低倍镜观察:骨骼肌纤维纵切,纤维呈长带状,彼此紧密排列,肌纤维之间有少量的结缔组织。转高倍镜观察。

高倍镜观察:

①纵切面:骨骼肌纤维纵切面呈较宽的长带状,染成红色。细胞核数量多,扁椭圆形,染成紫蓝色,排列于肌纤维的周边,紧靠肌膜的深面。肌浆内可见明显的横纹,即明带(I 带)和暗带(A 带)。由肌原纤维沿肌纤维长轴平行排列构成(图 2-4-1、图 2-4-2)。

②横切面:骨骼肌纤维横切面呈圆形或多角形,细胞核位于细胞的周边,胞质内有密集的红色细点状结构,为肌原纤维的横切面。

2. 心肌(cardiac muscle)

材料:动物心壁切片

染色:HE 染色

肉眼观察:为一块粉红色组织,标本平整的一侧为心外膜面,与其相对凹凸不平的一侧为心内膜面,两层之间为心肌层。

低倍镜观察:心肌层很厚,可见纵切、横切和斜切各种切面的心肌纤维。在低倍镜下选择纵切面心肌纤维进一步观察。

高倍镜观察：

①纵切面：心肌纤维呈短柱状，染成红色，并分支相互连接，胞核较大呈椭圆形，1～2 个位于肌纤维中央，染成紫蓝色，核周胞质着色较浅。心肌纤维的横纹不如骨骼肌明显。闰盘呈深红色粗线状，位于心肌纤维相互连接处，与心肌纤维的长轴相垂直（图 2-4-3）。

②横切面：心肌纤维呈圆形，染成红色，较骨骼肌纤维横切面小。核蓝色，呈圆形居中，胞质内可见细点状的肌原纤维，分布在肌纤维的周边。

3. 平滑肌（smooth muscle）

材料：小肠切片

染色：HE 染色

肉眼观察：小肠切片呈长条状切面结构，一侧有锯齿状突起的部位是黏膜层，在黏膜层外面有染成红色部位的是肌层。

低倍镜观察：在低倍镜下，找到染成红色的平滑肌纵切面，肌纤维排列紧密连成片状。选择平滑肌纤维纵切面较清楚部位转高倍镜观察。

高倍镜观察：

①纵切面：平滑肌纤维染成粉红色，呈细长梭形，中部较粗，两端尖细，无横纹。细胞核 1 个，呈长椭圆形，染成紫蓝色，位于肌纤维的中央。相邻平滑肌纤维，粗细部位相嵌，排列较紧密。肌纤维间有少量结缔组织（图 2-4-4）。

②横切面：平滑肌纤维呈大小不一的粉红色小块状。较大的块状可见中央有蓝色圆形细胞核，较小的块状看不到核。

4. 多极神经元（multipolar neuron）

材料：动物脊髓横切片

染色：HE 染色

肉眼观察：脊髓横切面呈圆形或椭圆形，染成紫红色或红色。

低倍镜观察：在脊髓的中央部可见圆形或长椭圆形的空腔，即脊髓中央管。将中央管移至视野中央，在中央管两侧向前可见一些染色较深、体积较大、形状各异的细胞，这就是多极神经元。选择形态结构完整、有细胞核的神经元，移至视野中央，转换高倍镜观察（图 2-4-5、图 2-4-6）。

高倍镜观察：

①脊髓灰质可见多极神经元的胞体染成紫蓝色，形态各异、大小不等，可见突起的根部。胞核大而圆，着色浅淡，有时可见明显的核仁。胞质内充满紫蓝色粒状或斑块状物质，即尼氏体。根据突起的根部有无尼氏体，可区分是树突还是轴突。大多数突起根部可见尼氏体，此为树突，偶见无尼氏体的轴丘，此为轴突的根部（图 2-4-7）。

②脊髓白质内可见有髓神经纤维横切面，呈大小不等的圆形，其内紫红色圆点为轴索，轴索外围的空白区为髓鞘（髓鞘在制片过程中被乙醇溶解所致），髓鞘表面为一薄层少突胶质细胞膜（图 2-4-8）。

5. 有髓神经纤维（myelinated nerve fiber）

材料：坐骨神经纵切片

染色：HE 染色

肉眼观察：呈长条状紫红色切面结构。

低倍镜观察：可见许多排列紧密、互相平行、染成紫红色的有髓神经纤维。神经纤维间可见少量疏松结缔组织和少量脂肪组织。选择一段郎飞结清楚的神经纤维在高倍镜观察。

高倍镜观察：在神经纤维的中央，有一条紫蓝色粗线，即轴索，轴索两侧的细网区或透亮区为髓鞘，在髓鞘两侧染成淡紫红色的细浅状结构为神经膜，紧靠神经膜上的扁椭圆形或椭圆形的核是神经膜细胞的细胞核。在有髓神经纤维的纵切面上，可见一局部变窄处，神经膜直接与轴索相贴的结构即郎飞结（郎氏结或称神经纤维结）(图 2-4-9)。

二、示教片

1. 闰盘

材料：动物心壁切片

染色：HE 染色

高倍镜观察：内容参见"2. 心肌(cardiac muscle)"(图 2-4-3)。

2. 无髓神经纤维

材料：交感神经节切片

染色：HE 染色

高倍镜观察：神经节内结缔组织中可见分散地分布着较大的细胞，这是交感神经节细胞。另外可见许多平行紧密排列成小束、染成粉红色的无髓神经纤维，由于纤维较细，排列紧密，每根纤维的界线不易分清。同时可见神经膜细胞(施万细胞)的细胞核呈卵圆形，紧贴轴索。

3. 触觉小体(tactile corpuscle)

材料：人手指皮肤切片

染色：HE 染色

高倍镜观察：高倍镜下有的乳头层中可见近似长椭圆形的触觉小体，触觉小体染成红色，外围是薄层的结缔组织被膜，内部为横行排列的扁平细胞，神经末梢的分支在触觉小体内弯曲缠绕。偶尔见触觉小体下端连有神经纤维(图 2-4-10)。

4. 环层小体(lamellar corpuscle)

材料：人手指皮肤切片

染色：HE 染色

低倍镜观察：真皮网织层下面为皮下组织，此处可见呈同心圆排列的环层小体，环层小体体积较大，呈圆形或椭圆形，外周部是由数十层呈同心圆排列的扁平细胞组成的被囊，神经纤维失去髓鞘穿入环层小体红色的中轴内(图 2-4-11)。

5. 运动终板(motor end plate)

材料：猫肋间肌整装片

染色：氯化金染色

低倍镜观察：骨骼肌纤维染成红褐色，平行排列。数条运动神经纤维的轴突聚集在一起被染成黑色，其分支末梢呈瓜状或菊花瓣状，附着在骨骼肌纤维上，称为运动终板(图 2-4-12)。

【实验报告】

绘图：(1)骨骼肌纵切；

(2)多极神经元(脊髓横切)。

(要求：在高倍镜下选择一段典型的骨骼肌纵切面和一个典型的多极神经元绘图。注明：肌膜、肌细胞核、明带、暗带/神经元胞体、尼氏体、细胞核、核仁、树突等。)

【复习和思考】

1. 光镜下,骨骼肌、平滑肌和心肌的纵切面各有何形态结构特点?(从肌纤维的形态,细胞核的数量、位置,有无横纹、闰盘进行比较)

2. 描述多极神经元胞体的形态结构。

【选择题】

1. 关于骨骼肌的光镜结构特点哪一项是错误的?(　　　)

A.长圆柱形,无分支　　　　　　　　B.核扁椭圆,数量多

C.细胞核位于肌纤维的中央　　　　　D.肌原纤维与肌纤维长轴平行排列

E.横纹较心肌明显

2. 骨骼肌纤维有(　　　)。

A.一个长杆状核位于中央　　　　　　B.多个椭圆形核位于中央

C.一个椭圆形核位于肌膜下方　　　　D.多个椭圆形核位于肌膜下方

E.一个螺旋形核位于中央

3. 骨骼肌纤维的肌膜向内凹陷形成(　　　)。

A.小凹　　　　　　　　B.肌浆网　　　　　　　　C.横小管

D.纵小管　　　　　　　E.终池

4. 心肌细胞成为功能整体的结构基础是(　　　)。

A.横小管　　　　　　　B.肌质网　　　　　　　　C.紧密连接

D.中间连接　　　　　　E.闰盘

5. 以下关于心肌纤维的描述,哪一项是错误的?(　　　)

A.肌原纤维的界线不很分明　　　　　B.具有横纹

C.短柱状　　　　　　　　　　　　　D.有多个核位于肌膜下

E.肌纤维分支吻合成网

6. 骨骼肌收缩的结构基础是(　　　)。

A.肌浆网　　　　　　　B.肌节　　　　　　　　　C.横小管

D.线粒体　　　　　　　E.粗面内质网

7. 神经组织的基本组成成分是(　　　)。

A.神经细胞和基质　　　　　B.神经细胞和神经纤维

C.神经细胞和树突、轴突　　D.神经细胞和神经胶质细胞

E.以上都不是

8. 尼氏体分布在神经细胞的(　　　)。

A.轴突内　　　　　　　　B.细胞体和树突内　　　　C.细胞体和轴突内

D.核周部和轴突内　　　　E.以上都不是

9. 形成中枢有髓神经纤维髓鞘的是(　　　)。

A.锥体细胞　　　　　　　B.蒲肯野细胞　　　　　　C.星形胶质细胞

D.少突胶质细胞　　　　　E.施万细胞

10. 相邻两个郎飞结之间的一段神经纤维称(　　　)。

A.肌梭　　　　　　　　　B.树突棘　　　　　　　　C.郎飞结

D.结间体　　　　　　　　E.运动终板

知识拓展

　　神经元退化,突触联系丧失,可引起阿尔茨海默病,该疾病是由于大脑神经细胞死亡而造成的神经系统退行疾病。随着症状加重,神经元数量会不断减少。与正常人大脑结构相比,阿尔茨海默病患者大脑皮质和海马体严重萎缩,造成思考、记忆能力下降等。该病症在高龄老人群体中高发。

　　通过神经元与突触章节相关知识点以及对当前社会现象的剖析,让学生了解阿尔茨海默病及当代社会对高龄老人的关注,加深对尊老、敬老、爱老中华传统美德的认识,关爱家中及社会老人,有意识地培养学生家庭责任感、社会责任感,为未来更好服务社会打下基础。

　　资料来源:王晖,武萌.组织学与胚胎学课程思政策略与设计[J].解剖学杂志,2021,44(2):164-166.

（陈桐君）

2.4答案

2.5　细胞和组织的损伤与修复

【目的要求】

(1)掌握变性、坏死的类型、形态变化及其后果。

(2)掌握肉芽组织的形态学特征及其在创伤愈合中的作用。

(3)熟悉细胞、组织适应性反应的常见类型和形态特点。

【实验内容】

大体标本	组织切片	示教片
1. 肾萎缩(颗粒性肾固缩、肾盂积水) 2. 脑压迫性萎缩 3. 心肌肥大 4. 肝细胞水肿 5. 肝细胞脂肪变 6. 胸膜玻璃样变 7. 肾凝固性坏死 8. 肾干酪样坏死 9. 足干性坏疽 10. 脑液化性坏死 11. 阿米巴肝脓肿 12. 肉芽组织与瘢痕组织	1. 肾小管上皮细胞水肿 2. 肝细胞气球样变 3. 肝细胞脂肪变 4. 肉芽组织	1. 胃黏膜肠上皮化生 2. 支气管黏膜鳞状化生 3. 脾动脉玻璃样变 4. 肾凝固性坏死 5. 脑血管病理性钙化 6. 骨骼肌萎缩

一、大体标本

1. 肾萎缩(atrophy of kidney)

(1)颗粒性肾固缩(granular atrophy of kidney)

2.5 大体标本图

肾脏体积较正常缩小,表面高低不平,呈弥漫分布的细颗粒状。切面皮质变薄,皮髓质分界不清。肾门处脂肪间质增多。

🔔 思考:请推测光镜下有何病理改变。

(2)肾压迫性萎缩(pressure atrophy of kidney)或肾盂积水(hydronephrosis)

肾体积增大,表面凹凸不平,略呈分叶或结节状,近端输尿管增粗,管腔扩大。切面肾盂、肾盏扩张成囊状,实质萎缩变薄,皮质和髓质分界不清,纹理消失。

🔔 思考:该肾体积增大,为何仍称萎缩?属于哪种类型的萎缩?此种肾萎缩发生的机制、后果和临床表现如何?

2. 脑压迫性萎缩(pressure atrophy of brain)或脑积水(hydrocephalus)

两侧大脑半球及小脑或脑室呈囊状,脑沟变浅,脑回变平变宽,脑实质变薄。

3. 心肌肥大（hypertrophy of heart）

高血压心脏病后期,心脏体积增大,大于正常,重量增加。切面以左心肥大为主,左心室壁肥厚,约 2 cm（正常 0.8～1.2 cm）,肉柱及乳头肌增粗,心室腔无明显扩大（向心性肥大）。

🔔思考:心脏外观体积和心肌厚度如何变化。切面观察要注意瓣膜的周径和瓣膜下 1 cm 处心肌的厚度（正常<1.2 cm）,同时注意乳头肌和肉柱的改变。

4. 肝细胞水肿（cellular edema of liver）

肝脏体积增大,被膜紧张,切面膨隆,固有管道相对回缩,切缘外翻,颜色暗淡,失去正常光泽,犹如水煮过状。

🔔思考:肝脏的体积改变、表面特征和外观颜色变化如何?

5. 肝细胞脂肪变（fatty degeneration of liver）**或脂肪肝**（fatty liver）

肝体积增大,被膜紧张,边缘变钝。表面、切面均为黄色。切面隆起,边缘外翻,有油腻感,质地较软。

🔔思考:对比肝细胞水肿、肝细胞脂肪变外观特点,结合病因及光镜下肝细胞病理变化,对比学习,掌握两者病变的大体改变和镜下特点。若经特殊的苏丹Ⅲ染色,脂肪组织被染成什么颜色?

6. 胸膜玻璃样变（hyaline degeneration of pleura）

标本为肺脏断面。切面胸膜显著增厚,呈灰白色半透明,似毛玻璃状,质地致密、坚硬,缺乏弹性。胸膜内肺组织萎缩（黑色区域）。

🔔思考:观察发生玻璃样变组织的表面及切面特点,描述并掌握发生玻璃样变被膜组织的厚度、颜色、质地、透明度等病变特点。

7. 肾凝固性坏死（coagulation necrosis of kidney）

表面可见灰白色或灰黄色三角形坏死灶,基底向包膜,尖端朝器官门部。坏死组织无光泽,质地干燥,致密稍硬,与正常肾脏组织分界清楚,新鲜组织在一定时间内保留,周围可见暗红色或棕黄色充血出血带。

🔔思考:重点观察病变发生的部位,思考病变与血管分布的特点。

8. 肾干酪样坏死（caseous necrosis of kidney）

肾体积变大,表面呈结节状。切面肾实质破坏,可见多灶性坏死,腔内充满灰黄色,质松软、脆、细腻,似豆腐渣或奶酪样,部分坏死组织已脱落,留有大小不等的空洞。若空洞壁的坏死组织脱落不完整,则空洞壁残留有坏死组织。

🔔思考:观察干酪样坏死的大体形态特点,重点观察质地和颜色变化。干酪样坏死可见于哪些病变? 与凝固性坏死如何区别?

9. 足干性坏疽（dry gangrene of foot）

外科截肢肢体,足前半部即足趾、足背、足底均坏死,皮肤呈黑色,似木炭,坏死区干燥、皮肤皱缩,与正常组织分界清楚,为干性坏疽。

🔔思考:观察坏死病灶的范围和颜色。对坏死部位的质地、光泽度及周围正常组织的分界进行观察和描述,分析坏死部位颜色变化、干燥皱缩的原因。

10. 脑液化性坏死（liquefaction necrosis of brain）

脑实质中见数个脓肿,分界清楚,外围有纤维包膜包裹（脓肿壁）,腔内充有灰黄色脓液,混浊乳状,周围脑组织受压。

💭 思考:准确描述样本发生液化性坏死的部位、大小、形状、颜色、质地及周围正常组织的变化。组织液化性坏死后有哪些特点?

11. 阿米巴肝脓肿(amoebic abscess of liver)

体积增大,切面见一个较大脓腔,系阿米巴原虫引起的肝脏液化性坏死,坏死物呈果酱样,流失后形成脓腔,腔壁上残留的未彻底坏死的结缔组织、胆管、血管等呈破絮状。

💭 思考:患者可能有何临床表现?

12. 肉芽组织与瘢痕组织(granulation tissue and scar tissue)

肉芽组织:表面呈颗粒状、暗红色,柔软湿润。

瘢痕组织:表面粗糙,呈灰白色,质地坚韧,甚至形成隆起硬块。

二、组织切片

2.5 组织切片图

1. 肾小管上皮细胞水肿(cellular edema of tubular epithelia of kidney)

低倍镜观察:认出肾组织,注意肾近曲小管的形态变化。病变主要分布于皮质区的近曲小管,近曲小管增粗,上皮细胞肿大并凸向管腔致管腔狭窄而不规则。

高倍镜观察:近曲小管上皮细胞肿胀,且向腔内突出,胞界不清,胞质丰富而淡染,在浅红色的背景上可见许多大小较一致的伊红染色细小颗粒物质(即:肿胀的线粒体和扩张的内质网),胞核位于基底部,结构清楚,改变不明显(图 2-5-1)。部分上皮细胞因极度肿胀破裂,致使腔内有红染的颗粒状蛋白性物质堆积。

2. 肝细胞气球样变(ballooning degeneration of liver cell)

低倍镜观察:认识本切片为肝脏。肝小叶结构紊乱,肝索增宽,排列紊乱。肝细胞水肿,胞质疏松化,有些肝细胞体积变大,胞质几乎透亮,即为肝细胞气球样变。

高倍镜观察:肝索增宽变大,肝窦变窄或消失。肝细胞体积明显肿大,呈圆形;胞质疏松变空,呈网状或透明;核增大,位于中央,但染色变浅(图 2-5-2)。气球样变的肝细胞更大、更圆、更空。

3. 肝细胞脂肪变(fatty degeneration of liver cell)**或脂肪肝**(fatty liver)

低倍镜观察:认识本切片为肝脏。肝小叶结构基本存在,位于肝小叶周边部的大部分肝细胞体积增大,致肝索增宽、排列紊乱,肝窦狭窄,甚至消失。

高倍镜观察:见大部分肝细胞体积增大、变空,胞质中出现大小不等、边界清楚的圆形空泡(系制片时脂滴已被有机溶剂溶解所留的痕迹),有的空泡融合形成大空泡,把细胞核挤向一侧(图 2-5-3)。

4. 肉芽组织(granulation tissue)

低倍镜观察:表面有一层纤维素及嗜中性粒细胞等构成的炎性渗出物,其下可见许多新生毛细血管和成纤维细胞,毛细血管彼此相互平行,与创面垂直(图 2-5-4)。深层为致密瘢痕组织,毛细血管、成纤维细胞及炎细胞均减少,胶原纤维明显增多,呈红色束带状与表面平行。

高倍镜观察:新生毛细血管内皮细胞肥大,向腔内凸出,有些已形成管腔,有些未形成管腔。成纤维细胞分布在毛细血管之间,胞体大,胞质丰富、淡红色,呈卵圆形、梭形或分枝状,胞核椭圆或梭形。有数目不等的炎细胞,如嗜中性粒细胞、淋巴细胞、浆细胞等。深层为致密瘢痕组织,由大量排列致密的胶原纤维构成,并出现透明变性。

三、示教片

1. 胃黏膜肠上皮化生(intestinal epithelial metaplasia of gastric mucosa)

黏膜层中固有腺萎缩、减少或消失,腺体中出现了杯状细胞、潘氏细胞和肠的吸收上皮(即肠上皮)(图 2-5-5)。间质纤维组织增生,有较多的炎细胞浸润及淋巴滤泡形成。

2. 支气管黏膜鳞状化生(squamous epithelial metaplasia of bronchial mucosa)

识别支气管及肺组织。支气管黏膜大部分失去正常纤毛柱状上皮结构,而由复层鳞状上皮细胞取代(图 2-5-6)。管壁增厚,各层均有不同程度的炎细胞浸润。

3. 脾动脉玻璃样变(hyaline degeneration of splenic artery)

脾动脉玻璃样变常见于原发性高血压和糖尿病患者,因细动脉痉挛、动脉内膜通透性增加,血浆蛋白渗入内膜下,以及基底膜代谢产物沉积,使得细动脉壁增厚、变硬,管腔狭窄,镜下观察:呈均质、红染、半透明状(图 2-5-7)。

4. 肾凝固性坏死(coagulation necrosis of kidney)

先观察较正常区域,认识肾脏结构。坏死区细胞结构模糊,红染颗粒状,胞核消失,但原组织轮廓尚存(图 2-5-8)。坏死区边缘为反应带,可见血管扩张充血,炎细胞浸润,纤维组织增生。

5. 脑血管病理性钙化(pathological calcification of cerebrovascular)

干酪样坏死区或结缔组织透明变性区见蓝色颗粒或片块(2-5-9),其周围有纤维结缔组织围绕。

6. 骨骼肌萎缩(atrophy of skeletal muscle)

肌束稀少,细胞小,细胞核较多,相对较大,聚集成群。肌束间纤维结缔组织增生。

【实验报告】

1. 绘图:肾小管上皮细胞水肿、肝细胞脂肪变、肉芽组织的组织切片。
2. 描述:肾压迫性萎缩、脾/肾凝固性坏死的大体标本。
3. 试述凝固性坏死与干酪样坏死的异同。
4. 列表比较干性坏疽、湿性坏疽与气性坏疽的区别。

鉴别点	干性坏疽	湿性坏疽	气性坏疽
原因			
部位			
病变			
对机体的影响			

【临床病例讨论】

病案一

[病史摘要]

患者吴××,男,59 岁,农民。常有头晕、头痛、眼花,曾在当地医院诊断为"高血压",口服药物(不详),疗效不明显,近两年又间发心悸、气促,记忆力明显减退,近一周出现面部轻度浮肿,尿少而急诊入院。

既往史:否认肝炎、糖尿病及溃疡病。

体格检查：T 37.2 ℃、P 102 次/分、BP 24.0/13.3 kPa(180/100 mmHg)①。

反应迟钝，面部轻度浮肿，心界向左扩大。腹部平软，肝肺相对浊音于右锁骨中线第6肋间，肝肋下2.0 cm可触及，脾肋下未触及，移动性浊音(－)。

辅助检查：血常规 Hb 90 g/L，WBC 8.9×10⁹/L，血小板(PLT)22×10⁹/L。B超提示双肾大小均为6 cm×5 cm×4 cm，双肾表面细颗粒状。脑回变窄，脑沟变深。脑血流图显示动脉弹性减弱。

[分析与讨论]

(1)患者的心、脑、肾可能出现了哪些适应性反应？

(2)说明发生机制是什么。

病案二

[病史摘要]

张××，男，68岁，农民。

主诉：右小腿溃疡两年。

现病史：患者于2年前感右小腿发麻，后逐渐出现坏死，在当地用草药治疗未见好转，且坏死范围越来越大，常常低热，于4月12日住进我院。

体格检查：T 38.6 ℃、P 96 次/分、R 22 次/分、BP 16.0/10.0 kPa(120/75 mmHg)。神志清楚，心肺(－)。腹部平软，肝肺相对浊音于右锁骨中线第6肋间，肝脾肋下未触及，移动性浊音(－)。右小腿内侧面可见一个6 cm×5 cm大小的溃疡，深达胫骨，局部红肿，创面恶臭。

住院经过：入院后给予清创及抗感染治疗，经检查发现右胫动脉有一动脉瘤，伴血栓形成，行血栓清除及血管整形手术后，创面情况好转，4个多月后完全愈合。

[分析与讨论]

(1)病人溃疡愈合属哪种类型？为什么？

(2)简述愈合及组织再生过程。

【复习和思考】

1. 病理性萎缩有几种类型？试举例说明。

2. 高血压病如何引起心肌肥大？

3. 化生常见于哪些组织？有何意义？对机体有何影响？试举出几种化生的实例。

4. 变性与坏死有何异同？细胞坏死与细胞凋亡在形态学上如何鉴别？

5. 造成肝脂肪沉积的因素有哪些？

6. 坏死组织镜下有什么改变？坏死有几种类型？各有何特点？

7. 肉芽组织肉眼与镜下有何表现？在创伤愈合过程中有何作用？

8. 一期愈合与二期愈合的主要区别是什么？

9. 名词解释：萎缩、肥大、化生、增生、变性、病理性钙化、凝固性坏死、干酪样坏死、坏疽、液化性坏死、纤维蛋白样坏死、凋亡、机化、空洞、再生、修复、肉芽组织、创伤愈合、虎斑心、适应。

【选择题】

1. 血管壁玻璃样变性常见于(　　　)。

A.大静脉　　　　　　　　B.大动脉　　　　　　　　C.小静脉

---

① 注：T、P、R、BP为人体四大生命体征，分别代表体温、脉搏、呼吸、血压。

D.细动脉　　　　　　　　　　E.毛细血管

2. 哪种染色方法可使脂肪变的细胞内的脂肪被染成橘红色?(　　　)

A.苏丹Ⅲ染色　　　　　　B.刚果红染色　　　　　　　　C.PAS 染色

D.甲基紫染色　　　　　　E.铱酸染色

3. 肉芽组织主要构成成分是(　　　)。

A.结缔组织和炎细胞　　　　B.新生毛细血管和结缔组织

C.毛细血管和炎细胞　　　　D.毛细血管和胶原纤维

E.新生成纤维细胞和毛细血管

4. 慢性支气管炎发生时,原支气管内衬的假复层纤毛柱状上皮可转化为复层鳞状上皮,称为(　　　)。

A.机化　　　　　　　　　　B.鳞状上皮化生　　　　　　C.鳞状上皮分化

D.非典型性增生　　　　　　E.替代性增生

5. 凝固性坏死的组织学特点是(　　　)。

A.核碎片常见　　　　　　　B.细胞膜破裂　　　　　　　C.细胞、组织轮廓残留

D.间质胶原纤维崩解　　　　E.基质解聚

知识拓展

　　张海迪患脊髓病导致高位截瘫。脊髓病可以导致脊髓灰质神经细胞死亡,神经细胞为永久性细胞,一旦死亡,不可再生。小海迪的梦想,就是和其他孩子一样去上学,但她知道自己站不起来了。整个童年,张海迪以顽强的意志,在病床和轮椅上,自学了中小学的全部课程。

　　15 岁时,张海迪随同父母到农村生活。她看到乡村缺医少药,就立志学医。开始时她专攻针灸,按书上的穴位在自己身上扎针;接下来她又自学了医学院的部分课程,掌握了一些常见病和多发病的治疗方法。后来她还自学了日语、德语等,并攻读了研究生的课程,编著了《向天空开的窗口》《生命的追问》《轮椅上的梦》等书。在残酷的命运的挑战面前,张海迪没有沮丧和放弃,她以顽强的毅力和恒心与疾病作斗争,经受了一个个严峻的考验,对人生充满了信心。

　　作为新时代的大学生,成长的路上,有平川也有高山,有缓流也有险滩,有丽日也有风雨,"看似寻常最奇崛,成如容易却艰辛"。我们要学习张海迪身上坚韧不拔的性格、乐观向上的品质和永不放弃的精神。作为未来的白衣天使,我们更应该热爱生命,面对困难不低头叹气,要勇于攀登,用自己的专业知识和技能帮助病人,服务社会!

　　资料来源:张海迪.活着就要做个对社会有益的人[EB/OL].(2007-09-29)[2024-03-22].https://news.ifeng.com/c/7fYp4h3wU8U.

（黄丽萍）

2.6　局部血液循环障碍

【目的要求】

(1)掌握肺淤血、肝淤血、混合血栓的病变特点和梗死的类型及其形态变化特点。

(2)熟悉淤血的原因、结局和栓塞的类型及其对机体的影响。

(3)熟悉血栓形成的条件、过程及可能产生的后果。

(4)了解体循环静脉栓子运行的途径。

【实验内容】

大体标本	组织切片	示教片
1. 慢性肺淤血	1. 慢性肺淤血	1. 心衰细胞
2. 慢性肝淤血	2. 慢性肝淤血	2. 混合血栓
3. 淤血性肝硬化	3. 血栓机化与再通	3. 透明血栓
4. 脑出血		4. 肺出血性梗死
5. 动脉血栓		
6. 静脉血栓		
7. 脾贫血性梗死		
8. 肺出血性梗死		
9. 肠出血性梗死		

一、大体标本

1. 慢性肺淤血(chronic congestion of lung)

肺体积略增大,重量增加,被膜增厚、紧张,表面呈紫褐色。切面可见肺质地较致密,正常的疏松灰红色海绵状外观消失,有散在黄褐色斑点,病变尤以下部为重。晚期者肺质地变硬,故称肺褐色硬化。

2.6 大体标本图

🔔思考:为什么肺内出现许多散在棕褐色小斑点?肺褐色硬化发生的机制是什么?肺部出现淤血改变后,患者会有哪些临床表现?长期肺淤血可能会导致什么样的改变?

2. 慢性肝淤血(chronic congestion of liver)或槟榔肝(nutmeg liver)

肝体积增大,表面光滑,被膜紧张,边缘钝圆。切面可见灰黄色和暗红色相间的网状结构,形似中药槟榔,故又名为槟榔肝。暗红色区是肝小叶中心部淤血区,灰黄色区为肝小叶周围脂肪变性或正常肝细胞。

🔔思考:肝体积、包膜、边缘和外观颜色会发生何种变化?槟榔肝发生的机制是什么?

3. 淤血性肝硬化(congestive liver cirrhosis)

肝脏体积略缩小,质地变硬,肝表面凹凸不平,呈细颗粒状。切面肝内有弥漫性、暗红色圆形结节,结节大小一致,结节周围绕以灰白色纤维间隔。

4. **脑出血**(hemorrhage of brain)

为大脑的冠状切面,见一侧大脑半球体积较对侧大,在内囊附近有暗红色血凝块(固定后呈灰黑色),该处脑组织破坏,出血灶大小不一,有的标本可见血液流入侧脑室。

🔔思考:高血压引起脑出血的机制是什么? 此患者死亡的原因是什么?

5. **动脉血栓**(thrombus of artery)

动脉管腔内充满一实性物,与动脉壁粘连紧密,其表面干燥、粗糙、无光泽,灰白中夹杂少数暗红色区。

🔔思考:根据血栓的颜色、质地与血管的关系判断是何种类型的血栓,产生的机制是什么。

6. **静脉血栓**(thrombus of vein)

剪开的静脉管腔内可见圆柱形的固体质块附着于血管壁,其表面粗糙、干燥、无光泽,质脆。血栓一端为稍长的灰白色区(头),中间呈红白相间的结构(体),另一端为较长的暗红色区(尾)。

🔔思考:属何种血栓? 产生的机制是什么? 有何后果?

7. **脾贫血性梗死**(anemic infarct of spleen)

脾切面被膜下有一个呈三角形的灰白色坏死灶,其尖端指向脾门,底朝向被膜,略凸出于表面。在周围正常组织有一暗红色充血出血带。

🔔思考:病变部位与脾血管分布的关系如何? 贫血性梗死与凝固性坏死的关系如何?

8. **肺出血性梗死**(hemorrhagic infarct of lung)

肺组织肿胀,肺被膜紧张。切面可见楔形暗红色实变区(固定后可为黑色),尖端指向肺门,底靠近肺表面。梗死灶分界欠清。

🔔思考:发生肺出血性梗死的部位与周围正常组织的分界,肺表面及切面所见梗死灶的大小、形状、质地、颜色有何特点? 肺出血性梗死的条件和发生机制是什么?

9. **肠出血性梗死**(hemorrhagic infarct of intestine)

病变的小肠肠壁明显肿胀增厚,呈黑褐色,无光泽,黏膜皱襞增粗或消失,与正常肠壁界限清楚。

🔔思考:病变部位肠黏膜情况、颜色、质地如何? 有无肿胀? 小肠出血性梗死产生的机制是什么?

二、组织切片

1. **慢性肺淤血**(chronic congestion of lung)

低倍镜观察:肺泡壁增厚,肺泡腔内可见红细胞、心衰细胞或含铁血黄素(褐色),部分肺泡内有淡红透明的浆液。部分肺泡壁内可见红染的胶原纤维束(硬化)。

2.6 组织切片图

高倍镜观察:肺泡壁增宽,壁上的毛细血管与肺间质小血管均扩张、充血,见散在或成堆分布的巨噬细胞(图 2-6-1),胞质内可见棕黄色的颗粒(含铁血黄素),这种细胞又称为心衰细胞,此细胞也可见于肺间质。

2. 慢性肝淤血(chronic congestion of liver)或槟榔肝(nutmeg liver)

低倍镜观察:识别肝小叶、中央静脉、肝索、肝窦及汇管区,可见小叶中央的中央静脉及周围肝窦扩张充血(图 2-6-2)。

高倍镜观察:中央静脉及周围高度扩张、淤血,充满红细胞,肝小叶中心的肝细胞萎缩甚至消失,小叶周边肝细胞胞质内有大小不等的空泡(脂肪变性)(图 2-6-3)。严重时相邻肝小叶的淤血区相互连接。

🔔思考:试述槟榔肝产生的机制。

3. 血栓机化与再通(organization and recanalization of thrombus)

低倍镜观察:血管腔内有红染血栓样物,与管壁紧密相连。部分血栓被肉芽组织取代(机化),有的组织中可见散在大小不等的不规则腔隙。

高倍镜观察:见到红染粗大的血小板梁,周围可见有中性粒细胞附着。富有毛细血管的肉芽组织已取代部分血栓(机化)。较大的腔隙表面为内皮细胞所覆盖,有的内含有红细胞(再通)(图 2-6-4)。

三、示教片

1. 心衰细胞(heart failure cells)

肺泡壁增厚,肺泡腔内可见红细胞、淡薄透明的浆液。肺泡内红细胞被巨噬细胞吞噬、消化,血红蛋白转化为含铁血黄素,呈棕褐色的颗粒状(图 2-6-5),即心衰细胞,普鲁士蓝染色为深蓝色颗粒(普鲁士蓝反应)。

2. 混合血栓(mixed thrombus)

血栓中可见许多淡红色、粗细不等的珊瑚状血小板梁(血小板梁由许多细颗粒状的血小板构成),边缘附有一些嗜中性粒细胞。血小板梁之间为丝网状、浅(或深)红色的纤维蛋白及较多的红细胞(图 2-6-6)。

3. 透明血栓(hyaline thrombus)

肾小球部分毛细血管内呈强嗜酸性、均质状团块(图 2-6-7),此为纤维蛋白性血栓或微血栓。

4. 肺出血性梗死(hemorrhagic infarct of lung)

低倍镜观察:梗死区肺泡轮廓可见,为红染无结构状。梗死区与正常组织交界处有时可见充血出血带和肉芽组织(图 2-6-8)。

高倍镜观察:梗死区肺泡壁组织结构不清,细胞核消失,肺泡腔内充满红细胞。可找到心衰细胞。

【实验报告】

1. 绘图:慢性肺淤血、慢性肝淤血的组织切片。
2. 描述:慢性肝淤血、心瓣膜血栓、静脉血栓、脾/肾贫血性梗死的大体标本。

【临床病例讨论】

病案一

[病史摘要]

患者,男,32 岁。主诉:跌倒后右小腿疼痛半小时。

现病史:患者于半小时前骑自行车上班时,不小心跌倒在地,随即右小腿出现剧烈疼痛,不能行走,由他人护送来医院就诊。

体格检查:T 37 ℃,P 72 次/分,R 28 次/分,BP 14.7/10 kPa(110/75 mmHg),右小腿肿胀伴畸形,局部压痛伴假关节运动,X 线拍片提示右胫、腓骨骨折。

住院经过:入院后经手术切开,内固定加石膏外固定,术后第二天发现右下肢肿胀,即予拆除石膏外固定,肿胀仍然继续加重,并向大腿和下腹部延伸。入院第五天,早晨起床时突然大叫一声,心跳呼吸停止,抢救无效死亡。

[分析与讨论]

(1)说明本例的临床诊断及诊断依据。

(2)说明本例临床表现的病理基础。

(3)本例的直接死因是什么?

(4)预期本例的尸检所见。

病案二

[病史摘要]

吴某,男,49 岁,因癫痫反复发作入院。入院颅脑 MRI 显示右侧额叶、顶叶及放射冠区较大范围脑梗死,有高血压病史,入院查体身高 173 cm,体重 70 kg,体温 36.5 ℃、脉搏 87 次/分、呼吸 20 次/分。血栓风险评估:Caprini 评分量表评分 5 分,Autar 评分量表评分 17 分。患者于 6 月 11 日行开颅占位显微切除术,术后神志清楚转出 ICU;6 月 12 日因左侧肢体持续抽搐转入 ICU;6 月 13 日转出 ICU 留置胃管,予肠内营养;6 月 15 日测 D-二聚体定量,显示纤维蛋白原 1.89 g/L;6 月 16 日行双上肢双下肢彩超,显示双侧小腿肌间静脉血栓形成,右侧大隐静脉曲张。

[分析与讨论]

(1)吴某为什么会形成静脉血栓?

(2)我们该如何做才能有效地预防静脉血栓的形成?

【复习和思考】

1. 慢性肝淤血时,肝切面为什么会出现槟榔样花纹?

2. 根据所学的理论知识,解释镜下所见的慢性肺淤血和慢性肝淤血的形态学变化,并考虑临床会出现哪些症状。

3. 外科手术后长期卧床的病人为什么较易发生静脉血栓?其后果如何?应如何预防?

4. 动脉瘤内形成的血栓属哪类血栓?它可能会有哪些结局?

5. 羊水栓塞的病理特征是什么?

6. 名词解释:充血、淤血、心衰细胞、肺褐色硬化、槟榔肝、出血、瘀斑、血栓形成、血栓、白色血栓、混合血栓、透明血栓、血栓机化、再通、栓塞、栓子、血栓栓塞、梗死、出血性梗死、贫血性梗死。

【选择题】

1. 心衰细胞是指(　　)。

A.心力衰竭时某些形态特殊的心肌细胞

B.肺硅沉着病(硅肺)致右心衰竭时,肺内吞噬硅尘的巨噬细胞

C.褐色硬化肺内含有含铁血黄素的巨噬细胞

D.心力衰竭时肺内吞噬炭末的巨噬细胞

E.心力衰竭时肺泡腔内的泡沫细胞

2. 混合血栓通常见于( )。

A.静脉血栓尾部   B.毛细血管内   C.心瓣膜闭锁缘

D.动脉血栓头部   E.静脉血栓体部

3. 弥漫性血管内凝血时微血管内的血栓称( )。

A.赘生物   B.附壁血栓   C.红色血栓

D.纤维蛋白血栓   E.白色血栓

4. 肾梗死区的坏死多为( )。

A.液化性坏死   B.凝固性坏死   C.坏疽

D.干酪样坏死   E.脂肪坏死

5. 槟榔肝内可见( )。

A.肝小叶周边部肝细胞萎缩   B.肝小叶结构破坏

C.肝血窦扩张淤血，肝细胞脂肪变   D.出血性梗死

E.门静脉分支扩张淤血

知识拓展

    2014年8月10日下午,湖南湘潭县妇幼保健院一名张姓产妇,在做剖宫产手术时,因术后大出血死亡。湘潭县卫生局称,8月10日12点5分胎儿出生后,产妇出现呕吐呛咳,院方立即抢救,但产妇因羊水栓塞引发多器官功能衰竭,因抢救无效于21点30分死亡。2014年9月11日,经湘潭市医学会医疗事故技术鉴定工作办公室组织专家鉴定组依法依程序鉴定,湘潭县妇幼保健院"8·10"产妇死亡事件调查结论为产妇的死亡原因符合肺羊水栓塞所致的全身多器官功能衰竭,事件不构成医疗事故。同时调查组也指出,事件中医方与患者家属信息沟通不够充分有效,引起患者家属不满和质疑。

    作为一名医务工作者,一方面,我们要为广大的民众提供优质高效的医疗卫生服务,夯实医疗技术根基,提升医疗服务效率;另一方面要强化思想认识,充分调动和发挥自己的积极性、主动性,加强医患沟通,保障医疗安全,建设优质高效的卫生与健康服务体系。

资料来源: 请正确解读湘潭产妇死亡时间[EB/OL].(2014-08-14)[2024-03-22].http://finance.sina.com.cn/zl/china/20140814/015020003881.shtml.

（黄丽萍）

2.6答案

2.7　炎　症

【目的要求】

(1)掌握炎症局部的基本病理变化,重点观察炎性渗出物,认识炎性渗出物中的各种成分。

(2)掌握炎症常见的几种类型及其病变特点,联系各自的主要临床表现,分析它们对机体可能产生的影响。

(3)识别炎症组织中各种炎细胞,了解它们在炎症过程中的意义。

(4)通过临床病理讨论,熟悉炎症的经过和结局,防治炎症疾病。

【实验内容】

大体标本	组织切片	示教片
1. 急性重型肝炎	1. 各种炎细胞	1. 炎症早期血管变化
2. 阿米巴肝脓肿	2. 纤维蛋白性炎(白喉)	2. 胸膜纤维蛋白性炎
3. 咽喉及气管白喉	3. 心/肺/肾/肝脓肿	3. 异物肉芽肿
4. 细菌性痢疾	4. 蜂窝织炎性阑尾炎	4. 鼻炎性息肉
5. 纤维蛋白性心包炎	5. 肉芽肿性炎(结核结节)	5. 肺炎性假瘤
6. 大叶性肺炎	6. 子宫颈息肉	6. 慢性胆囊炎
7. 脑脓肿		
8. 肺/肝/肾多发性脓肿		
9. 急性蜂窝织炎性阑尾炎		
10. 化脓性脑膜炎		
11. 胸膜粘连		
12. 慢性扁桃体炎		
13. 慢性胆囊炎		
14. 子宫颈息肉		
15. 鼻炎性息肉		
16. 肺炎性假瘤		

一、大体标本

1. 急性重型肝炎(fulminant hepatitis)

肝脏体积显著缩小,重量减轻,变形变软(被膜皱缩,肝脏边缘锐利、质地柔软)。切面呈黄色或红褐色,肝小叶结构不清,呈一片红黄相间的斑纹。

2.7 大体标本图

2. 阿米巴肝脓肿(amoebic abscess of liver)

肝体积增大,切面见肝内有一个或多个大小不等囊腔,境界清楚可见由灰白色致密的肉芽组织所构成的囊腔膜。腔内坏死液化的组织部分已流失,尚见未彻底坏死的结缔组织及血管等,形如灰褐色棉絮状附着于腔内壁上,腔内壁不光滑。腔周围有结缔组织形成纤维性包膜。

🔔 思考:分析阿米巴肝脓肿发生的原因及其对机体的影响。

3. 咽喉及气管白喉(diphtheria of pharynx and trachea)

标本为儿童的舌、会厌、咽、喉、气管、支气管及肺脏。气管及支气管由背侧剪开,在咽、喉、气管及支气管的黏膜面附有一层灰白色膜状渗出物,即假膜。咽喉部的假膜附着紧密,气管及支气管中的假膜大部分剥离或脱落,其深部的黏膜粗糙、无光泽。

🔔思考:假膜性炎是如何引起的? 喉头及气管的病变及后果是否有所不同? 为什么?

4. 细菌性痢疾(bacillary dysentery)

标本为结肠一段,黏膜面覆盖一层灰黄色糠屑样膜状物(假膜),部分假膜已脱落,形成小面积的溃疡,形态不规则。有的标本见肠管黏膜息肉样增生,肠壁增厚。

🔔思考:此属何种炎症? 可引起哪些主要临床表现?

5. 纤维蛋白性心包炎(fibrinous pericarditis)或绒毛心(cor villosum)

心脏标本,心包已剪开。心包脏层及壁层不光滑,失去正常的光泽,可见壁层与脏层心包膜表面附有厚薄不一、灰黄色的渗出物(即纤维蛋白),集聚成绒毛状物,细丝网状或细绒毛状,粗糙混浊。心脏的不断搏动而使其呈绒毛状,故又称绒毛心。

🔔思考:分析绒毛心产生的机制及可能出现的后果。

6. 大叶性肺炎(lobar pneumonia)

左肺上叶呈弥漫性实变,质地变实如肝,切面灰白色,故称灰色肝样变期。略呈颗粒状,间杂有黑色斑纹。

另一标本的右肺上叶呈弥漫性实变,切面灰白色,胸膜表面有红褐色纤维蛋白渗出。

7. 脑脓肿(abscess of brain)

大脑冠状切面,右下颞叶可见直径为 2.5 cm 大小脓肿,脓肿腔内残留部分黄白色、质均细腻的脓性坏死物。脓肿壁较厚,边界清楚。

有的脑脓肿脑组织溶解液化形成脓腔,腔内脓液流失,仅留少许脓液黏附,周围有纤维组织包绕,留下空隙。脓肿的境界清楚,有脓肿膜围绕。

8. 肺/肝/肾多发性脓肿(multiple abscesses in lung/liver/kidney)

在肺或肝或肾的标本表面(或切面)上,可见多个大小不一的脓腔,呈散在分布。灰黄色,质软,此即脓肿。脓肿与周围组织界限清楚,在切面上有的脓腔切破后脓液流失形成囊腔,有的脓肿有纤维包绕,有的因固定液作用脓液浓缩,有的小脓肿融合为较大的脓肿。

9. 急性蜂窝织炎性阑尾炎(acute phlegmonous appendicitis)

又称急性化脓性阑尾炎。标本为各种类型的阑尾炎。注意观察各阑尾粗细、光泽及血管情况。

阑尾多数呈不规则的增粗、充血、肿胀,有的标本见阑尾末端明显膨大,阑尾壁薄甚至有坏死穿孔。病变的阑尾浆膜充血明显,表面粗糙,失去正常的光泽,浆膜下血管明显充血并有大量黄白色脓性渗出物堆积。切面:阑尾壁增厚,腔内有大量的灰黄色脓液填充或有粪石阻塞。

10. 化脓性脑膜炎(purulent meningitis)

大脑半球标本。肉眼观察脑膜血管明显扩张充血,血管周围及脑沟中充满黄白色浓淡不一脓性渗出物,脑沟内尤为明显。脑沟、脑回结构被掩盖而模糊不清。脓性渗出物分布不均,厚薄不一,以大脑额叶、顶叶、颞叶面较为严重。

🔔思考:病人有何临床表现?

11. 胸膜粘连(adhesion of pleurae)

肺脏标本。肺的表面可见胸膜壁层和脏层纤维组织增生、增厚而互相粘连。部分撕开处可见脏层表面有许多灰白色纤维条索,表面显得粗糙。

🔔 思考:分析其产生的原因及临床表现。

12. 慢性扁桃体炎(chronic tonsillitis)

口腔扁桃标本。见扁桃体明显增大,灰白色,质地较硬,扁桃体表面黏膜渗出及变质改变不明显。

13. 慢性胆囊炎(chronic cholecystitis)

见胆囊体积增大,表面失去正常的光泽。切开胆囊壁,见胆囊壁增厚,质地较致密,黏膜粗糙,有的标本胆囊腔内可见胆石。

14. 子宫颈息肉(polyps of cervix)

子宫颈标本。子宫颈黏膜表面可见一个息肉样肿物,花生米大小,表面光滑,有蒂与黏膜相连。

15. 鼻炎性息肉(nasal inflammatory polyp)

标本取自鼻腔。可见一个带蒂息肉样肿物,椭圆形,灰白色,表面光滑,略呈半透明状,质地细嫩、软、脆。

16. 肺炎性假瘤(inflammatory pseudotumor of lung)

肺脏标本。肺切面上见一圆形的局限性病灶,呈灰白色,质地较坚实,周围境界清楚。

二、组织切片

1. 各种炎细胞(inflammatory cells)

(1)中性粒细胞(neutrophilic granulocyte)

2.7 组织切片图

呈球形,直径 $10\sim12~\mu m$,具有分叶状细胞核(一般 $2\sim5$ 叶,常为 3 叶),胞质淡红色,内含中性颗粒(图 2-7-1 和图 2-7-2)。

(2)单核、巨噬细胞(monocyte/macrophage cell)

圆形或卵圆形,直径可达 $20~\mu m$ 以上,大小不一,胞质丰富,有空泡,常含有吞噬物(图 2-7-1)。

(3)淋巴细胞(lymphocyte)

呈圆形,直径 $7~\mu m$ 左右,核圆,直径 $4\sim5~\mu m$,染色质浓密,染成块状,着色很深,核的一侧常有一小凹陷,胞质极少,似狭窄的环(图 2-7-1 和图 2-7-3)。

(4)嗜酸性粒细胞(acidophilic granulocyte)

呈球形,直径 $12\sim14~\mu m$,胞质内充满粗大、分布均匀的嗜酸性颗粒,故镜下呈强嗜酸性、颗粒状,胞核 $2\sim3$ 叶,通常为 2 叶,呈"八"字形(图 2-7-2)。

(5)浆细胞(plasma cell)

比淋巴细胞稍大,核圆或卵圆形,偏位,染色质凝集成块状,贴近核膜,成车轮状分布,无核仁,胞质丰富,呈伊红或双色性,核周有半月形的淡染区,称核周晕(图 2-7-1 和图 2-7-3)。

2. 纤维蛋白性炎/白喉(fibrinous inflammation/diphtheria)

低倍镜观察:咽部表面复层鳞状上皮大部分已坏死,其上覆盖一层假膜。坏死的黏膜与正常黏膜分界明显(图 2-7-4)。黏膜下层明显充血、水肿和中性粒细胞浸润。

高倍镜观察:假膜由大量纤维蛋白、坏死黏膜及渗出的炎细胞等形成。

3. 心/肺/肾/肝脓肿(abscess of heart/lung/kidney/liver)

低倍镜观察:可见组织中圆形或椭圆形小脓肿灶,与周围正常组织境界清楚,脓肿灶内的组织已完全消失(图2-7-5)。脓肿中央可见染色呈深紫色的细菌菌落。脓肿周围由肉芽组织增生形成境界较清楚的脓肿膜(图2-7-6)。

高倍镜观察:病灶区原有组织坏死、液化、结构破坏,形成伴有脓腔的局限性化脓性炎。腔内充满脓液,周边有大量中性粒细胞或脓细胞。

4. 蜂窝织炎性阑尾炎(phlegmonous appendicitis)

低倍镜观察:阑尾黏膜上皮部分坏死脱落,形成缺损。阑尾各层(尤以黏膜下层、浆膜层为显著)组织中血管扩张充血、间质水肿,有弥漫的炎细胞浸润,腔内有炎性渗出物(图2-7-7)。

高倍镜观察:各层弥漫浸润的细胞为中性粒细胞,阑尾腔内充满变性坏死的中性粒细胞(脓细胞)、脱落坏死的黏膜和其他炎症渗出物。阑尾浆膜及系膜明显充血,并附有以纤维蛋白及嗜中性粒细胞为主的炎性渗出物。

5. 肉芽肿性炎(结核结节)[granulomatous inflammation(tubercle)]

低倍镜观察:肺组织中有多数散在的结核结节,主要由巨噬细胞演变而来的类上皮细胞、多核巨细胞(即朗汉斯巨细胞)以及淋巴细胞等组成具有特殊形态结构的结节,结节中央尚可见干酪样坏死(呈伊红染色)(图2-7-8)。

高倍镜观察:朗汉斯巨细胞体积巨大,胞膜界限不清,胞质呈嗜酸性,核有几十个之多,位于胞质之边缘部。类上皮细胞位于结核结节周边,呈上皮样外观。淋巴细胞主要位于结核结节之间。(图2-7-9)

6. 子宫颈息肉(polyps of the cervix)

低倍镜观察:宫颈交界口(由复层鳞状上皮向柱状上皮移行),息肉表面覆盖增生黏膜上皮,上皮下为增生血管和疏松结缔组织,伴水肿及炎细胞浸润(图2-7-10)。

高倍镜观察:炎细胞主要为淋巴细胞和浆细胞等慢性炎细胞。

三、示教片

1. 炎症早期血管变化(vascular changes in the early stage of inflammation)

镜下可见小静脉扩张、充满红细胞,白细胞靠近血管壁或处于内皮细胞之间。部分中性粒细胞已从血管中游出(图2-7-11)。

2. 胸膜纤维蛋白性炎(pleural fibrinous inflammation)

镜下胸膜脏层表面有粉染丝网状物附着,其间可见大量炎细胞浸润。病变下组织充血水肿,肺泡腔渗出物。常见于肺脏和胸膜结核病或肺部其他炎症性疾病。

3. 异物肉芽肿(foreign body granuloma)或异物巨细胞反应(foreign body reaction)

低倍镜观察:组织中(皮下组织)有数个散在结节状病灶,该病灶是由于异物(丝线)刺激而引起局部单核巨噬细胞、异物多核巨细胞、成纤维细胞增生并有少数淋巴细胞、浆细胞浸润形成结节状肉芽结构。

高倍镜观察:可见异物被形态多样、大小不等的多核异物巨细胞(细胞核呈无规律分布)包围、吞噬(图2-7-12)。多核异物巨细胞体积巨大,核有十几个之多,位于胞质中央区或散在于胞质内,部分细胞质内有吞噬类脂质形成的空隙。有的可见嗜碱性无结构的线头异物。

4. 鼻炎性息肉(nasal inflammatory polyp)

鼻黏膜毛细血管、腺体、纤维组织增生,浸润炎细胞有淋巴细胞、浆细胞和少量嗜酸性粒细胞。浆细胞为中等大小、椭圆形、核圆形,偏位于细胞一侧,核染色质呈车轮状,胞质嗜碱性。

5. 肺炎性假瘤(inflammatory pseudotumor of lung)

肺组织中可见由大量淋巴细胞、纤维细胞和毛细血管所构成的病灶。

6. 慢性胆囊炎(chronic cholecystitis)

低倍镜观察:胆囊壁增厚,纤维结缔组织增生。黏膜上皮多数萎缩,部分黏膜上皮凹陷深达肌层,形成罗阿氏窦。

高倍镜观察:各层中有慢性炎细胞(淋巴细胞和浆细胞)浸润。

【实验报告】

1. 绘图:肉芽肿性炎(结核结节)的组织切片。

2. 描述:大叶性肺炎和纤维蛋白性炎(白喉)的大体标本。

3. 列表比较脓肿与蜂窝织炎。

【临床病例讨论】

病案一

[病史摘要]

患儿,李×,男性。

3 天前患儿出现精神萎靡,食欲减退。昨日起感到右上臂内侧疼痛并红肿,当晚患部疼痛加剧,红肿加重,不敢活动,并有发热、头痛和头昏。今日上午来院就诊。

局部检查:右上臂内侧有 2 cm×3 cm 红肿区,略隆起,触之有波动感,局部温度增高,压痛明显,活动受限。同侧腋窝淋巴结肿大,触痛。体温 39.5 ℃。

辅助检查:WBC 23×10⁹/L,其中 N 80%,L 16%。

诊断:右上臂脓肿。

住院经过:入院后手术切开,排出黄色黏稠脓液 10 mL,经抗生素治疗,5 日后病愈出院。

[分析与讨论]

(1)你是否同意本例诊断?根据是什么?

(2)何谓脓肿?脓液的组成成分是什么?脓液是如何形成的?

(3)本例红、肿、热、痛和功能障碍等临床表现的产生机制是什么?

(4)患者为什么会出现发热、中性粒细胞计数增多?局部淋巴结为什么肿大?

病案二

[病史摘要]

肖××,女,10 岁,两周前面部长一疖肿,肿胀疼痛。数天后,其母用针扎穿并挤出脓性血液。随后发生寒战、高热、头痛、呕吐,经治疗未见好转,且病情进一步加重,出现昏迷、抽搐而入院。

体格检查:T 40 ℃、P 140 次/分、R 35 次/分。营养不良,发育较差,神志不清。面部有一 2 cm×3 cm 的红肿区,略有波动感。

辅助检查:血常规 WBC 22×10^9/L,N 87%。

血培养金黄色葡萄球菌阳性。

住院经过:经积极抢救无效而死亡。

[尸检摘要]

发育、营养差,面部有一个 2 cm×3 cm 的肿胀区,切开有脓血流出。打开颅腔,大脑左额区有大量灰黄色脓液填充,此处有脑组织坏死,并见一个 4 cm×4 cm×5 cm 的脓腔形成。

病理切片:病变处脑组织坏死,大量嗜中性粒细胞浸润,并见肉芽组织形成。

[分析与讨论]

(1)根据病历资料对本病例作何死亡诊断?

(2)本例脑部病变是怎样引起的?

(3)从本病例中应吸取什么教训?

【复习和思考】

1. 炎症的基本病变有哪些? 它们之间有何相互关系?

2. 炎性渗出物中含有哪些成分? 各有什么意义?

3. 纤维蛋白性炎症常发生在哪些部位? 各有何特点?

4. 炎症有哪些常见类型? 各类型有何特点? 各类型之间有何联系?

5. 试以皮肤疖肿为例,分析脓肿的转归与结局。

6. 急性炎症与慢性炎症有何区别?

7. 炎性肉芽组织与炎性肉芽肿有什么区别?

8. 确定感染性肉芽肿和异物肉芽肿的主要依据是什么?

9. 名词解释:变质、炎症介质、渗出、趋化作用、液体渗出、假膜、假膜性炎、绒毛心、化脓性炎、蜂窝织炎、脓液(脓汁)、脓肿、脓细胞、窦道、瘘管、表面化脓和积脓、肉芽肿性炎症、炎性息肉、炎性假瘤、菌血症、毒血症、败血症、脓毒血症。

【选择题】

1. 变质性炎实质细胞的改变主要是(　　　)。

A.脂肪变性和细胞肿胀　　　B.水变性和坏死　　　　　C.脂肪变性和坏死

D.玻璃样变及坏死　　　　　E.变性和坏死

2. 在急性炎症和炎症的早期(24 小时内),首先游出的白细胞是(　　　)。

A.中性粒细胞　　　　　　　B.单核细胞　　　　　　　C.嗜酸性粒细胞

D.嗜碱性粒细胞　　　　　　E.淋巴细胞

3. 急性化脓性炎症发生时,组织中最多见的炎细胞是(　　　)。

A.浆细胞　　　　　　　　　B.淋巴细胞　　　　　　　C.巨噬细胞

D.中性粒细胞　　　　　　　E.嗜酸性粒细胞

4. 肉芽肿性炎的镜下所见是(　　　)。

A.有组织的坏死、液化　　　　　　　　B.有大量血清渗出

C.有大量嗜酸性粒细胞浸润　　　　　　D.由巨噬细胞增生形成的结节

E.由局部黏膜、腺体和肉芽组织增生形成的肿块

5. 过敏性炎的镜下所见是（　　　）。

A.有组织的坏死、液化　　　　　　　　B.有大量血清渗出

C.有大量嗜酸性粒细胞浸润　　　　　　D.由巨噬细胞增生形成的结节

E.由局部黏膜、腺体和肉芽组织增生形成的肿块

6. 以下说法错误的是（　　　）。

A.假膜由渗出的纤维蛋白、白细胞和坏死的黏膜上皮组成

B.疖是单个毛囊、所属皮脂腺及其周围组织的脓肿

C.肉芽肿由单核细胞及其演化细胞构成，形成境界清楚的结节性病灶

D.炎性息肉由黏膜上皮、腺体和肉芽组织增生形成

E.炎性假瘤由肉芽组织、炎细胞、增生的实质细胞和纤维结缔组织构成

7. 手术切除阑尾一条，在显微镜下可见阑尾壁各层充血水肿，有散在中性粒细胞浸润，尤以黏膜及黏膜下层明显。确切的诊断是（　　　）。

A.蜂窝织炎性阑尾炎　　　B.坏疽性阑尾炎　　　　　C.急性化脓性阑尾炎

D.急性单纯性阑尾炎　　　E.慢性阑尾炎急性发作

8. 死者生前体温 39 ℃，白细胞总数显著增加，尸体解剖见肝、肺、脾、淋巴结内均可见多数小脓肿。首先应考虑（　　　）。

A.菌血症　　　　　　　　B.毒血症　　　　　　　　C.败血症

D.脓毒血症　　　　　　　E.病毒血症

9. 患者，女，30 岁，分娩后 3 个月。1 月前左乳外上象限肿痛，经热敷后病变局限。检查时，左乳外上象限有一个 3 cm×3 cm 的结节，有波动感。穿刺液内可见（　　　）。

A.大量红细胞　　　　　　B.大量淋巴细胞　　　　　C.大量中性粒细胞

D.大量清亮液体　　　　　E.大量浆细胞

10. 患者，男，7 岁。木刺伤手指后稍有出血，2 天后疼痛加剧，局部发热，手指红肿并向手掌部蔓延，与正常组织无明显界限。要首先考虑患者发生了（　　　）。

A.浆液性炎　　　　　　　B.纤维蛋白性炎　　　　　C.蜂窝织炎

D.脓肿　　　　　　　　　E.坏疽

11. 慢性子宫颈炎所致的带蒂肿块属于（　　　）。

A.炎性假瘤　　　　　　　B.炎性息肉　　　　　　　C.子宫颈腺囊肿

D.感染性肉芽肿　　　　　E.异物性肉芽肿

12. 急性重型肝炎与亚急性重型肝炎肉眼观形态的主要区别是（　　　）。

A.有无再生结节形成　　　B.肝体积缩小的程度　　　C.肝包膜皱缩的程度

D.肝实质黄染的程度　　　E.有无坏死

13. 浆液性炎症发生时，渗出液中的蛋白成分主要是（　　　）。

A.白蛋白　　　　　　　　B.球蛋白　　　　　　　　C.纤维蛋白

D.血红蛋白　　　　　　　E.脂蛋白

14. 男，23 岁，患结核性胸膜炎，出现胸腔积液，此胸腔积液最有可能是（　　　）。

A.浆液性炎症　　　　　　B.纤维蛋白性炎症　　　　C.化脓性炎症

D.出血性炎症　　　　　　E.卡他性炎症

15. 纤维蛋白性心包炎（绒毛心）是指（　　　）。

A.心包壁层有大量纤维蛋白渗出　　　　B.心包脏层有大量纤维蛋白渗出

C.心包壁层附着的纤维蛋白被机化　　　D.心包脏层附着的纤维蛋白被机化

E.心肌脂肪变

16. 白喉杆菌感染可引起( )。

A.浆液性卡他   B.假膜性炎   C.脓性卡他

D.蜂窝织炎   E.脓肿

17. 炎性假瘤的特点不包括( )。

A.由局部组织的炎性增生形成   B.为一边界清楚的肿瘤样肿块

C.常见的好发部位是眼眶和肺   D.肉眼和X线不能与肿瘤区别

E.是一种癌前病变

18. 具有较强吞噬功能,能吞噬较大病原体、异物等的炎细胞是( )。

A.浆细胞   B.淋巴细胞   C.巨噬细胞

D.中性粒细胞   E.嗜酸性粒细胞

19. 慢性炎细胞是指( )。

A.淋巴细胞、巨噬细胞   B.淋巴细胞、中性粒细胞

C.巨噬细胞、中性粒细胞、嗜酸性粒细胞 D.中性粒细胞、嗜酸性粒细胞、嗜碱性粒细胞

E.淋巴细胞、嗜酸性粒细胞

知识拓展

2013年5月的一天中午,林某被发现在家中卫生间死亡。尸检认定是因肝破裂致失血性休克而死亡。勘查现场发现另一个卫生间洗手台坍塌,家中无搏斗痕迹,无财物丢失。当天凌晨1点多,林某因偷窃2罐啤酒被大排档老板殴打。当时当地警方出警了,并证实林某只是身体表面疼痛,无其他不适。早上林某妻子看到林某在家中泡茶,邻居也证实林某六七点时在街上散步并无异常。邻居还证实11点30分左右听到林某家中有物体砸到地上的声音(洗手台坍塌)。林某的肝脏破裂是因为自己撞向洗手台还是被殴打所致,这一难题摆在了漳州市人民检察院司法鉴定中心副主任法医师刘龙清的面前。这时尸体已经火化,刘龙清只能通过案宗、尸检报告等资料进行综合分析。他发现病理报告指出死者肝脏破裂部位有大量中性粒细胞聚集,但尸检报告并没有对中性粒细胞数量作出明确说明。刘龙清再次阅读病理切片,发现0.5 mm²的范围内中性粒细胞达到100个以上。从肝脏破裂到大量中性粒细胞聚集需要6~8 h以上,故死者肝脏破裂与凌晨被殴打有关。

刘龙清用精湛的专业技能查明案件真相,不冤枉一位好人,也不放过一个坏人,促进社会公平正义,被誉为"当代宋慈"。作为医务工作者,要树立全心全意为患者服务的思想,掌握好基础知识和专业技能,工作中要严谨细心,才能更好地为病患排忧解难!

资料来源:撒贝宁3个故事讲法医刘龙清"当代宋慈"[EB/OL].(2016-05-31)[2024-02-21].https://www.sohu.com/a/78655782_120032.

（陈淑敏）

2.7答案

2.8 肿 瘤

【目的要求】

(1)熟悉肿瘤的大体形态、组织结构。

(2)掌握肿瘤的异型性、良性与恶性肿瘤的区别。

(3)掌握肿瘤的生长方式与扩散方式。

(4)掌握肿瘤的命名原则及分类。

(5)熟悉肿瘤性增生与非肿瘤性增生、癌与肉瘤的区别,常见肿瘤的病理组织学类型及其形态学特点。

(6)熟悉癌前病变、原位癌和早期浸润癌的形态特征。

【实验内容】

[肿瘤大体标本观察要点]

(1)肿瘤的一般形态特点

①数目和大小:数目通常为一个,如肠腺瘤等;有时可为多个,如多发性子宫平滑肌瘤等。大小不一,大者可重达数千克乃至数十千克,如卵巢黏液性囊腺瘤等;小者可仅在显微镜下才能发现,如超微小胃癌。

②形状:多种多样,如乳头状(皮肤乳头状瘤、膀胱乳头状瘤)、菜花状(头皮、小腿鳞状细胞癌)、息肉状(肠腺瘤)、蕈状(肠腺瘤)、分叶状(脂肪瘤)、结节状(甲状腺腺瘤、纤维瘤)、囊状(卵巢浆、黏液性囊腺瘤)、溃疡状(乳腺癌、胃癌)、浸润性包块状(乳腺癌)等。

③颜色:肿瘤的颜色与其组织来源、纤维组织多少和继发改变有关,一般呈灰白色(如乳腺癌、皮肤鳞癌等)或灰红色(如纤维肉瘤等),某些肿瘤呈现特殊颜色(如血管瘤呈红色或暗红色,脂肪瘤呈黄色,恶性黑色素瘤呈黑色,继发出血、坏死、钙化、脂变等的肿瘤可呈多色性)。

④硬度:肿瘤的硬度与其组织来源、纤维组织的多少、继发改变等有关。如骨瘤、硬癌较硬;脂肪瘤质软;继发钙化、骨化的肿瘤较硬;出血、坏死的肿瘤较软。

(2)肿瘤的生长方式及转移途径

①膨胀性生长:纤维瘤、子宫平滑肌瘤、甲状腺腺瘤等。

②浸润性生长:乳腺癌浸入周围软组织、小腿鳞癌浸入骨组织等。

③外生性生长:头皮乳头状瘤、息肉状肠腺瘤、膀胱移行细胞癌等。

(3)肿瘤的转移途径

①淋巴道转移:乳腺癌并腋窝淋巴结转移,阴茎癌并腹股沟淋巴结转移。

②血道转移:肺、脑转移性恶性肿瘤。

③种植性转移:大网膜、肠系膜转移性癌,卵巢 Krukenberg 瘤。

[肿瘤大体标本与组织切片]

大体标本	组织切片	示教片
• 常见良性肿瘤	1. 恶性瘤细胞涂片	1. 肿瘤细胞核分裂象
1. 皮肤乳头状瘤	2. 皮肤乳头状瘤	2. 肠腺瘤
2. 膀胱乳头状瘤	3. 食管鳞状细胞癌	3. 平滑肌瘤
3. 肠息肉状腺瘤	4. 纤维瘤	4. 海绵状血管瘤
4. 结肠(直肠)多发性息肉状腺瘤	5. 纤维肉瘤	5. 子宫颈上皮内瘤变Ⅲ级
5. 甲状腺腺瘤	6. 胃/肠腺癌	6. 乳腺实性癌
6. 乳腺纤维腺瘤	7. 淋巴结转移性腺癌	7. 平滑肌肉瘤
7. 卵巢浆液性(黏液性)囊腺瘤		8. 骨肉瘤
8. 脂肪瘤		9. 黑色素瘤
9. 子宫平滑肌瘤		10. 畸胎瘤
10. 肝海绵状血管瘤		
11. 淋巴管瘤		
12. 小肠纤维瘤		
13. 纤维瘤		
14. 骨瘤		
15. 软骨瘤		
• 癌前病变		
1. 结肠多发性息肉病		
2. 黏膜白斑		
• 常见恶性肿瘤		
1. 皮肤鳞状细胞癌		
2. 膀胱乳头状癌		
3. 阴茎癌		
4. 胃(肠)腺癌		
5. 黏液癌		
6. 乳腺癌		
7. 纤维肉瘤		
8. 脂肪肉瘤		
9. 胃平滑肌肉瘤		
10. 骨肉瘤		
11. 软骨肉瘤		
• 其他肿瘤		
1. 脾恶性淋巴瘤		
2. 视网膜母细胞瘤		
3. 皮肤黑色素瘤		
4. 卵巢良性囊性畸胎瘤		
• 转移性肿瘤		
1. 胃癌伴淋巴结转移		
2. 乳腺癌伴腋窝淋巴结转移		
3. 肝转移癌		
4. 肺转移性绒毛膜上皮癌		
5. 腹膜转移性胃癌		
6. Krukenberg瘤		

一、大体标本

·常见良性肿瘤

2.8 大体标本图

1. 皮肤乳头状瘤（papilloma of skin）

瘤组织突出于皮肤表面，呈外生性生长，有无数乳头状分支，状似桑果，基底部较狭窄成蒂，可活动，无浸润现象。切面见肿物呈乳头状，灰白色，质脆、硬、粗糙，界限清楚。

2. 膀胱乳头状瘤（papilloma of bladder）

由膀胱移行上皮发生。瘤组织向膀胱腔突出，外生性生长，呈乳头状（或绒毛状），基底部有一较细窄的蒂，无浸润现象。瘤组织呈灰白色，质脆、硬、粗糙，有的可继发感染、出血。

3. 肠息肉状腺瘤（polypous adenoma of intestine）

肿瘤位于肠黏膜面，向肠腔内呈外生性生长，形成蕈状、乳头状或息肉状突起，根部有蒂与黏膜相连，无浸润现象。乳头表面可感染、出血、糜烂等。特别是乳头或绒毛状生长者易癌变。

4. 结肠/直肠多发性息肉状腺瘤（multiple adenomatous polypus of colon/rectum）

肠黏膜面有许多大小不等的息肉状肿物，突出于黏膜表面，基底部有蒂与肠黏膜相连，表面灰白色，有的伴有出血、糜烂等。

5. 甲状腺腺瘤（thyroid adenoma）

摘除的甲状腺肿物。瘤组织呈球状或结节状，表面光滑，边界清楚，包膜完整。呈膨胀性生长，瘤旁甲状腺常受压萎缩。切面呈灰白色，实性，质地均匀，常并发出血、囊性变等。

6. 乳腺纤维腺瘤（fibroadenoma of breast）

肿瘤为球形，呈膨胀性生长，边界清楚，有完整包膜。切面灰白色，质坚实，增生结缔组织成团块状。乳头无下陷，皮肤无改变。

7. 卵巢浆液性/黏液性囊腺瘤（serous/mucinous cystadenoma of ovary）

肿瘤体积较大，为圆形或椭圆形，呈囊状，外壁光滑，包膜完整，常附输卵管及残留卵巢组织。切面为单房或多房囊腔，囊内壁光滑，内含清亮浆液或灰白半透明浓稠黏液。浆液性乳头状囊腺瘤易癌变。

8. 脂肪瘤（lipoma）

肿瘤呈球形或椭圆形或分叶状，表面光滑，膨胀性生长，包膜完整。切面呈黄色，质软，有油腻感，内有较细的灰白色纤维条索。

9. 子宫平滑肌瘤（leiomyoma of uterus）

标本中可见正常子宫结构（如管腔、宫壁、输卵管等）。本肿瘤常为多发性，肿瘤位于子宫壁或内膜下或浆膜下，呈球形结节，大小不一，境界清楚，呈膨胀性生长，质韧。切面呈灰白和灰红色，为编织状或旋涡状排列，无包膜。周围正常平滑肌组织可呈受压状改变。常合并灶性玻璃样变性或黏液样变性。

10. 肝海绵状血管瘤（cavernous hemangioma of liver）

肝组织表面见一状似海绵的肿块，呈暗红色，边界不规则，质软，无包膜。切面见有大小不等的薄壁腔隙，内含有血液和血块。

🔔 思考：该肿瘤为良性还是恶性？该肿瘤的生长方式是什么？

11. 淋巴管瘤（lymphangioma）

肿瘤体积较大，为圆形或椭圆形，呈囊状，内含淋巴液。

12. 小肠纤维瘤（fibroma of small intestine）

肠壁上见一个圆形肿物，向肠腔突出，呈膨胀性生长，边界清楚。切面灰白色，呈编织状，质韧，有包膜。

13. 纤维瘤（fibroma）

肿瘤呈圆形或椭圆形，膨胀性生长，边界清楚。切面灰白色，呈编织状，质韧，有包膜。

14. 骨瘤（osteoma）

肿瘤自骨表面突起，有包膜，与周围组织界限清楚。切面呈灰白色，质地坚硬。

15. 软骨瘤（chondroma）

肿瘤自骨表面突起，常呈分叶状，有包膜，与周围组织界限清楚。切面呈淡蓝色或银白色，半透明，可有钙化或囊性变。

• 癌前病变

1. 结肠多发性息肉病（polyposis in coli）

结肠标本一段，已切开肠壁暴露肠腔。见肠黏膜上有许多约黄豆粒大小的息肉群生，息肉蒂不明显。

2. 黏膜白斑（leukoplakia）

口腔黏膜标本，见一白色斑块，直径约 1 cm，略高于黏膜表面。

• 常见恶性肿瘤

1. 皮肤鳞状细胞癌（squamous cell carcinoma of skin）

皮肤表面见一菜花状肿块，呈外生性生长，表面有溃疡形成。切面灰白色，基底宽，肿瘤组织呈蟹足状向周围组织浸润性生长，边界不清，无包膜。

2. 膀胱乳头状癌（papillary carcinoma of bladder）

肿瘤组织位于膀胱侧壁或三角区，向外突起，呈菜花状或绒毛状、溃疡或斑块状。切面灰白色，基底较宽，向深部浸润性生长。常有出血、坏死或继发感染。

3. 阴茎癌（carcinoma of penis）

阴茎头部肿瘤呈菜花状生长，表面有坏死及溃疡形成。切面癌组织呈灰白色，无明显境界，向下浸润性生长，累及海绵体。

4. 胃/肠腺癌（adenocarcinoma of stomach/intestine）

肿块突出于胃/肠黏膜表面，呈菜花状（或蕈伞状），表面常见坏死及溃疡形成，肿瘤组织基底部较宽。切面灰白色，癌组织呈蟹足状向深部胃/肠壁组织浸润，边界不清。肿瘤部分组织坏死脱落，形成较大的不规则溃疡时，称溃疡型胃/肠癌（或癌性溃疡），其边缘隆起，呈火山口状或堤状，边缘和底部有坏死、粗糙、凹凸不平。

🔔 思考：病人有何临床表现？

5. 黏液癌（mucoid carcinoma）

癌组织呈灰白色，湿润，半透明如胶冻状，故又称胶样癌（colloid carcinoma），向深部组织呈浸润性生长。

6. 乳腺癌(carcinoma of breast)或浸润性导管癌(invasive ductal carcinoma)

乳房皮肤呈橘皮样外观,乳头下陷,有的癌组织破溃形成溃疡,表现凹凸不平。切面癌组织呈灰白色,边界不清,呈明显星状或蟹足状,直接向周围浸润生长,深入周围脂肪组织,其中可见黄色点块状坏死灶,有的可见局部淋巴结转移癌。

7. 纤维肉瘤(fibrosarcoma)

肿瘤呈结节状或环形向外突出,有的可有坏死及溃疡。切面瘤组织呈灰白色,质细腻如鱼肉状,纤维条索结构不明显。有的标本可见出血坏死区。

8. 脂肪肉瘤(liposarcoma)

肿瘤组织呈黄色,质软,结节状或分叶状,表面有一层包膜。有的呈黏液样或鱼肉样改变。

9. 胃平滑肌肉瘤(leiomyosarcoma of stomach)

胃壁见结节状肿块向胃腔内隆起。切面呈灰红色,质细腻,似鱼肉。局部区域可有变性、出血、坏死。

10. 骨肉瘤(osteosarcoma)

肿瘤位于股骨干骺端,呈梭形膨大,灰白色。肿瘤组织浸润骨髓腔,破坏骨皮质,并扩展到骨膜外软组织,骨外膜被掀起并形成新生骨。可见肿瘤上、下两端的骨皮质和掀起的骨外膜之间形成三角形隆起(在 X 线上称为 Codman 三角)。引起病理性骨折。肿物内可见坏死出血,可有囊性变。

11. 软骨肉瘤(chondrosarcoma)

肿瘤位于长骨干骺端骨髓腔内,呈膨胀性生长,为蓝灰色,有光泽,分叶状。切面见瘤组织呈灰白色,半透明的分叶状,其中可见黄色的钙化和骨化灶。可发生黏液变、出血及囊性变等继发性变化。

· 其他肿瘤

1. 脾恶性淋巴瘤(malignant lymphoma of spleen)

脾体积明显变大,大部分为瘤组织,淋巴结成串肿大,融合成团。切面细腻,呈灰红色(福尔马林固定后为灰白色),质地均匀,湿润,鱼肉样外观。

2. 视网膜母细胞瘤(retinoblastoma)

眼球摘除标本。在近视神经乳头的视网膜上附着一灰白色或黄色的结节状肿物,粗糙,质脆。切面有明显的出血及坏死,可见钙化点,肿瘤可破坏玻璃体。

3. 皮肤黑色素瘤(melanoma of skin)

见一结节状肿物,突出皮肤,表面粗糙,常有溃烂,边界不清,呈黑褐色。切面可见纤细的纤维条索。

4. 卵巢良性囊性畸胎瘤(benign cystic teratoma of ovary)

为椭圆形肿物,其外附有输卵管。切面为囊状,单房,囊内充满灰黄色油脂状皮脂和毛发。囊壁大部分光滑,其一侧有一结节状突起,可见牙齿、骨、毛发等组织。

· 转移性肿瘤

1. 胃癌伴淋巴结转移(carcinoma of stomach with metastasis of lymph node)

胃癌根治手术切除标本。癌组织位于胃小弯幽门部,在胃大弯和胃小弯处见到多个肿大的淋巴结。切面呈灰白色,质较硬。

2. 乳腺癌伴腋窝淋巴结转移(carcinoma of breast with metastasis of lymph node)

乳腺癌根治手术切除标本。乳腺癌病灶同侧腋窝有多个明显肿大的淋巴结,大小不一。切面灰白色,质较硬。

3. 肝转移癌(metastatic tumors of liver)

肝体积稍增大,表面可见多个大小不等的灰白色结节,有的结节中心部凹陷呈脐凹样改变。切面见多个散在癌结节,球形,界限清楚,灰白色,有的中央坏死。

4. 肺转移性绒毛膜上皮癌(metastatic choriocarcinoma of lung)

肺内散布多个大小不等的球形结节,呈暗红色,境界分明,但无包膜。

5. 腹膜转移性胃癌(transplanted gastric carcinoma of peritoneum)

见腹腔大网膜上有散在分布的大小不等的多个球形结节。切面呈灰白色,质较硬,界限较清楚。

6. Krukenberg 瘤(Krukenberg tumor)

胃黏液细胞癌种植转移至卵巢,肿瘤呈结节状,灰白色,半透明状。切面呈胶冻状黏液。

二、组织切片

1. 恶性瘤细胞涂片(cancer cells in smear)

此为肿瘤细胞涂片。正常细胞与恶性肿瘤细胞的区别,主要看有无异型性。如有成堆的异型细胞出现,则更有诊断意义。

2.8 组织切片图

涂片中恶性肿瘤细胞的异型性常表现为(图 2-8-1):

①肿瘤细胞的多形性:大小不一,形态各异,染色不一,即瘤细胞比正常细胞大,大小不一致,可见瘤巨细胞;奇形怪状(蝌蚪形、纤维形、印戒形、梨形等);细胞堆叠,组合失常或具特殊形态(乳头状、菊形团等)。

②核的多形性:核大,核/浆比例失调(增大);增大的核形态,大小不一致;可有核堆叠、凹陷、纹沟等;染色质染色深,增粗或成团块状,分布不均,常附于核膜上,因而核膜似乎增厚;核仁增大(有人认为直径在 4 μm 以上有诊断意义),多个,可呈强嗜酸性;核分裂活跃,甚至出现病理性核分裂(注意:核分裂在胸、腹水涂片中无诊断意义)。

③细胞质:着色可呈嗜碱或嗜酸性;某些肿瘤(如恶性黑色素瘤)可含有黑色素,有的可吞噬白细胞或含有特异性空泡。

2. 皮肤乳头状瘤(papilloma of skin)

低倍镜观察:肿瘤组织呈乳头状,向外突起,实质为增生的鳞状上皮层次增加。乳头中心是由血管及纤维组织构成的肿瘤间质,有少量炎细胞浸润(图 2-8-2)。

高倍镜观察:瘤细胞分化成熟,无异型性,细胞层次增加,可见角化,上皮基底层细胞排列整齐,基底膜完整。

3. 食管鳞状细胞癌(squamous cell carcinoma of esophagus)

低倍镜观察:异型增生的鳞状上皮突破基底膜向下浸润,互相连接成片状或条索状排列成癌细胞团,即为癌巢。癌巢被纤维组织(间质)分隔围绕,实质与间质分界清楚。癌巢由分化较好的似鳞状细胞的癌细胞构成,癌细胞层次较分明,最外周细胞类似基底细胞,其内主要成分是棘层细胞,中心相当于角化层。癌巢中央棘层细胞逐渐变薄、变棱,细胞成熟并产生角化物,形成大小不等的圆形或椭圆形的角化珠,其内可见紫蓝色钙盐沉积。高分化鳞癌的癌巢中可见层状红染的圆形或不规则形角化珠即"癌珠",低分化鳞癌则不见或少见角化物。

高倍镜观察:分化较高区域可见"癌珠"(图 2-8-3)和细胞间桥(图 2-8-4)。间质中可见浆细胞和淋巴细胞浸润。癌细胞有明显异型性,核分裂象多见。

🔔思考:高分化鳞癌的诊断标准(或组织学特点)是什么?

4. 纤维瘤(fibroma)

低倍镜观察:成束的胶原纤维及增生的瘤细胞纵横交错,呈编织排列,瘤细胞分化较成熟,形态较一致(图 2-8-5),实质与间质分界不清,其间有少许血管。

高倍镜观察:瘤细胞分化成熟,核细长成梭形而深染,似成纤维细胞或纤维细胞,并见较多胶原纤维。未见核分裂或坏死。

5. 纤维肉瘤(fibrosarcoma)

低倍镜观察:瘤细胞分化差,丰富密集,有异型性,弥漫分布,无巢状结构。瘤细胞排列紊乱,束状排列成"人"字形、羽毛形或鱼骨状结构。瘤内含较多薄壁血管,结缔组织间质少。

高倍镜观察:瘤细胞异型性明显,细胞大小不一,形态各异,呈梭形、圆形或不规则形,可见瘤巨细胞。瘤细胞核大,深染,核/浆比例增大,核分裂象易见,可见病理性核分裂象(图 2-8-6)。

6. 胃/肠腺癌(adenocarcinoma of stomach/colon)

低倍镜观察:切片一端胃(肠)黏膜上皮尚属正常。另一端黏膜层见癌细胞呈腺管状排列(每个腺体均为一个癌巢),腺体染色深,大小形态不规则,排列紊乱,且可见癌组织已浸润到黏膜下层和肌层。

高倍镜观察:见癌细胞呈腺管状排列,大小、形态不一,排列不规则(图 2-8-7),呈背靠背或共壁现象(图 2-8-8)。癌细胞呈柱状或立方形、单层或多层排列,表现不同程度的异型性,极性紊乱,形态不一,胞质丰富。核大深染,核/浆比例增大;核分裂增多,可见病理性核分裂象。间质中可见淋巴细胞浸润。

有的可见有黏液分泌,黏液可聚集于腺腔内或大量溢于间质形成"黏液湖"(染成淡蓝色),癌细胞散在湖中;部分癌细胞中黏液将核推至边缘使癌细胞成印戒状,称之为印戒细胞(signet-ring cell)。

🔔思考:正常肠黏膜下层及肌层有腺体吗?

7. 淋巴结转移性腺癌(metastatic adenocarcinoma of lymph node)

低倍镜观察:淋巴结部分结构被转移癌取代,边缘窦中见成团的癌组织,为大小不一、形态不规则的癌腺腔样排列(图 2-8-9),部分区域癌细胞呈实性片状。有的见到印戒样细胞(图 2-8-10)。

高倍镜观察:癌细胞有明显异型性,可见病理性核分裂象。有的为印戒样细胞,即胞质内黏液聚积,将核挤向一侧。部分癌细胞巢(尤其是较大者)有坏死,呈一片红染的无结构颗粒状物质。

三、示教片

1. 肿瘤细胞核分裂象(mitotic figure of tumor)

可出现不对称、三极或多极、顿挫型等病理性核分裂象(图 2-8-11)。

2. 肠腺瘤（adenoma of intestine）

肿瘤组织由增生的大小不一、形态各异的腺体构成，瘤细胞似正常细胞或稍大，但无明显异型性，核分裂象少。

3. 平滑肌瘤（leiomyoma）

肿瘤由形态比较一致的梭形平滑肌细胞杂乱无章地构成。瘤细胞排列成束状，互相编织，核呈长杆状，同一束内的细胞核常排列成栅栏状，核分裂象罕见。

4. 海绵状血管瘤（cavernous hemangioma）

瘤组织由大小不等的血窦状腔隙构成，腔较大，腔内充满血液，血管壁为厚薄不均的纤维组织，无平滑肌。

5. 子宫颈上皮内瘤变Ⅲ级（cervical intraepithelial neoplasia Ⅲ，CIN Ⅲ）

呈重度不典型增生，可见鳞状上皮层次增多，瘤细胞异型性明显，排列极向紊乱，核染色质丰富、深染，有核分裂象，但基底膜完好（图 2-8-12）。

6. 乳腺实性癌（solid carcinoma of breast）

癌细胞成实性癌巢，为团块状或小条索状，癌实质与间质大致相等。

7. 平滑肌肉瘤（leiomyosarcoma）

肿瘤由梭形平滑肌细胞构成，有明显异型性。

8. 骨肉瘤（osteosarcoma）

瘤细胞大小形态不一，弥漫分布，无巢状结构。瘤细胞呈梭形，异型性明显，有瘤巨细胞，易见病理性核分裂象，瘤细胞间可见红染条索状骨样组织。

9. 黑色素瘤（melanoma）

瘤细胞异型性明显，呈多边形或梭形，胞质内见黑色素颗粒。

10. 畸胎瘤（teratoma）

瘤组织内可见三胚层来源的多种组织成分（如皮脂腺、毛囊、肠上皮、平滑肌、神经组织、腺体、软骨及骨组织等），组织结构排列紊乱，但各胚层来源的组织基本分化成熟，无明显异型性。

【实验报告】

1. 绘图：皮肤乳头状瘤、食管鳞状细胞癌和腺癌的组织学特点。

2. 描述：膀胱乳头状瘤、卵巢浆液性（黏液性）囊腺瘤、平滑肌肉瘤和卵巢良性囊性畸胎瘤的大体标本。

3. 以皮肤乳头状瘤与皮肤鳞癌、肠腺瘤与肠腺癌、纤维瘤与纤维肉瘤为例，说明良、恶性肿瘤的区别。

【临床病例讨论】

病案一

［病史摘要］

患者×××，男，58 岁。

近一个月胃部疼痛，饮食不佳，疲乏无力，消瘦明显，二便正常。

既往史：有胃溃疡病史，经常用胃药治疗。

体格检查:T 36.8 ℃、P 74 次/分、R 18 次/分、BP 20.0/13.3 kPa(150/100 mmHg)。发育正常,营养欠佳,贫血貌,神志清楚,查体合作。心音钝,心律规整。呼吸平稳,双肺叩诊清音,肺肝界位于右锁骨中线上第 5 肋间,双肺可听到少许干鸣音。腹部平坦,无胃肠型及蠕动波,肝脾均未触及,上腹部可触及一个包块,活动度欠佳,轻度压痛,质地较硬,约 5 cm×4 cm,腹部无肌紧张及反跳痛,叩诊鼓音,移动性浊音阴性,肠鸣音不亢进。脊柱及四肢活动正常。

辅助检查:血常规 WBC $5.0×10^9$/L,RBC $4.3×10^{12}$/L,Hb 90 g/L。

[分析与讨论]

(1)本病例最可能的诊断是什么? 其依据是什么?

(2)在肿瘤病人的病史中应注意哪些问题?

(3)为明确诊断还需完善哪些体检? 进一步做哪些检查?

病案二

[病史摘要]

林××,女,68 岁。

以"反复上腹部疼痛十几年,近三个月疼痛加剧伴解黑便三天"为主诉入院。近半年来患者纳差、全身乏力,体重明显减轻。

既往史:有胃溃疡病史,经常用胃药治疗。

体格检查:T 37.6 ℃、P 102 次/分、R 20 次/分、BP 18.0/12.0 kPa(135/90 mmHg)。发育正常,慢性病容,营养欠佳,贫血貌,消瘦,神志清楚,查体合作。左锁骨上及双腋下淋巴结肿大,质硬。心音钝,心律规整。呼吸平稳,双肺叩诊清音。肝肋下 2.5 cm,腹部稍膨隆,腹水征阳性。

辅助检查:血常规 RBC $2.4×10^{12}$/L,Hb 60 g/L,WBC $11.8×10^9$/L。

胃镜发现胃窦部有一个 4 cm×3.5 cm 大小溃疡型肿块。

B 超示肝内多灶性结节,大网膜及肠系膜上多个大小不等结节,双卵巢肿大。

腹水为血性。涂片中查见癌细胞。

[分析与讨论]

(1)本病例最可能的诊断是什么?

(2)请写出诊断依据。

(3)根据所学知识分析胃、肝、淋巴结、大网膜、肠系膜及卵巢之间的病变关系。

病案三

[病史摘要]

陈××,男,63 岁,农民。发现左颈外上部肿块 3 个月,生长较快,无红、热、痛,患者无发热、咳嗽。数月前曾出现过鼻涕带血、耳鸣等症状。

既往史:无肝炎、高血压、糖尿病和溃疡病史。

体格检查:T 36.6 ℃、P 98 次/分、R 20 次/分、BP 18.0/12.0 kPa(135/90 mmHg)。发育正常,营养欠佳,贫血貌,消瘦,神志清楚,查体合作。肿块位于左胸锁乳突肌上段前缘,大小约 4.0 cm×3.0 cm×3.0 cm,边界欠清楚,不活动,无压痛,质地硬,其周可扪及 2 个黄豆大小结节,活动,质地稍硬。右颈部、双侧锁骨上均未扪及肿大淋巴结,甲状腺无肿大及结节。心肺(一)。肝脾肋下未触及,腹部平坦,腹水征阴性。

辅助检查:血常规 RBC $3.2 \times 10^{12}/L$,Hb 120 g/L,WBC $9.8 \times 10^9/L$。

血清 VCA-IgA 阳性。

[分析与讨论]

(1)该患者最可能患有何种疾病?

(2)请解释上述临床表现。

(3)为明确诊断还需完善哪些体检?进一步做哪些检查?

(4)应与哪些可能出现颈部肿块的疾病进行鉴别?写出鉴别要点。

【复习和思考】

1. 简单比较肿瘤性增生与炎性增生的本质区别。

2. 肿瘤的异型性表现在哪些方面?举例说明。

3. 如何区别良恶性肿瘤?

4. 肿瘤的生长方式和转移途径有哪些?以胃癌为例,简述肿瘤的扩散途径。

5. 如何区别癌与肉瘤?

6. 何谓癌前病变和原位癌?请举例说明。早期发现有何临床意义?

7. 肿瘤的病理检查有何临床意义?有哪些方法和注意事项?

8. 名词解释:肿瘤、肿瘤的异型性、肿瘤的间变、肿瘤的转移、肿瘤的恶病质、异位内分泌综合征、髓样癌、癌、肉瘤、交界性肿瘤、角化珠、单纯癌、硬癌、软癌、癌前病变、非典型性增生、原位癌、早期浸润癌、癌巢、畸胎瘤、活体组织检查。

【选择题】

1. 诊断癌最直接的依据是( )。

A.中老年人　　　　　　B.肿瘤呈浸润性生长　　　　C.细胞异型性,多见核分裂象

D.肿瘤间质丰富　　　　E.增生的间变细胞呈巢状排列

2. 易见到角化珠的癌巢一般诊断为( )。

A.低分化鳞癌　　　　　B.分化差的腺癌　　　　　　C.分化好的鳞癌

D.移行细胞癌　　　　　E.基底细胞癌

3. 硬癌是指( )。

A.细胞丰富的癌　　　　B.富有纤维结缔组织的癌

C.间质内钙盐沉积的癌　D.起源于纤维结缔组织的肿瘤

E.转移到骨组织的癌

4. 炎性假瘤和息肉组织为( )。

A.癌前病变　　　　　　B.恶性肿瘤　　　　　　　　C.良性肿瘤

D.交界性肿瘤　　　　　E.非肿瘤性良性病变

5. 患者,女,52岁,右乳外上象限肿块 2 年余,肿块质硬、边界不清。局部皮肤破溃,患侧乳头内陷。符合该患者疾病的诊断是( )。

A.乳腺增生症　　　　　B.乳腺纤维腺瘤　　　　　　C.乳腺癌

D.乳腺导管内乳头状瘤　E.乳腺脓肿

6. 乳腺癌经淋巴道转移首先达( )。

A.同侧腋窝淋巴结　　　B.锁骨上淋巴结　　　　　　C.胸骨旁淋巴结

D.肺门淋巴结　　　　　E.纵隔淋巴结

7. 患者,36 岁,男,右足底黑痣迅速增大,表面溃烂 1 个月。手术切除送检,镜下见真皮浅层肿瘤细胞呈巢状或片状排列,部分侵入表皮生长,细胞核大,核仁明显,易见核分裂象。最可能的诊断是(　　)。

A.皮肤慢性溃疡 B.皮内痣 C.皮肤交界痣

D.恶性黑色素瘤 E.复合痣

8. 患者,男,63 岁,肩胛部肿块 10 余年,触之无痛,似有包膜。手术切除送检。巨检肿块淡黄色,结节状,包膜完整。最可能的诊断为(　　)。

A.皮下脂肪组织增生 B.脂肪纤维瘤 C.脂肪瘤

D.脂肪血管瘤 E.脂肪肉瘤

9. 患者,男,50 岁,确诊胃癌,在 X 线检查时发现肺内有多个散在圆形阴影。此时首先应考虑(　　)。

A.胃癌浸润至肺 B.胃癌继发小叶性肺炎 C.胃癌血道转移至肺

D.胃癌种植转移至肺 E.肺内又发生肺癌

10. 下列说法错误的是(　　)。

A.远处器官形成同一类型的肿瘤是血道转移的依据

B.瘤细胞多经动脉入血而形成血道转移

C.血道转移最常见的器官是肺和肝

D.侵入门静脉系统的肿瘤细胞,首先发生肝的转移

E.侵入体循环静脉的肿瘤细胞,在肺内形成转移瘤

11. 女性胃癌患者大网膜、卵巢上有多个癌结节,其最大可能是发生了(　　)。

A.血道转移 B.癌细胞直接蔓延 C.淋巴道转移

D.大网膜、卵巢又发生了癌 E.种植性转移

12. 某女病人的子宫颈病理组织切片检查结果如下:黏膜全层上皮细胞均显示不典型增生并癌变;少数腺体有同样改变,但基膜完整。应诊断为(　　)。

A.子宫颈上皮内瘤变 B.子宫颈早期浸润癌

C.子宫颈上皮重度不典型增生 D.子宫颈浸润癌

E.子宫颈上皮内瘤变Ⅲ级累及腺体

13. 患者,男,45 岁,因高位小肠梗阻急诊入院。手术切除空肠一段,见肠壁有直径3.5 cm球形肿物一个,境界清楚,有包膜,质硬,灰白色,切面为编织状,部分区域见旋涡状。本肿瘤肉眼诊断最可能是(　　)。

A.脂肪瘤 B.平滑肌肉瘤 C.平滑肌瘤

D.脂肪肉瘤 E.肠结核

14. 乳头状瘤乳头轴心的主要成分是(　　)。

A.血管和结缔组织 B.瘤细胞和淋巴管 C.瘤细胞和血管

D.瘤细胞和结缔组织 E.瘤细胞、血管和结缔组织

知识拓展

　　刘彤华，中国工程院院士，著名医学家、病理学家、医学教育家，北京协和医院病理科教授。刘彤华院士自 1953 年获得医学博士学位之后，开始从事病理事业。经刘彤华之手阅过的片子、签发的报告达 30 万份之多，她却极少发生差错，她的诊断被誉为"全国病理诊断的金标准"。

　　1991 年，一位来自外地的女孩因发热、耳闷和鼻咽肿块，被当地医院诊断为鼻咽癌。一家人赶到北京求医，可所到之处都说无法排除恶性肿瘤的可能。刘彤华先后 3 次为该女孩复查病理切片，明确告知其为重度炎症，只需复查鼻咽部。2001 年元旦，刘彤华收到这位女孩的母亲寄来的贺卡，上面写道："尊敬的刘老师，10 年来我女儿复查全部正常，是您为我女儿摘掉了癌症的帽子，使她免受了放疗之苦。""在病理诊断中，凡没有百分之百把握的，决不轻易下结论。她这种科学态度至今深深地影响着我。"曾于 1962 年在协和进修、受过刘彤华指导，现为中国工程院院士的第三军医大学野战外科研究所王正国教授说。这种科学态度也激励着每一位医学生。

资料来源：深切缅怀刘彤华院士 大医情怀永驻人间！［EB/OL］.（2018-07-11）［2024-03-03］.https://www.cn-healthcare.com/articlewm/20180711/content-1029251.html.

（陈淑敏）

2.8 答案

第三篇 各 论

3.1 心血管系统

【目的要求】

(1)掌握心脏的组织结构。

(2)掌握大、中、小动脉管壁的组织结构特点。

(3)熟悉静脉管壁的组织结构特点。

【实验内容】

组织切片	示教片
1. 心脏	1. 小动脉和小静脉
2. 大动脉	2. 毛细血管
3. 中动脉和中静脉	

一、组织切片

1. 心脏(heart)

材料:心脏切片

染色:HE 染色

3.1组织切片图

肉眼观察:标本为红色,表面平整的一侧为心外膜,凹凸不平的一侧为心内膜。

低倍镜观察:

①心内膜:较薄。由内向外可分为内皮、内皮下层、心内膜下层。心内膜下层可见浦肯野纤维(束细胞)横断面。

②心肌膜:占心脏壁的绝大部分,由心肌构成。有纵、横、斜等不同断面的心肌,心肌纤维间有丰富的血管。

③心外膜:较心内膜厚,是浆膜(即心包脏层)。

高倍镜观察:

①心内膜:较薄,表面为内皮,内皮外为内皮下层,由薄层结缔组织组成。内皮下层深面为心内膜下层,此层除有疏松结缔组织外,可见血管、浦肯野纤维(Purkinje fiber)。在纵切面上,浦肯野纤维比心肌纤维宽而短,细胞核较大,有 1~2 个,位于中央;核周胞质染色浅淡。在横

切面上,浦肯野纤维直径较一般心肌纤维粗,中部染色浅淡,核居中,肌丝排列于细胞周边。闰盘呈深红色粗线状,与浦肯野纤维相垂直。(图 3-1-1a、1b)

②心肌膜:很厚,可见纵、横、斜等不同断面的心肌,心肌纤维间有丰富的血管和结缔组织。心肌纤维纵切面短柱状,有分叉,染红色;胞核 1~2 个,椭圆形,染色蓝紫,位于肌纤维中央。核周胞质着色较浅,可见黄褐色的脂褐素颗粒。胞质内有横纹但不明显。闰盘呈深红色粗线状,与心肌纤维相垂直。(图 3-1-2)

③心外膜:表面为间皮,间皮深面为较厚的疏松结缔组织,内有血管、神经、淋巴管与脂肪细胞。有无脂肪细胞是区别心内膜和心外膜的重要依据。(图 3-1-3)

2. 大动脉(large artery)

材料:动物大动脉横切面

染色:HE 染色

肉眼观察:大动脉横切面的一部分,凹面是管腔面。

低倍镜观察:管壁自内向外分三层,内膜薄,中膜很厚,外膜结缔组织中可见血管。

高倍镜观察:内皮细胞核凸向管腔,内皮下层由结缔组织构成,内含少量弹性纤维。内膜与中膜无明显界限。中膜最厚,由几十层染成深红色的弹性膜组成,呈波浪状,其间有平滑肌、胶原纤维和弹性纤维。外膜比中膜薄,由结缔组织构成,内含血管。中膜与外膜分界不明显(因外弹性膜与中膜弹性膜相连)。(图 3-1-4)

3. 中动脉(medium sized artery)和中静脉(medium sized vein)

材料:中动脉和中静脉横切片

染色:HE 染色

肉眼观察:切片上可见两个血管的横切面。

低倍镜观察:

①中动脉:管壁自内向外三层分界明显,内膜很薄,中膜厚,主要为平滑肌;外膜较中膜薄,由结缔组织构成(图 3-1-5)。

②中静脉:与中动脉对比观察,可见内膜更薄,无内弹性膜。中膜也较薄,为数层平滑肌;外膜比中膜厚。

管腔小、管壁厚且规则的为中动脉,管腔大、管壁薄而不规则的为中静脉(图 3-1-5)。

高倍镜观察:

①中动脉:内膜的内皮衬于管腔内表面,细胞界限清楚,只见扁平的细胞核凸向管腔内。内皮下层很薄,不明显,所以不易分辨。内弹性膜呈波浪形,染色鲜红,为条状。因内皮下层极薄,内皮好像贴于内弹性膜上。中膜由数十层环行平滑肌组成,其间有弹性纤维和胶原纤维。外膜较厚,由疏松结缔组织组成,内含小的血管,与中膜交界处可见不很明显的外弹性膜,此为中膜和外膜的分界(图 3 1 6)。

②中静脉:管壁自内向外分三层,但三层界限不及中动脉明显。内膜的内皮细胞核清晰,内皮下层不明显,无内弹性膜。中膜较薄,数层环行平滑肌,分布松散。外膜比较厚,由疏松结缔组织构成,并与周围结缔组织相延续,可见血管和被横切的纵行平滑肌束(图 3-1-7)。

二、示教片

1. 小动脉、小静脉、毛细血管(small arteries and veins)和毛细淋巴管(capillary and lymphatic capillary veins)

材料:消化管黏膜下层(食管切片)

染色：HE染色

低倍镜观察：小动脉、小静脉常伴行分布于组织和器官的疏松结缔组织内。管径大小、管径厚薄不一。

高倍镜观察：食管黏膜下层可见结缔组织内的小动脉、小静脉、毛细血管和毛细淋巴管等。

①小动脉：管壁较厚，管腔小而规则，可分内膜、中膜、外膜三层，内皮扁平，有内弹性膜。中膜由几层环行平滑肌构成。外膜较薄，与周围结缔组织互相移形（图3-1-8）。

②小静脉：管壁比小动脉薄，管腔大而不规则。内膜仅为一层内皮，无弹性膜。中膜只有2～3层平滑肌。外膜结缔组织与周围结缔组织相延续（图3-1-8）。

③毛细血管：管壁更薄，管腔更小。由内皮、基膜和薄层结缔组织组成（图3-1-8）。

④毛细淋巴管：毛细淋巴管的管壁比毛细血管更薄，管腔比毛细血管大。仅由内皮和薄层结缔组织构成。内皮细胞之间联结疏松，间隙较大，无基膜（图3-1-8）。

2. 微循环的血管

材料：蟾蜍肠系膜铺片

染色：HE染色

微循环（microcirculation）是指在微动脉和微静脉之间的微毛细血管中进行的血液循环。一般包括六部分：微动脉、中间微动脉、真毛细血管、直捷通路、动静脉吻合和微静脉。

高倍镜观察：可见微动脉、中间微动脉、真毛细血管、毛细血管后微静脉和微静脉。它们的内皮细胞均呈扁平梭形，沿血管长轴平行排列，管腔内可见血细胞（图3-1-9）。

【实验报告】

1. 绘图：中动脉和中静脉。

（要求：在高倍镜下绘中动脉和中静脉图。注明：①中动脉、内皮、内弹性膜、中膜、外弹性膜、外膜；②中静脉、内皮、中膜、外膜。）

2. 简述心壁的层次结构，比较浦肯野纤维和心肌纤维的形态结构特点。

3. 简述大动脉、中动脉、小动脉的光镜结构特点。

【复习和思考】

1. 光镜下如何辨别相伴行的中、小动脉与中、小静脉？

2. 比较毛细血管和毛细淋巴管两种管壁的结构特点。

3. 名词解释：微循环。

【选择题】

1. 心脏是心血管系统的泵器官，其管壁结构分为（   ）。

A.心内膜、心中膜、心外膜和心瓣膜

B.心内皮、内皮下层、内弹性膜、心中膜和心外膜

C.心内膜、心肌膜和心外膜

D.心内皮、内皮下层、心肌膜和心外膜

E.心内皮、心中膜和心外膜

2. 浦肯野纤维位于(　　)。

A.心内膜　　　　　　　　B.心肌膜　　　　　　　　C.心外膜

D.心瓣膜　　　　　　　　E.心肌间

3. 以下哪类细胞在心外膜可见?(　　)

A.周细胞　　　　　　　　B.浦肯野纤维　　　　　　C.尘细胞

D.脂肪细胞　　　　　　　E.含铁血黄素颗粒细胞

4. 下列哪项属于动脉壁共有的结构?(　　)

A.内弹性膜　　　　　　　B.外弹性膜　　　　　　　C.内膜、中膜、外膜三层

D.内弹性膜、内膜、中膜、外膜　　　　　　　　　　E.以上均不是

5. 关于中动脉的描述,下列哪项错误?(　　)

A.属于肌性动脉　　　　　B.中膜主要由平滑肌组成　C.内膜与中膜分界不清

D.有外弹性膜　　　　　　E.有内弹性膜

6. 关于大动脉的描述,下列哪项错误?(　　)

A.中膜主要由数十层弹性膜构成　　　　　B.中膜内有平滑肌

C.属于肌性动脉　　　　　　　　　　　　　D.管壁分内膜、中膜和外膜

E.内膜与中膜无明显界限

7. 静脉与伴行动脉比较,其管壁的结构特点是(　　)。

A.静脉管壁薄,管腔大而不规则　　　　　　B.静脉管壁三层膜分界很明显

C.中膜发达　　　　　　　　　　　　　　　D.静脉管壁弹性大

E.外膜薄

知识拓展

　　威廉·哈维(1578—1657),英国 17 世纪著名的生理学家和医生。他在行医之余,继续从事解剖学研究,特别对心血管系统进行了认真的研究。哈维曾对 40 余种动物进行了活体心脏解剖、结扎、灌注等实验,同时还做了大量的人的尸体解剖。他积累了很多观察和实验记录的材料,并开始怀疑盖仑的血液运动理论。他在前辈先驱者研究的基础上,创立血液循环理论,对生理学从解剖学中诞生并发展为独立学科产生了巨大影响,奠定了近代生理科学发展的基础。

　　作为新时代的医学生,不仅要学习医学的基本知识和技能,更要学习威廉·哈维勇于实践、积极探索的精神!

　　资料来源:刘宁.对创造的渴望:威廉·哈维[EB/OL].(2019-07-13)[2023-11-10].https://culture.ifeng.com/c/7oH1iR3ZoYH.

（罗宝英）

3.1 答案

3.2　心血管系统疾病

【目的要求】

(1)掌握风湿病的基本病变及风湿性心脏病的病变特点、发生发展及后果。

(2)掌握风湿性心内膜炎的病变及后果。

(3)掌握动脉粥样硬化的基本病变及继发改变。

(4)掌握冠状动脉粥样硬化及冠心病的病变特点。

(5)掌握心肌梗死的病变特点及后果。

(6)掌握缓进型高血压病的基本病变及主要脏器病变特点和临床后果。

(7)熟悉心瓣膜病的病变及其影响。

(8)熟悉感染性心内膜炎的病变特点,注意与风湿性心内膜炎的比较。

【实验内容】

大体标本	组织切片	示教片
1. 风湿性心内膜炎	1. 风湿性心肌炎	1. 急性感染性心内膜炎
2. 慢性心瓣膜病	2. 主动脉粥样硬化	2. 亚急性感染性心内膜炎
3. 急性感染性心内膜炎	3. 冠状动脉粥样硬化	3. 原发性高血压肾
4. 亚急性感染性心内膜炎		4. 心肌梗死
5. 主动脉粥样硬化		5. 心肌硬化
6. 脑动脉粥样硬化		
7. 冠状动脉粥样硬化		
8. 心肌梗死		
9. 高血压心脏病		
10. 原发性高血压的肾脏病变		
11. 高血压病的脑出血		

一、大体标本

1. 风湿性心内膜炎(rheumatic endocarditis)

又称疣状心内膜炎(verrucous endocarditis)。左心剖开,见二尖瓣轻度增厚,在闭锁缘上有一排直径为1~3 mm大小,半透明灰白色、串珠状排列的细小颗粒(疣状赘生物),与瓣膜粘连紧密,不易脱落。腱索轻度增粗,乳头肌尚正常,左心房轻度扩张。

3.2 大体标本图

🔔 思考:疣状赘生物属何种血栓? 为什么不易脱落? 试分析其结局。

2. 慢性心瓣膜病(chronic valvular vitium of heart)

剖开左心,暴露左房与左室。见心脏较正常增大,心腔扩张,二尖瓣明显增厚,瓣膜变形、变硬、无弹性。腱索变粗、缩短,乳头肌肥大。

（1）二尖瓣狭窄型（mitral stenosis）

二尖瓣相互粘连，二尖瓣口缩小呈鱼口状或裂隙状，而左心房明显扩大，左心室萎缩。

（2）二尖瓣关闭不全型（mitral insufficiency）

二尖瓣卷曲，破裂或穿孔，而左心房和左心室扩大。

（3）二尖瓣狭窄型及关闭不全型（mitral stenosis and insufficiency）

二尖瓣明显增厚，瓣叶联合部粘连，瓣膜变形、变硬、卷缩、变短、固定，腱索变粗、缩短，乳头肌肥大。左心房扩张，左心室亦肥大扩张。

3. 急性感染性心内膜炎（acute infective endocarditis）

二尖瓣或主动脉瓣瓣膜无明显增厚，但在瓣膜上见有巨大且松脆的含大量细菌的赘生物，呈息肉状或菜花状，灰黄色，粗糙，质脆，易脱落。周围瓣叶有糜烂、穿孔或破裂等。

🔔思考：部分疣赘物脱落可能产生哪些后果？

4. 亚急性感染性心内膜炎（subacute infective endocarditis）

二尖瓣或主动脉瓣瓣膜上见单个或多个菜花状或息肉状疣赘物。疣赘物较大，且大小不等，呈污秽灰黄色，质松脆，易脱落，可引起栓塞和血管炎。

🔔思考：瓣膜是否有其他陈旧性病变，如风湿性心瓣膜病等病变？为什么？

5. 主动脉粥样硬化（atherosclerosis of aorta）

①脂纹：主动脉后壁和其分支开口处内膜上散在帽针头大小的黄色斑点或长短不一的条纹（宽1～2 mm、长达1～5 cm），平坦或微隆起。

②纤维斑块：主动脉内膜面散布大小不等的黄白色纤维斑块，呈蜡滴状的隆起。有的标本内膜上散在大小不等的灰黄色或灰白色蜡滴状突起的斑块。病变在动脉分支开口部更显著。

③粥样斑块：内膜上散在大小不等且明显隆起的灰黄色斑块。切面见斑块表面覆以纤维帽，深层有大量黄色粥糜样物即粥样斑块（又称粥瘤）。

④继发性改变：粥样斑块常继发斑块内出血、破裂，形成粥瘤样溃疡或有钙盐沉着。

🔔思考：上述病变在动脉分支开口部更显著，为什么？

6. 脑动脉粥样硬化（atherosclerosis of brain）

脑基底动脉、大脑中动脉和 Willis 环呈大小、粗细不等，管壁增厚、变硬，透过外膜隐约可见管壁内散在分布的灰黄色或灰白色粥样斑块，致动脉外观呈节段性或串珠状变化。切面见动脉管壁硬化、失去弹性，呈喇叭口形哆开状态，斑块呈新月形，凸向管腔内，致管腔偏心性狭窄。

7. 冠状动脉粥样硬化（atherosclerosis of coronary artery）

心脏标本。左冠状动脉前降支的内膜面内膜一侧增厚，为灰黄色粥样斑块。横切面斑块呈半月状隆起，突出管腔，色黄白，管腔呈偏心性狭窄。左心室前壁有小片的梗死灶，呈灰白色，形态不规则。

🔔思考：病人有何临床表现？

8. 心肌梗死（myocardial infarction）

心脏标本。心脏纵切面，左心室前壁靠近心尖处可见外形不规则的梗死灶。其为灰白或灰黄色，质致密，干燥、无光泽，呈地图状。有的标本于梗死灶的心内膜面附灰褐色的附壁血栓。有的标本可见梗死灶处室壁向外膨出形成"室壁瘤"。

🔔思考：上述附壁血栓和室壁瘤形成的机制是什么？有何后果？

9. 高血压心脏病(hypertensive heart disease)

心脏体积明显增大,重量增加,以左心肥大为主,左室壁增厚,约为 2 cm(正常 0.8~1.2 cm),乳头肌和小梁肌均增粗、变圆,心室腔无明显扩大,称向心性肥大。

有的标本见左心腔明显扩张,而左心室肌壁明显变薄,乳头肌和肉柱变细,称离心性肥大。

🔔 思考:高血压病患者为什么会出现向心性肥大?

10. 原发性高血压的肾脏病变(renal lesions in primary hypertension)

又称为原发性颗粒性固缩肾。双肾体积均缩小,重量减轻,约 50~100 g,质地变硬,表面呈细颗粒状凸起,凹凸不平,呈暗红色。切面肾皮质变薄,≤2 mm(正常厚 3~5 mm),皮髓质交界处可见到肾小动脉壁增厚、变硬,呈哆开状。

11. 高血压病的脑出血(cerebral hemorrhage of hypertension)

大脑冠状切面,在一侧基底节内囊处见出血灶,出血区域脑组织完全破坏,代之暗红色凝血块。

二、组织切片

3.2 组织切片图

1. 风湿性心肌炎(rhematic myocarditis)

低倍镜观察:心肌间质血管旁有个由成簇细胞构成的梭形或椭圆形病灶,即风湿小体或阿绍夫小体(图 3-2-1)。

高倍镜观察:风湿小体中央为红染絮状无结构、呈碎片状的纤维蛋白样坏死物,周围有成堆的风湿细胞(Aschoff cell)。风湿细胞体积较大,呈梭形或多边形,胞质丰富,呈嗜碱性,核大,呈卵圆形、空泡状,核膜清晰,可单核或多核,染色质浓集核中央,横切似鹰眼,纵切似毛虫(图 3-2-2)。此外,尚有少数的单核细胞、淋巴细胞和中性粒白细胞等浸润。

2. 主动脉粥样硬化(atherosclerosis of aorta)

低倍镜观察:内膜凸起部分为增厚的内膜,呈斑块状隆起,浅层为大量增生的纤维组织并有玻璃样变性即纤维帽,呈均质伊红色;深层为一片浅伊红色无结构的坏死物(无定形的脂质和坏死物),其中有较多呈斜方形、梭形及针形的空隙(在制片时脂质被溶去后留下的空隙),为胆固醇结晶(图 3-2-3)。底部及周边部可见肉芽组织、少量吞噬类脂质的泡沫细胞、淋巴细胞浸润及颗粒状钙化点。中膜肌层轻度受压萎缩。

高倍镜观察:增生的纤维组织形成纤维帽,其下可见坏死组织、钙盐沉积和脂质沉积,底部可见肉芽组织(图 3-2-4)。在胆固醇结晶的周围有泡沫细胞(图 3-2-5),呈圆形、空泡状,内有紫蓝色核。此外,还可见炎细胞及深蓝色的钙化灶。

3. 冠状动脉粥样硬化(atherosclerosis of coronary artery)

低倍镜观察:冠状动脉内膜呈半月形增厚,内有呈针样空隙的透亮区(即脂质沉积),伴有大量纤维组织增生,部分已发生玻璃样变性,致使管腔明显狭窄(图 3-2-6)。

高倍镜观察:脂质沉积的周围有泡沫细胞。

三、示教片

1. 急性感染性心内膜炎(acute infective endocarditis)

瓣膜上赘生物由纤维蛋白、血小板、大量细菌和坏死组织构成,瓣膜溃疡底部有大量中性粒细胞浸润及肉芽组织形成。

2. 亚急性感染性心内膜炎(subacute infective endocarditis)

瓣膜上赘生物由红染血小板和纤维蛋白及坏死组织所构成,深部尚可见浅蓝色细菌团,其内散在淋巴细胞、中性粒细胞及巨噬细胞等炎细胞(图 3-2-7)。可见少量炎性坏死物。

3. 原发性高血压的肾脏病变(renal lesions in primary hypertension)

又称为原发性颗粒性固缩肾。肾入球小动脉(图 3-2-8)、小叶间动脉和弓形动脉(图 3-2-9)管壁增厚,呈玻璃样变性,红染均匀一致,管腔狭窄或闭塞。部分肾小球萎缩,纤维化或玻璃样变,周围的肾小管也萎缩或消失,纤维组织增生,淋巴细胞浸润。部分肾单位则发生代偿性肥大。

4. 心肌梗死(myocardial infarction)

坏死灶心肌细胞深红染、核消失,细胞轮廓清晰(属凝固性坏死),坏死的细胞之间有大量中性粒细胞浸润。有的坏死灶中有明显出血。有的可见大量肉芽组织增生、机化,属陈旧性梗死。

5. 心肌硬化(cardiac myosclerosis)

心肌萎缩,间质纤维组织增生。

【实验报告】

1. 绘图:风湿性心肌炎的组织切片。

2. 描述:慢性心瓣膜病、高血压心脏病、原发性高血压肾的大体标本。

3. 列表比较急性感染性心内膜炎与亚急性感染性心内膜炎的异同点。

【临床病例讨论】

病案一

[病史摘要]

患者,男,17 岁,未婚。

主诉:心悸、气短 2 年,加重半个月。

现病史:于 2 年前较剧烈活动时,病人自觉心悸、气短伴出汗,休息后可缓解。上述症状每于活动及感冒时加重,从未治疗过。半个月前,因再次感冒而出现心悸气短加重,同时伴有发热,夜间不能平卧,咳嗽,咯白色泡沫样痰,有时为黄痰,无臭味及咯血。近 5 天出现双踝部水肿,病人自觉呼吸困难较前减轻,可平卧休息。本次发病以来饮食下降,尿量减少。

既往史:慢性扁桃体炎 5 年。

体格检查:T 38.5 ℃、P 100 次/分、R 20 次/分、BP 13.3/8 kPa(100/60 mmHg)。发育正常,营养中等,神志清楚,平卧位,口唇轻度发绀,可见颈静脉怒张,未见颈动脉异常搏动,甲状腺不大,气管居中。肺部叩诊清音,听诊双肺底中小水泡音。心界叩诊浊音界向左扩大,心率120 次/分。第一心音强弱不等,心律绝对不齐。心尖部可听到舒张中晚期隆隆样杂音,较局限,无传导。P$_2$亢进、分裂。腹部平坦对称,无胃肠型及蠕动波,肝脏于右锁骨中线肋缘下3.0 cm,边缘钝,有压痛,质地中等,脾脏未触及,移动性浊音阴性。双下肢中度水肿。

辅助检查:血常规 WBC 13.5×10^9/L,N 80%,L 20%。

血沉(ESR):第 1 小时 15 mm。

胸片:右前斜位(吞钡)可见食管明显受压,后前位心左缘第二弓扩大。右肺中野可见絮状阴影。

心电图:P 波消失,可见 f 波,频率 500 次/分,R-R 间隔不匀齐,心室率 120 次/分。

[分析与讨论]

(1)说明本例的诊断及其依据。依据中哪一点最重要？

(2)为进一步明确诊断的最重要检查项目是什么？说明此项检查阳性所见。

(3)说明双下肢水肿出现后病人呼吸困难减轻的原因。

病案二

[病史摘要]

史××,男性,52 岁,已婚。

现病史:5 天前患者往五楼抬煤气罐时突感心前区剧痛,难以忍受,疼痛向左上肢及左肩胛部放射,当时全身出冷汗,四肢冰凉,并伴呕吐。随即速去社区门诊诊治,经注射止痛针后疼痛于 20 分钟后缓解。次日午餐后左心前区疼痛又发作,难以忍受,大汗淋漓,舌下含服硝酸甘油不能缓解,持续约 2 小时,并出现咳嗽、咳少量粉红色泡沫状痰,气急,不能平卧。过去有过类似发作史,但每次疼痛持续时间很短,休息后即消失。

体格检查:T 36.5 ℃、P 124 次/分、BP 9.33/5.33 kPa(70/40 mmHg)、呼吸 45 次/分。面色苍白,表情淡漠,高枕卧位,手足及皮肤湿冷,口唇轻度发绀。心尖搏动较弱,心律不齐,心尖区第一心音显著减弱。两肺闻及散在湿啰音。

辅助检查:血常规 RBC 5.2×10^{12}/L,WBC 10.5×10^{9}/L,N 82%,L 12%,Hb 145 g/L。

血胆固醇 270 mg/dL(正常 110~230 mg/dL)。

谷草转氨酶 160U(正常 10~80U),乳酸脱氢酶 800U(正常 150~450U)。

心电图检查:提示心肌缺血。

住院经过:入院后给予止痛、吸氧、抗休克、纠正心律失常等治疗,病情好转,咳嗽、气急减轻,咳粉红色泡沫样痰消失,心率减至 90 次/分,血压升至 14.63/10.67 kPa(110/80 mmHg)。但入院第 5 天观看电视足球赛时,又发生心前区剧痛,气促,咳大量粉红色泡沫样痰,两肺布满湿啰音,抢救无效而死亡。

[尸检摘要]

心脏:大小正常,各瓣膜无异常。左冠状动脉前降支横断面可见管壁呈半月形增厚,管腔极度狭窄,左室前壁及室间隔下部可见大片不规则灰黄色坏死灶,局部心内膜有血栓附着。右冠状动脉主干、主动脉及其主要分支内膜均高低不平,有大小不等的黄白色斑块状隆起。镜下左心室坏死灶处心肌纤维嗜伊红染,核固缩或消失,横纹消失,坏死灶内大量中性粒细胞浸润。左冠状动脉前降支、右冠状动脉主干、主动脉及其主要分支内膜均可见纤维组织增生、玻璃样变,内膜深层有大量菱形或针状的胆固醇结晶及钙盐沉着。

肺、肝、脾及胃肠道淤血、水肿,肾小管上皮细胞水肿。

[分析与讨论]

(1)请作出本例完整的病理诊断。

(2)患者为什么会在抬气罐时突发心前区疼痛？其机制是什么？

(3)本次心前区疼痛发作与既往的发作有何不同？

(4)患者最终的死亡原因是什么？

【复习和思考】

1. 简述风湿病的基本病理变化。风湿性心内膜炎及心外膜炎有何病变特点？

2. 风湿性心内膜炎、急性感染性心内膜炎与亚急性感染性心内膜炎的赘生物在大体及镜下有何不同？各有何结局？

3. 试以风湿性心瓣膜病二尖瓣狭窄为例,简述血流动力学的变化及主要脏器的病变。

4. 缓进型高血压病分哪几期? 主要累及哪些脏器? 各脏器病变特点是什么?

5. 粥样硬化主要累及哪些动脉? 病变分为几期? 粥样斑块的继发性改变有哪些?

6. 为什么在心肌梗死部位容易有附壁血栓的形成?

7. 叙述心肌梗死的好发部位、形态及并发症。

8. 名词解释:风湿病、风湿小体、心瓣膜病、粥样斑块、冠心病、心绞痛、心肌梗死、室壁瘤、高血压病、向心性肥大、离心性肥大、绒毛心、原发性颗粒固缩肾、心肌硬化、心肌病、心肌炎、动脉瘤、高血压脑病。

【选择题】

1. 风湿性心内膜炎发生时,最常受累的心瓣膜是(　　)。

A.肺动脉瓣　　　　　　　　B.三尖瓣　　　　　　　　C.二尖瓣

D.主动脉瓣　　　　　　　　E.主动脉瓣和肺动脉瓣

2. 关于风湿性心内膜炎赘生物的描述错误的是(　　)。

A.赘生物单行排列,直径为1~2 mm

B.赘生物呈灰白色半透明状,容易脱落

C.赘生物可片状累及腱索及邻近内膜

D.赘生物由血小板和纤维蛋白构成

E.赘生物周围可出现少量的 Aschoff 细胞

3. 风湿性心肌炎的特征性病变是(　　)。

A.Aschoff 小体形成　　　B.心肌细胞肥大　　　　　C.心肌细胞萎缩

D.心肌细胞变性坏死　　　E.大量慢性炎细胞浸润

4. 冠状动脉粥样硬化病变的最常见累及部位是(　　)。

A.左冠状动脉前降支　　　B.左冠状动脉旋支　　　　C.右冠状动脉主干

D.左冠状动脉主干　　　　E.后降支

5. 心肌梗死最常发生的部位为(　　)。

A.左心室侧壁　　　　　　B.左心室前壁　　　　　　C.左心室后壁

D.右心室前壁　　　　　　E.左心室高侧壁

6. 原发性良性高血压的特征性病变是(　　)。

A.细、小动脉痉挛　　　　　　　　　B.细、小动脉的粥样硬化斑

C.细、小动脉硬化　　　　　　　　　D.细、小动脉的纤维蛋白样坏死

E.细、小动脉内膜细胞增生

7. 动脉粥样硬化病灶中的泡沫细胞来源于(　　)。

①血管内皮细胞　②血管壁平滑肌细胞　③淋巴细胞　④浆细胞　⑤血液中的单核细胞

A.②⑤　　　　　　　　　　B.①⑤　　　　　　　　　C.②③

D.③⑤　　　　　　　　　　E.③④

8. 高血压脑出血常见部位是(　　)。

A.小脑　　　　　　　　　　B.蛛网膜下腔　　　　　　C.大脑皮质

D.内囊及基底节　　　　　　E.脑室

9. 患者近年来劳累时,心前区经常疼痛,并向左肩部放射,因病情不缓解,住院治疗。心电图显示系统性心肌缺血,入院后逐渐加重,出现肝大,下肢水肿,在治疗过程中,夜间突然死亡。该患者死亡原因最可能是(　　)。

A.心肌硬化合并心衰   B.风湿性心脏病合并心衰

C.高血压心脏病合并心衰   D.心肌病合并心衰

E.冠心病合并心肌梗死

10. 男性患者,42岁,长期胸闷、气短、心痛,没及时就医,不幸死亡。尸检发现心包狭窄,包内有绒毛状物。其可能患有的疾病是(   )。

A.急性感染性心内膜炎   B.心肌梗死   C.风湿性心外膜炎

D.心律失常   E.慢性心瓣膜病

11. 患儿,女,7岁。1月前患急性扁桃体炎,近10天不规则发热、咳嗽,咳粉红色泡沫样痰,下肢水肿,抗"O"增高。应诊断为(   )。

A.急性大叶性肺炎   B.风湿性心脏病,左心衰

C.风湿性心脏病,右心衰   D.风湿性心脏病,全心衰

E.肺淤血

12. 关于心肌梗死的描述中哪项是正确的?(   )

A.心肌梗死属于液化性坏死   B.心肌梗死属于贫血性梗死

C.心肌梗死属于纤维蛋白样坏死   D.心肌梗死属于干酪样坏死

E.心肌梗死属于心肌自然凋亡

13. 动脉粥样硬化脂纹期有以下特征,除(   )。

A.为动脉粥样硬化的早期病变   B.镜下主要为胆固醇结晶

C.与高脂血症关系密切   D.肉眼呈黄色帽针头大的斑点或条纹

E.病变可进一步演变为纤维斑块

知识拓展

弗里德·穆拉德(Ferid Murad)是美国药理学家、中国科学院外籍院士。穆拉德一生致力于心血管疾病的研究。他最初的兴趣点是硝酸甘油。当时硝酸甘油治疗心脏病的作用机制尚未完全阐明。1977年,穆拉德通过一系列实验给出了解答:硝酸甘油会释放一氧化氮,这一化学物质能够使平滑肌细胞放松。而那时,一氧化氮被视为一种有害气体,而不是具有重要生理功能的分子。在这样的不理解中,穆拉德选择持续推进实验。最终,他的研究受到了越来越多人的认可。1998年,他因发现"一氧化氮是心血管系统中的一种信号分子"而荣获诺贝尔奖。

弗里德·穆拉德用自己的行动完美阐释了"成功来源于自信和坚定的信念"。他说:"做研究一定要有毅力和耐心,也要勇于面对失败。科学家经常会遭遇挫折,也经常有人质疑你的研究甚至泼冷水,你不能为此丧失信心,你要相信自己。"

资料来源:诺贝尔生理学或医学奖弗里德·穆拉德简介与生平故事:一氧化氮之父[EB/OL].[2024-03-20].https://www.tonglefu.com/61596.html.

(陈淑敏)

3.2答案

3.3　呼吸系统

【目的要求】
掌握气管和肺的组织结构。

【实验内容】

组织切片	示教片
1. 气管 2. 肺	肺

一、组织切片

1. 气管（trachea）
材料：动物气管切片
染色：HE 染色

3.3 组织切片图

肉眼观察：管壁呈环形或弧形（一段管壁），凹面为气管的黏膜面，管壁深蓝色的结构为透明软骨。

低倍镜观察：气管管壁从内向外分为黏膜层、黏膜下层和外膜（图 3-3-1）。

高倍镜观察：

①黏膜层：腔面为假复层纤毛柱状上皮，上皮的游离面可见排列整齐的纤细纤毛，上皮细胞之间夹杂着杯状细胞。上皮深面为固有层，结缔组织较细密，染色较深。（图 3-3-2）

②黏膜下层：由疏松结缔组织组成，内有较多的小血管、淋巴管和气管腺，有时可见气管腺穿过上皮开口于管腔面的情形。（图 3-3-2）

③外膜：由透明软骨环和结缔组织构成。可见呈"C"形染深蓝色的透明软骨，软骨的两侧有染红色的软骨膜，外层较厚，内层较薄。靠近软骨膜的软骨细胞为幼稚的软骨细胞，体积较小，单个分散存在，越向软骨中部，细胞越成熟，体积渐大，可见大量软骨陷窝及位于软骨陷窝内的同源细胞群。（图 3-3-3）

2. 肺（lung）
材料：动物肺切片
染色：HE 染色

肉眼观察：肺切片标本呈海绵状，染成淡紫红色，可见大小不等的管腔（断面为肺内血管断面或较大支气管断面）。

低倍镜观察：肺表面被覆薄层浆膜，内部为实质和间质，肺实质包括导气部（可见各级支气管断面）和呼吸部（可见大量空泡状的肺泡）两部分。肺间质可见伴行在各级支气管附近的肺动脉断面和单独行走的肺静脉断面（图 3-3-4）。

①小支气管：管壁较厚，腔面覆以假复层纤毛柱状上皮，固有层可见平滑肌纤维束，黏膜下

层有气管腺,外膜中有不规则透明软骨片(图 3-3-5)。

②细支气管:腔内为单层柱状纤毛上皮,腺体和软骨减少或消失,环行平滑肌逐渐明显,黏膜常形成皱襞。(图 3-3-6)

③终末细支气管:腔内为单层柱状上皮,无杯状细胞,管壁内无软骨和腺体,环行平滑肌较完整。(图 3-3-7)

④呼吸性细支气管:是肺呼吸部的起始,管壁薄,上皮为单层立方上皮,上皮下有少量的环行平滑肌细胞。其特征是管壁结构不完整,管壁上有肺泡的开口。呼吸性细支气管与肺泡管相连。(图 3-3-8)

⑤肺泡管:亦由肺泡所围成,肺泡管上的肺泡开口处尚有少量平滑肌存在,故切片中此处呈结节状膨大。肺泡管一端与呼吸性细支气管相连通,一端与肺泡囊相连通。(图 3-3-8)

⑥肺泡囊:是由数个肺泡共同围成的囊腔,在相邻肺泡开口处,无结节状膨大。肺泡囊与肺泡管相通。(图 3-3-8)

高倍镜观察:

①肺泡:为许多大小不等、形状不一的囊泡。彼此紧密相连,肺泡壁很薄,由一层肺泡上皮构成。在肺泡的切片上,可辨认两种肺泡上皮细胞和肺泡间隔内毛细血管。

Ⅰ型肺泡细胞:细胞扁而宽大,所以面积大,胞质染色很淡,仅见扁平的染色深的胞核。Ⅰ型肺泡细胞数量较Ⅱ型肺泡细胞少。(图 3-3-9)

Ⅱ型肺泡细胞:体积较小,呈圆形,凸向肺泡腔,轮廓较清楚,核圆,胞质浅淡,是一种分泌细胞。(图 3-3-9)

②肺巨噬细胞:肺泡腔内可见一种体积较大、形态不规则的肺巨噬细胞,当它吞噬了灰尘颗粒以后,改名为尘细胞,在光镜下可见胞质内有黑色尘粒。(图 3-3-9)

③肺泡隔:由结缔组织构成,可见许多毛细血管断面和肺巨噬细胞。(图 3-3-10)

二、示教片

肺(lung)

材料:动物肺切片

染色:HE 染色

高倍镜观察:

①细支气管:腔内为单层柱状纤毛上皮,腺体和软骨减少或消失,环绕管壁的平滑肌较完整。

②呼吸性细支气管:是肺呼吸部的起始,管壁薄,上皮为单层立方上皮,上皮的外面无明显的环行平滑肌。其特征是管壁不完整,管壁上有肺泡的开口。呼吸性支气管与肺泡相连。

【实验报告】

绘图:肺切片。

(要求:在高倍镜下选择一段结构典型的肺呼吸部绘图,注明呼吸性细支气管、肺泡管、肺泡囊、肺泡。)

【复习和思考】

1. 气管壁由内向外可分为几层? 光镜下各层有何结构特点?

2. 肺内导气部各级支气管结构变化规律如何?

3. 叙述肺内呼吸部的组织结构特点。

【选择题】

1. 气管的上皮是（　　　）。

A.单层扁平上皮　　　　　　B.单层柱状上皮　　　　　　C.假复层纤毛柱状上皮

D.复层扁平上皮　　　　　　E.变移上皮

2. 与它的各级分支和肺泡构成肺小叶的是（　　　）。

A.叶支气管　　　　　　　　B.小支气管　　　　　　　　C.细支气管

D.终末细支气管　　　　　　E.呼吸性细支气管

3. 肺内具备气体交换功能的是（　　　）。

A.小支气管、细支气管、终末细支气管

B.呼吸性细支气管、肺泡管、肺泡囊、肺泡

C.细支气管、肺泡管、肺泡囊、肺泡

D.终末细支气管、呼吸性细支气管、肺泡管、肺泡囊

E.小支气管、肺泡管、肺泡囊、肺泡

4. 肺内具备导气功能的是（　　　）。

A.小支气管、细支气管、终末细支气管

B.呼吸性细支气管、肺泡管、肺泡囊、肺泡

C.细支气管、肺泡管、肺泡囊、肺泡

D.终末细支气管、呼吸性细支气管、肺泡管、肺泡囊

E.小支气管、肺泡管、肺泡囊、肺泡

5. 肺组织切片管壁有结节状膨大的结构是（　　　）。

A.肺泡管　　　　　　　　　B.呼吸性细支气管　　　　　C.细支气管

D.终末细支气管　　　　　　E.肺泡囊

6. 支气管哮喘发生时,是哪个管道的平滑肌发生痉挛?（　　　）

A.小支气管　　　　　　　　B.叶支气管　　　　　　　　C.终末细支气管

D.段支气管　　　　　　　　E.呼吸性细支气管

7. 肺泡间隔没有以下哪个结构?（　　　）

A.毛细血管　　　　　　　　B.弹性纤维　　　　　　　　C.尘细胞

D.肺巨噬细胞　　　　　　　E.肺泡孔

8. 肺内导气部结构变化叙述错误的是（　　　）。

A.纤毛逐渐消失　　　　　　　　　　B.上皮的杯状细胞逐渐增多

C.腺体逐渐减少,最后消失　　　　　D.平滑肌逐渐增多,最后呈环形

E.透明软骨逐渐减少,最后消失

知识拓展

　　人类呼吸系统是人体进行气体交换的一系列器官的总称,由呼吸道和肺两大部分组成。呼吸道包括鼻腔、咽、喉、气管和支气管。从鼻到各级支气管负责传送气体,其中鼻腔有加温、湿润和清洁空气等作用,还能在发音时产生共鸣;支气管具有纤毛、杯状细胞、气管腺,可以产生黏液,黏液可以粘住细菌和有害颗粒。肺部有肺泡,进行氧气和二氧化碳的交换。呼吸系统的各器官都有一定的分工,完成一次呼吸活动需要这些器官有条不紊,相互配合,这种分工合作不由得让人想起 2020 年初的新冠疫情。面对疫情,全国上下团结一致,同舟共济,共同战"疫"。虽然在这次疫情中,很多人失去了生命,但我们也收获了大爱、责任和担当。在这场特殊的战"疫"中,无论是医生、军人还是普通志愿者,都毫无保留地把战胜疫情视为自己义不容辞的责任。

　　大学生是实现中华民族伟大复兴的后备力量。责任、担当是决定我们人生价值的最大基石,也是影响社会主义现代化建设进程的重要力量。身为新时代的医学生,更应当有义不容辞的担当。

资料来源:全国抗击新冠疫情表彰大会隆重举行 全国人民都"为热干面加油"[EB/OL].(2020-09-09)[2025-03-10].https://ishare.ifeng.com/c/s/v002vrxj4uznKXcH1pn-_cIsCkrY1vwj5t16C-_VL2A33tJmY__.

(叶碧云)

3.3答案

3.4　呼吸系统疾病

【目的要求】

(1)掌握大叶性肺炎、小叶性肺炎及病毒性肺炎的病变特点及其鉴别要点。

(2)熟悉慢性支气管炎、支气管扩张症、肺气肿、肺源性心脏病的病变特点及其相互间的关系和临床病理联系。

(3)熟悉肺癌的病变特点和类型。

【实验内容】

大体标本	组织切片	示教片
1. 支气管扩张症	1. 大叶性肺炎	1. 慢性支气管炎
2. 肺气肿	2. 小叶性肺炎	2. 肺气肿
3. 慢性肺源性心脏病		3. 间质性肺炎
4. 大叶性肺炎		4. 支原体性肺炎
5. 小叶性肺炎		5. 病毒性肺炎
6. 间质性肺炎		6. 硅肺
7. 硅肺		7. 肺癌
8. 原发性肺癌		

一、大体标本

3.4 大体标本图

1. 支气管扩张症(bronchiectasis)

肺脏切面可见部分支气管管腔呈圆柱状或囊状扩张,一直延伸到肺膜下。扩张支气管管壁增厚,管内可有黏液脓样或黄绿色渗出物。

2. 肺气肿(pulmonary emphysema)

肺呈弥漫性膨胀,体积增大,边缘钝圆,色灰白,比重变轻。肺组织柔软而弹性减弱,指压痕不易消退。切面呈蜂窝状或海绵状扩张,直径超过 1 cm 的大泡(囊泡性肺气肿),胸膜面或肺尖部可见直径超过 2 cm 的大泡(融合性肺大疱)。

🔔 思考:肺气肿患者有哪些临床表现?

3. 慢性肺源性心脏病(chronic cor pulmonale)

心脏体积增大,心尖钝圆,右心室扩张,乳头肌和肉柱显著增粗,心室壁明显增厚。

肺动脉瓣下 2 cm 处右心室肌壁厚度超过 5 mm(正常约 3~4 mm)。

🔔 思考:肺心病患者的发生机制是什么? 有何临床表现?

4. 大叶性肺炎(lobar pneumonia)

病变多位于肺下叶。

(1)红色肝样变期(stage of red hepatization)

病变肺叶肿大、饱满,呈暗红色,质实如肝。切面实性、灰红,呈粗糙颗粒状。

（2）灰色肝样变期（stage of gray hepatization）

病变肺叶肿大、饱满，呈灰白色，质实如肝。切面实性、灰白、干燥，呈颗粒状。

5. 小叶性肺炎（lobular pneumonia）

肺表面和切面上可见多数散在性灰黄色实变病灶，以下叶背侧多见。病灶大小不等，境界不清，直径多在0.5～1 cm左右（相当于肺小叶范围），形状不规则。病灶中央可见1～2个细支气管断面，管腔常有脓性分泌物。严重者，病灶可相互融合成片状波及肺大叶，形成融合性肺大泡。

6. 间质性肺炎（interstitial pneumonia）

肺体积轻度增大，肺小叶轮廓清楚，肺间质增厚。切面见灰白色条纹，实变不明显。

7. 硅肺（silicosis）

肺组织重量增加，呈不规则气肿或纤维化萎缩。在两肺中、下叶近肺门处，可见境界清楚的结节，直径约2～5 mm。切面见灰白色致密帽针头大半透明小点即硅结节，结节呈圆形或椭圆形，灰白、质硬，触之有砂样感。有的结节可融合成团块状，分布于全肺各叶。肺内有不同程度的弥漫性间质纤维化，可见细小或较粗的灰白纤维条索。肺门淋巴结肿大、变硬，胸膜广泛增厚。

8. 原发性肺癌（primary carcinoma of lung）

形态多样，根据部位和形态可分为中央型、周围型和弥漫型三种主要类型。

（1）中央型（central type）

肿瘤原发于支气管黏膜。肺门部可见一个灰白色肿块，与主（叶）支气管关系密切，形状不规则或呈分叶状，无包膜。肿瘤与肺组织分界不清，系支气管壁被瘤组织直接侵蚀破坏。切面瘤组织呈灰白色，干燥、质脆，可有坏死。由于瘤组织向管腔内突出，管腔狭窄或阻塞。气管旁淋巴结可见肿大转移。

（2）周围型（peripheral type）

肺叶周边部近胸膜处有一个圆球形肿物。切面肿瘤直径约2～8 cm，呈灰白色，无包膜，与周围肺组织境界清楚，中心可见坏死与出血。

（3）弥漫型（diffuse type）

肺表面和切面可见大小不等的多发性结节，弥漫分布于多个肺叶，灰白色，质脆，与周围肺组织分界不清楚。

二、组织切片

1. 大叶性肺炎（lobar pneumonia）

3.4 组织切片图

低倍镜观察：肺组织结构存在，所有肺泡腔内均见炎性渗出物，无正常肺泡。胸膜明显增厚，血管扩张充血和炎细胞浸润。

高倍镜观察：

①红色肝样变期（stage of red hepatization）：肺泡壁毛细血管扩张充血，肺泡腔充满渗出物，主要是纤维蛋白、红细胞及少量中性粒细胞（图3-4-1）。

②灰色肝样变期（stage of gray hepatization）：肺泡壁毛细血管受压，呈缺血、贫血状态，肺泡腔充满渗出物，主要是纤维蛋白和中性粒细胞（图3-4-2）。肺泡壁结构一般不受破坏。

2. 小叶性肺炎(lobular pneumonia)

低倍镜观察:肺组织内,可见弥漫散在的灶性病变,病灶间的肺泡腔代偿性扩张。病变中心细支气管腔内有炎性渗出物,管壁充血,炎细胞浸润,其周围的肺泡腔内可见炎性水肿和渗出物(图 3-4-3)。

高倍镜观察:病灶中心见细支气管黏膜壁充血、水肿,管腔内可见大量中性粒细胞、一些红细胞及脱落的肺泡上皮细胞,纤维蛋白较少及个别单核细胞(图 3-4-4)。病灶周围有些肺泡扩张,肺泡壁变薄或断裂而肺泡融合成大泡,呈代偿性过度肺气肿。肺泡壁毛细血管明显扩张充血。严重者,病灶相互融合,呈片状分布,此时称融合性小叶性肺炎。

三、示教片

1. 慢性支气管炎(chronic bronchitis)

低倍镜观察:支气管黏膜上皮细胞变性、坏死脱落,鳞状上皮化生,固有层内黏液腺体肥大增生(图 3-4-5)。部分管壁平滑肌束断裂、萎缩,软骨变性、萎缩。

高倍镜观察:浆液腺上皮发生黏液腺化生。黏膜和黏膜下层充血、水肿,伴大量淋巴细胞、浆细胞和嗜中性粒细胞浸润。管壁周围肺组织也有淋巴细胞、浆细胞浸润。

2. 肺气肿(pulmonary emphysema)

镜下观察:呼吸性细支气管、肺泡管、肺泡囊和肺泡均膨胀扩大。肺泡壁变薄或断裂,壁中毛细血管减少。部分肺泡融合成肺大泡。小支气管和细支气管可见慢性炎细胞浸润。

3. 间质性肺炎(interstitial pneumonia)

低倍镜观察:肺泡壁和肺小叶间质血管扩张,致肺间隔明显变宽。

高倍镜观察:肺间隔明显变宽,毛细血管扩张充血,以淋巴细胞、单核细胞等炎细胞浸润为主(图 3-4-6)。肺泡腔少量红细胞及浆液渗出。

4. 支原体性肺炎(mycoplasmal pneumonia)

镜下观察:病灶内肺泡间隔、细支气管及周围组织明显增宽、充血,有淋巴细胞、单核细胞浸润。

5. 病毒性肺炎(viral pneumonia)

镜下观察:肺泡间隔增宽,间隔内血管充血、水肿,淋巴细胞、单核细胞浸润。肺泡腔内一般无渗出物或仅有少量浆液。严重者可出现组织坏死。有的病例肺泡内有透明膜形成,有的病例可形成多核巨细胞。在增生的上皮或多核巨细胞胞质及胞核内可查见病毒包涵体,呈圆形或椭圆形,红细胞大小,嗜酸性染色,周围有一个清晰的透明晕(图 3-4-7)。

6. 硅肺(silicosis)

低倍镜观察:肺组织可见大小不等、境界清楚的红染的圆形结节性病灶即硅结节(图 3-4-8)。大部分肺间质已纤维化。有较多棕黑色的炭末沉着。

高倍镜观察:硅结节内可见巨噬细胞、成纤维细胞、纤维细胞以及胶原纤维。成纤维细胞、纤维细胞以及胶原纤维呈同心状层状排列。

7. 肺癌(carcinoma of lung)

肺组织内可见许多大小不等、形态不一的癌巢,部分癌巢中央有大片坏死。间质内有淋巴细胞和嗜中性粒细胞浸润。

(1)鳞状细胞癌(squamous cell carcinoma)

癌细胞呈巢状排列,与间质分界清楚,癌细胞异型性明显,核分裂象多见,可见病理性核分裂象。高分化者,癌巢中可见角化珠和细胞间桥(图 3-4-9)。

(2)小细胞癌(small cell carcinoma)

又称燕麦细胞癌。肿瘤细胞体积较小,一部分如淋巴细胞大小,核圆形,染色较深,胞质较少;一部分呈短梭形,核深染,一端较细,另一端较粗,呈葵花籽或燕麦状;另一部分细胞体积较大,形状不规则。

(3)腺癌(adenocarcinoma)

又称细支气管肺泡细胞癌。肺泡管和肺泡异常扩张,内壁衬以单层或多层柱状癌细胞,形成腺样结构。部分区域呈乳头状突起,边缘区可见癌细胞沿肺泡壁内侧生长,肺泡间隔保存完整。癌细胞大小近似,胞质丰富,异型性小。

(4)大细胞癌(large cell carcinoma)

癌细胞排列成巢,体积大,胞质丰富,癌细胞异型性明显,核仁清楚,可见多核瘤巨细胞。

(5)腺鳞癌(adenosquamous carcinoma)

含有腺癌细胞及鳞癌细胞两种成分,属于混合性癌。

(6)多形性肉瘤样癌(pleomorphic sarcomatous carcinoma)

癌分化不成熟,恶性度高,有多形性、梭形细胞性、巨细胞癌及癌肉瘤等多种亚型。

【实验报告】

1. 绘图:大叶性肺炎、小叶性肺炎的组织切片。

2. 描述:支气管扩张、肺气肿、慢性肺源性心脏病的大体标本,并分析三者之间有何关系。

3. 列表比较大叶性肺炎、小叶性肺炎和病毒性肺炎。

【临床病例讨论】

病案一

[病史摘要]

患者,男,20 岁,3 天前因淋雨受凉后,出现畏寒、发热,体温达 39～40 ℃,并有右侧胸痛,放射到上腹痛,咳嗽或呼吸时加剧。咳嗽,痰少,咯铁锈色痰,同时伴有气促,为明确诊断而急诊入院。

体格检查:T 39 ℃、P 110 次/分、R 24 次/分、BP 15.0/10.0 kPa(110/75 mmHg)。神志清楚,急性病容,呼吸略促,口唇轻度紫绀,口角和鼻周可见单纯疱疹。右胸叩诊浊音。语颤增强和支气管呼吸音,心音钝,心律规整,心率 110 次/分。腹软,上腹部轻度压痛,无肌紧张及反跳痛,双下肢无水肿。

辅助检查:血常规 WBC 20.0×10^9/L,N 85%,L 15%。

X 线胸片示右肺下野可见大片状淡薄阴影,实变阴影中可见支气管气道征。

[分析与讨论]

(1)写出诊断及其依据。

(2)为什么咯铁锈色痰?

(3)该病为什么多发生在右肺,且下叶比上叶多见? 为什么会腹痛?

(4)该病可出现哪些并发症? 如何防治?

病案二

［病史摘要］

患儿，男，3 岁。因咳嗽、咳痰、气喘 9 天，加重 3 天入院。

体格检查：T 39 ℃，P 165 次/分，R 30 次/分。患者呼吸急促，面色苍白，口周青紫，神萎，鼻翼扇动。两肺背侧下部可闻及湿性啰音。心率 165 次/分，心音钝，心律齐。

辅助检查：血常规 WBC $24×10^9$/L，其中 N 83％、L 17％。

胸片示：左右肺下叶可见灶状阴影。

临床诊断：小叶性肺炎、心力衰竭。

住院经过：入院后曾用抗生素及对症治疗，但病情逐渐加重，治疗无效死亡。

［尸检摘要］

左右肺下叶背侧实变，切面可见粟粒大的散在灰黄色病灶。有的病灶融合成蚕豆大，边界不整齐，略突出于表面。镜下病变呈灶状分布，病灶中可见细支气管管壁充血，并有中性粒细胞浸润，管腔中充满中性粒细胞及脱落的上皮细胞。病灶周围的肺泡腔内可见浆液和炎细胞。

［分析与讨论］

(1)你是否同意临床诊断？根据是什么？死因是什么？

(2)根据本例病变特点谈谈与大叶性肺炎如何鉴别。

(3)用病理变化解释临床出现的咳嗽、咳痰、呼吸困难等症状及 X 线影像表现。

病案三

［病史摘要］

潘××，男，60 岁。以"胸闷、气促 6 年，加重伴腹胀、双下肢浮肿 10 天"为主诉入院。15 年来病人反复出现咳嗽、咳痰伴喘息，尤以春冬季为重。近 6 年以来，自觉胸闷、气促，活动后加重，近 2 年来休息时亦感呼吸困难，有时双下肢浮肿。10 天前因感冒病情加重，出现腹胀，双下肢浮肿，不能平卧。

既往史：有 40 年吸烟史。

体格检查：T 38.5 ℃，R 30 次/分，P 110 次/分、BP 14/10 kPa(105/75 mmHg)。慢性病容，端坐呼吸，神志清楚。口唇紫绀，颈静脉怒张。桶状胸，叩诊过清音，听诊心音遥远。肝右肋缘下 4 cm，剑突下 6 cm，脾肋缘下可触及，腹部叩诊有移动性浊音。双下肢凹陷性水肿。

实验室检查：血常规 WBC $12.0×10^9$/L，N 80％。

血气分析：PaO_2 50 mmHg，$PaCO_2$ 60 mmHg。

腹水穿刺常规检查：漏出液。

［分析与讨论］

(1)根据所学的病理学知识，谈谈你的诊断和诊断依据。

(2)病人的肺、心、肝及脾有何病理变化？

(3)试分析病因和疾病的发展演变过程，解释相关的临床症状。

【复习和思考】

1. 慢性支气管炎病理变化的特点是什么？与支气管扩张有何联系？

2. 肺气肿时肺内含气量增多，病人反而出现缺氧，为什么？

3. 你所学过的疾病中，哪些可引起肺源性心脏病？并叙述肺心病的发病机制。

4. 大叶性肺炎、小叶性肺炎和间质性肺炎有何异同点？请列表说明。

5. 大叶性肺炎红色肝变期和灰色肝变期哪一期口唇紫绀明显？为什么？

6. 何谓硅肺？硅肺的基本病变是什么？

7. 肺癌的病因可能与哪些因素有关？组织发生及常见组织学类型和肉眼类型是什么？如何早期发现、早期诊断？

8. 名词解释：慢性支气管炎、支气管扩张症、肺气肿、肺心病、肺肉质变、隐性肺癌、早期肺癌。

【选择题】

1. 关于慢性支气管炎，以下哪项是错误的？（　　　）

A.黏液腺增生、肥大　　　　B.黏液腺萎缩　　　　　　　C.部分浆液腺化生成黏液腺

D.支气管黏膜充血、水肿　　E.黏液分泌增多

2. 诊断肺心病的病理形态标准是肺动脉瓣下 2 cm 处右心室前壁肌层厚度超过（　　　）。

A.3 mm　　　　　　　　B.4 mm　　　　　　　　　C.5 mm

D.6 mm　　　　　　　　E.7 mm

3. 关于大叶性肺炎灰色肝样变期肺泡内渗出物，以下哪几项正确？（　　　）
①大量纤维蛋白　②大量红细胞　③大量中性粒细胞　④大量巨噬细胞　⑤大量肺炎双球菌

A.①⑤　　　　　　　　B.①③　　　　　　　　　C.①④

D.②③　　　　　　　　E.②④

4. 大叶性肺炎红色肝样变期肺泡腔内充满（　　　）。

A.浆液和红细胞　　　　B.浆液和中性粒细胞　　　C.纤维蛋白和红细胞

D.纤维蛋白和中性粒细胞　E.红细胞和中性粒细胞

5. 肺组织切片发现许多细小支气管腔内有大量脓细胞及脱落的支气管上皮，其周围肺泡腔内亦充满中性粒细胞及浆液等渗出物，应诊断为（　　　）。

A.大叶性肺炎　　　　　B.小叶性肺炎　　　　　　C.干酪样肺炎

D.间质性肺炎　　　　　E.吸入性肺炎

6. 小叶性肺炎的病变部位是（　　　）。

A.肺间质　　　　　　　　　　　B.肺泡

C.以细支气管为中心向周围肺组织发展　D.呼吸性细支气管以远的末梢肺组织

E.各级支气管

7. 小叶性肺炎的病变为（　　　）。

A.支气管黏液腺肥大、增生，黏膜上皮内杯状细胞增多

B.支气管的黏膜上皮细胞变性、坏死脱落

C.小气道狭窄、阻塞或塌陷；肺泡壁破坏及弹性减弱，肺泡互相融合

D.抗生素治疗无效，用抗病毒药治疗有效

E.化脓菌感染引起，病变始于细支气管并向周围肺组织发展

8. 目前我国肺癌最常见的组织学类型是（　　　）。

A.鳞状细胞癌　　　　　B.小细胞癌　　　　　　C.腺癌

D.大细胞癌　　　　　　E.细支气管肺泡癌

9. 肺气肿的病变不会累及以下哪个部位？（　　　）

A.肺泡管　　　　　　　　B.终末细支气管　　　　　　　C.肺泡囊

D.呼吸性细支气管　　　　E.肺泡

10. 关于肺气肿，以下哪项是正确的？（　　　）

A.因肺组织弹力增强，终末细支气管含气量过多呈永久性扩张

B.小支气管或细支气管含气量过多呈永久性扩张

C.叶支气管或段支气管含气量过多呈永久性扩张

D.呼吸性细支气管、肺泡管、肺泡囊、肺泡含气量过多呈永久性扩张

E.呼吸性细支气管、肺泡管、肺泡囊、肺泡短暂性扩张

知识拓展

在 19 世纪之前，人类对肺炎、肺结核、白喉等呼吸道疾病的认知极为有限，常将其归因于"瘴气"或"上帝的惩罚"。直到路易·巴斯德(Louis Pasteur,1822—1895)的出现，他的微生物理论和疫苗研究彻底改变了医学史，为呼吸系统疾病的防治奠定了科学基础。巴斯德通过著名的"鹅颈瓶实验"推翻了"自然发生说"，证明腐败和感染是由空气中的微生物引起的，并首次科学解释了肺结核、肺炎等呼吸道疾病通过细菌或病毒经空气、飞沫传播的机制，揭开了呼吸系统疾病的真相。这一突破性发现启发了罗伯特·科赫(Robert Koch)等科学家，后者于 1882 年成功分离出结核杆菌，使得人类终于认识到许多致命的呼吸道疾病是由特定微生物引起的。巴斯德在研究葡萄酒变质问题时发明的巴氏消毒法(60~70 ℃加热杀菌)被广泛应用于牛奶消毒、医疗器具灭菌等领域，显著减少了结核杆菌等病原体的传播。他在 1885 年研发的狂犬病疫苗虽针对神经系统疾病，但其原理为后续白喉疫苗(1890 年代)、卡介苗(1921 年)以及现代流感疫苗、肺炎球菌疫苗的研制提供了理论基础。巴斯德的理论还推动了医学界消毒与无菌操作规范的建立：外科手术开始严格消毒器械并佩戴口罩，医院重视通风和隔离措施，个人防护意识也得到提升。如今，从抗生素治疗到公共卫生政策，从传统疫苗到现代疫苗，人类对抗呼吸道疾病的每一项重要进展都深深植根于巴斯德的科学遗产。正如他所说："机遇偏爱有准备的头脑。"这位科学先驱不仅解开了呼吸系统疾病的谜团，更为人类提供了战胜它们的武器，他的科学精神至今仍在守护着我们的每一次呼吸。

资料来源:顾静怡.路易·巴斯德:良心成就"疫苗之王"[J].课堂内外(作文独唱团),2018(10):57;李白薇.微生物学之父路易·巴斯德[J].中国科技奖励,2013(11):72-73;章奇,吴俊,叶冬青,等.病因推断的远征者:罗伯特·科赫[J].中华疾病控制杂志,2020,24(10):1237-1240.

（徐文娟）

3.4答案

3.5　消化管与消化腺

【目的要求】

(1)熟悉消化管管壁的共同组织结构特征。

(2)掌握胃和小肠的组织结构特点。

(3)掌握肝和胰的组织结构特点。

(4)熟悉食管、结肠和阑尾的组织结构特点。

(5)了解十二指肠、回肠的组织结构特点。

(6)了解舌下腺和胆囊的组织结构特点。

【实验内容】

消化管		消化腺	
重点观察切片	示教片	重点观察切片	示教片
1. 食管	1. 十二指肠	1. 肝	1. 猪肝
2. 胃底	2. 回肠	2. 胰	2. 肝巨噬细胞
3. 空肠	3. 结肠		3. 胆小管
	4. 阑尾		4. 舌下腺
			5. 胆囊

一、消化管组织切片

1. 食管(esophagus)横切面观

材料:动物食管切片

染色:HE 染色

3.5组织切片图

肉眼观察:食管横切面染成红色,近似圆形,黏膜皱襞凸向管腔,因此管腔狭窄而不规则。

低倍镜观察:食管壁近腔面染成紫红色较厚的部分为黏膜上皮。其外围染色较淡的是黏膜下层,黏膜下层的外围染色较深的是肌层,食管的最外层为纤维膜。在低倍镜下,从内向外依次观察黏膜层、黏膜下层、肌层和外膜。

①黏膜层:上皮——较厚,为未角化的复层扁平上皮,胞质染成红色,细胞核染成紫蓝色,基底部的细胞染色较深,凹凸不平并与固有层紧密相连;固有层——由细密结缔组织组成,染成淡红色,可见小血管和毛细血管的断面;黏膜肌层——为一层较厚的纵行平滑肌。

②黏膜下层:由疏松结缔组织组成,可见黏液性或混合性的食管腺以及小血管断面。黏膜层和黏膜下层共同向管腔内凸起形成皱襞。

③肌层:分内环行和外纵行两层。根据取材部位不同,肌组织类型也不同,食管上段为骨骼肌,下段为平滑肌,中段为两种肌组织混合(图 3-5-1)。

④外膜:为纤维膜,由结缔组织组成。

高倍镜观察:食管腺有两种。

①黏液性腺泡:由黏液性细胞组成,胞质内含粗大的黏原颗粒,在常规制作切片的过程中被溶解,所以胞质染色很淡,细胞界限清楚。细胞质顶部可见网状空泡,细胞核扁平位于基底部。细胞分泌黏液。

②混合性腺泡:由黏液性细胞和浆液性细胞组成。浆液性细胞常位于腺泡底部或附于腺泡末端形成半月。浆液性细胞的细胞质染色较深,核圆形、紫蓝色位于细胞基底部。

2. 胃底(fundus of stomach)

材料:动物胃底切片

染色:HE 染色

肉眼观察:胃底切片为紫红色长条状,一侧凹凸不平呈波浪状为黏膜层,其相对的一侧为外膜。

低倍镜观察:胃底切片从内向外由黏膜、黏膜下层、肌层和浆膜构成。

①黏膜层:上皮——胃底部黏膜表面为单层柱状上皮,上皮向下凹陷形成胃小凹;固有层——可见管状的胃底腺,排列紧密,腺的上部染色偏淡红色,腺的下部染色偏紫红色;黏膜肌层——为薄层平滑肌,呈红色,位于胃底腺与黏膜下层之间。

②黏膜下层:由疏松结缔组织组成,无腺体,可见小血管断面,染色较黏膜肌层淡。

③肌层:很厚,由平滑肌组成,可见内斜行、中环行、外纵行三层,各层不易分清,染成红色。

④外膜:为浆膜,由浆膜和结缔组织构成,染成淡红色(图 3-5-2)。

高倍镜观察:重点观察黏膜层。

①上皮:为单层柱状上皮,这是一种表面黏液细胞,细胞排列紧密,界限清楚,细胞核椭圆形,染成紫蓝色,整齐排列在细胞基底部。胞质染成粉红色,细胞顶部内含大量黏原颗粒,在常规制作切片的过程中被溶解,所以顶部胞质较清亮。上皮向下凹陷形成胃小凹(图 3-5-3)。

②固有层:大量管状的胃底腺排列紧密,由于切面关系可见胃底腺的横切面、斜切面和纵切面,并可清晰辨认壁细胞和主细胞。

A.壁细胞(又称泌酸细胞):在胃底腺颈部,可见较多壁细胞,体积大呈圆形,核圆形居中染成紫蓝色,胞质嗜酸性染成红色。壁细胞分泌盐酸和内因子。

B.主细胞(又称胃酶细胞):主要分布在胃底腺的底部。主细胞数量较多,细胞呈柱状,胞核圆较小,位于细胞基底部,胞质嗜碱性染淡蓝色。主细胞分泌胃蛋白酶原。(图 3-5-4)

3. 空肠(jejunum)

材料:动物空肠切片

染色:HE 染色

肉眼观察:空肠切片为红色条状结构,一侧较凹凸不平,有细小突起为黏膜层。与其相对的一侧是外膜。

低倍镜观察:空肠切片从腔面内向外依次可见黏膜层、黏膜下层、肌层和外膜。

①黏膜层:由上皮、固有层和黏膜肌层构成。黏膜向小肠腔面形成许多指状突起,称为小肠绒毛。固有层内可见管状的小肠腺排列紧密,腺管开口于绒毛根部,此处称肠隐窝。黏膜肌层由薄层平滑肌组成,紧贴小肠腺基底部染红色。

②黏膜下层:位于黏膜肌层外面,由疏松结缔组织组成,染淡红色,无腺体,可见血管断面。黏膜层与黏膜下层共同凸向管腔面,形成皱襞(图 3-5-5)。

③肌层:由内环、外纵行两层平滑肌组成,两层平滑肌之间可见肌间神经丛。

④浆膜：由间皮和少量疏松结缔组织组成。

高倍镜观察：主要观察空肠黏膜层的绒毛和小肠腺。

①绒毛上皮：由吸收细胞、杯状细胞和少量内分泌细胞组成。吸收细胞数量最多呈柱状，细胞核呈椭圆形，染紫蓝色，位于细胞的基底部，排列紧密而整齐。细胞质染淡粉红色，其游离面可见染深红色的粗线状结构称纹状缘，由吸收细胞游离面密集排列的微绒毛组成，具有扩大小肠吸收面积的作用。杯状细胞数量较少，分散存在于细胞之间，细胞核紫蓝色位于细胞基部，顶部细胞质的酶原颗粒在制片过程中被溶解，故呈透亮的空泡状。内分泌细胞不易辨认（图 3-5-6 和图 3-5-7）。

②绒毛中轴：由固有层的结缔组织、毛细血管、中央乳糜管和平滑肌等组成。

毛细血管：在绒毛中轴可见大小不等的毛细血管断面。管壁由单层扁平上皮和基膜围成，管腔内有时可见血细胞（图 3-5-7）。

中央乳糜管：在绒毛中轴除有丰富的毛细血管外，还可见一条中央乳糜管，其管腔较毛细血管大，管壁由内皮和薄层疏松结缔组织组成（图 3-5-7）。

平滑肌：绒毛中轴内有散在纵行的平滑肌，呈细长梭形，胞质粉红色，胞核长椭圆形染紫蓝色，位于细胞中央。平滑肌在绒毛的下部较多（图 3-5-6 和图 3-5-7）。

③小肠腺：由绒毛之间的上皮向固有层内凹陷形成，位于固有层中。绒毛与绒毛之间有小肠腺的开口。小肠腺内可见柱状细胞、杯状细胞和潘氏细胞，潘氏细胞是小肠特征性细胞，分布在小肠腺的底部，顶部胞质内含有分泌颗粒，但在制片过程中，颗粒大多被溶解，故需特殊染色才能见到。

二、消化管示教片

1. 十二指肠（duodenum）

材料：动物十二指肠切片

染色：HE 染色

肉眼观察：十二指肠管壁四层结构的区分与空肠相似。

低倍镜与高倍镜观察：与空肠的结构基本相似，其特点是黏膜下层含有大量的十二指肠腺，为复管泡状的黏液腺。

2. 回肠（ileum）

材料：动物回肠切片

染色：HE 染色

低倍镜和高倍镜观察：管壁结构与空肠相似，主要特点是：

①在固有层的一侧（肠系膜对侧）有集合淋巴小结存在。集合淋巴小结可穿过黏膜肌层伸入黏膜下层内。

②与空肠比较，上皮内杯状细胞较多，管壁较薄。

3. 结肠（colon）

材料：动物结肠切片

染色：HE 染色

低倍镜和高倍镜观察：

管壁结构与小肠相似，主要特点是：

①黏膜表面平整,无绒毛。

②结肠腺很发达,长而直,整齐排列在固有层中,无潘氏细胞。

③黏膜上皮和结肠腺内含大量杯状细胞(图 3-5-8)。

4. 阑尾(appendix)

材料:动物阑尾切片

染色:HE 染色

肉眼观察:阑尾管壁厚,管腔小。

低倍镜观察:阑尾的管腔很小而不规则,其基本结构与结肠相似,黏膜上皮由单层柱状上皮组成,大肠腺短而少。固有层和黏膜下层内淋巴组织密集,大量淋巴小结连续成层,并突入黏膜下层,致使黏膜肌层不完整而不明显。肌层很薄,外覆浆膜(图 3-5-9)。

高倍镜观察:阑尾黏膜基本结构与结肠相似,黏膜上皮为单层柱状上皮,大肠腺短而少。固有层和黏膜下层内淋巴组织密集,可见淋巴小结(图 3-5-10)。

三、消化腺组织切片

1. 肝(liver)绘图

材料:人肝切片

染色:HE 染色

肉眼观察:人肝切片呈红色,其中可见许多大小不等的腔隙。

低倍镜观察:人的肝切片间结缔组织较少,小叶分界不很清楚,中央静脉可作为寻找肝小叶的标志,一般位于肝小叶的中央(有的偏向一侧)。肝细胞以中央静脉为中心呈放射状排列,形成肝索(肝板)。在肝小叶的周边,相邻几个肝小叶之间结缔组织较多的区域,可见小叶间动脉、小叶间静脉和小叶间胆管三种管道的断面,此处称为门管区(图 3-5-11)。选择一个典型的肝小叶在高倍镜观察。

高倍镜观察:

(1)肝小叶

①中央静脉:位于肝小叶中央,管腔大管壁薄而不完整。管壁主要由内皮细胞组成,可见肝血窦开口。

②肝细胞:肝细胞体积较大,呈多边形或立方形,细胞界限较清楚,胞质呈嗜酸性染红色,胞质内有时可见小空泡(制片过程中胞质内脂肪、糖原被溶解所致)。肝细胞核位于细胞中央大而圆,核膜与核仁清楚,可见双核。肝细胞以中央静脉为中心呈放射状排列形成肝板。

③肝板(肝索):成人肝板由单行肝细胞排列组成。切片中肝板的断面称肝索。相邻肝索(肝板)之间的间隙为肝血窦。有的肝索排列较紧密,难以看清肝血窦;有的肝索排列较疏松,肝血窦明显可见。选择肝索排列较疏松的部位观察肝血窦。

④肝血窦:肝板之间的肝血窦借肝板上的孔相通连接成网。肝血窦腔较大,不规则,肝血窦壁由有孔内皮细胞组成,内皮细胞核扁平。血窦腔内除可见各类血细胞外,还可见肝巨噬细胞(库普弗细胞 Kupffer cell,KC),又称枯否氏细胞。肝巨噬细胞体积较大形状不规则,具有吞噬清除门静脉血流中病菌等异物的功能。(图 3-5-12)

(2)门管区

位于相邻几个肝小叶的交界处,此处有较多结缔组织,可见三种管道。

①小叶间动脉:管壁较厚染色红,管腔小而圆,由内皮和环行平滑肌构成。小叶间动脉是

肝固有动脉的分支,将动脉血输入肝血窦。

②小叶间静脉:管腔大而不规则,管壁薄,仅由内皮和其外面的少量结缔组织与散在平滑肌构成。腔内常可见红细胞和白细胞。小叶间静脉是肝门静脉的分支,将静脉血输入肝血窦。

③小叶间胆管:管腔较大。管壁由单层立方上皮组成,胞质染色较淡,界限不清。胞核圆形或椭圆形,排列紧密而整齐,染深紫蓝色。小叶间胆管将来自肝小叶的胆汁输送至左、右肝管。(图 3-5-13)

2. 胰(pancreas)

材料:动物胰腺切片

染色:HE 染色

肉眼观察:胰切片染成紫红色,着色较深的腺组织被染色较浅的结缔组织分为若干个小叶。

低倍镜观察:胰腺被结缔组织分隔为许多小叶,胰腺实质由外分泌部和内分泌部组成,外分泌部由浆液性腺泡和导管组成,数量多,染色较深。内分泌部为散在的胰岛,数量少,着色浅。

高倍镜观察:

(1)外分泌部

①浆液性腺泡:由浆液性腺细胞组成,腺泡细胞呈锥体形,胞质染色深,细胞界限不清。核圆形,嗜碱性较强,染紫蓝色位于细胞基底部。顶部胞质充满嗜酸性分泌颗粒,染红色。有些腺泡腔中可见一至数个泡心细胞。

②闰管:管径细小,管壁由单层扁平上皮组成,闰管分支与腺泡相连,管壁深入腺泡腔内,即为泡心细胞。泡心细胞较小,核圆而小,染色浅。

(2)内分泌部——胰岛

分散存于胰腺外分泌部之间,是由许多内分泌细胞组成的细胞团。胰岛染色较浅,大小不等、形状不一,有薄层结缔组织包被,细胞类型及细胞间的血窦难于辨认。胰岛周围皆为浆液性腺泡,还可以见到导管。(图 3-5-14)

四、消化腺示教片

1. 猪肝

材料:猪肝切片

染色:HE 染色

低倍镜观察:因猪的肝小叶之间结缔组织很发达,所以肝小叶分界非常清楚,猪肝小叶呈多边形或不规则形,小叶中央为中央静脉、肝细胞索,以中央静脉为中心向四周呈放射状排列(图 3-5-15)。

2. 肝巨噬细胞(库普弗细胞 Kupffer cell,KC)

材料:人肝切片

染色:HE 染色

高倍镜观察:肝巨噬细胞位于肝血窦内,体积较大形状不规则。(图 3-5-12)

3. 胆小管(bile canaliculus)

材料:兔肝切片

染色:镀银染色

高倍镜观察:胆小管是相邻肝细胞之间局部细胞膜相对应凹陷形成的微细管道,在 HE 染色切片中难辨认。镀银染色显示肝小叶内的胆小管染棕褐色,在肝细胞间相互通连形成网状管道。

4. 舌下腺(sublingual gland)

材料:动物舌下腺切片

染色:HE 染色

肉眼观察:可见着色较深的腺组织被染色较浅的结缔组织分为若干叶。

低倍镜观察:小叶内为混合性腺,以黏液性腺泡为主,也多见混合性腺泡,浆液性腺泡少。无闰管,纹状管短,也较少见到,腺泡间导管主要为单层矮柱状上皮组成的小叶内导管,染色较淡。

高倍镜观察:重点观察腺泡的结构。

①浆液性腺泡:细胞呈锥体形,核圆形,位于细胞偏基底部,胞质着色较深,基底部呈强嗜碱性,顶部胞质内含许多细小的嗜酸性的分泌颗粒(酶原颗粒)。

②黏液性腺泡:上皮呈锥体形,核扁圆形,居细胞的基底部,大部分胞质着色较淡,呈泡沫或空泡状。

③混合性腺泡:大部分混合性腺泡主要由黏液性腺细胞组成,少量浆液性腺细胞位于腺泡的底部,在切片中呈半月形结构,称为浆半月。

5. 胆囊(gallbladder)

材料:动物胆囊切片

染色:HE 染色

肉眼观察:胆囊切片为红色长方形块状,一侧边缘呈锯齿状,染成紫红色是胆囊腔面的黏膜皱襞。

高倍镜观察:

①黏膜:有许多高而分支的皱襞突入腔内,固有层为薄层结缔组织,无腺体,但皱襞之间的上皮常凹入固有层内,形成许多窦状凹陷,称黏膜窦,上皮为单层柱状上皮。

②肌层:较薄,主要为环行平滑肌,也有少量中斜和外纵平滑肌,排列较乱。

③外膜:部分为纤维膜,部分为浆膜。

【实验报告】

1. 绘图:胃底切片。

(要求:在高倍镜下选择一段结构典型的胃底黏膜绘图。注明单层柱状上皮、壁细胞、主细胞、颈黏液细胞。)

2. 绘图:人肝切片。

(要求:在高倍镜下选择一个结构典型的肝小叶绘图。注明中央静脉、肝细胞、肝索、肝血窦。)

【复习和思考】

1. 消化管管壁在组织结构上有哪些共同特征?

2. 叙述胃底部黏膜层的组织结构特点。

3. 叙述空肠黏膜的组织结构特点。

4. 简述食管、结肠和阑尾的组织结构特点。

5. 与空肠相比较，十二指肠和回肠各有哪些组织结构特点？

6. 叙述肝的组织结构。

7. 叙述胰的组织结构。

8. 在光镜下如何区分人肝和猪肝？如何区分门管区的三种管道？

9. 在光镜下如何区分浆液性腺泡和黏液性腺泡？

【选择题】

1. 消化道管壁由内至外可分为哪几层？（　　　）

A.内膜、中膜、外膜　　　　B.内膜、中膜、浆膜　　　　C.内膜、中膜、纤维膜

D.内皮、肌层、纤维膜　　　E.黏膜、黏膜下层、肌层、外膜

2. 消化管壁内的黏膜层分为（　　　）。

A.上皮、固有层、黏膜肌层　B.内膜、中膜、外膜　　　C.内膜、肌层、纤维膜

D.黏膜、黏膜下层、外膜　　E.以上均不对

3. 关于食管的描述，下列哪项是错误的？（　　　）

A.上皮为未角化的复层扁平上皮

B.食管腺位于固有层

C.肌层分为内环、外纵 2 层

D.食管肌层上 1/3 为骨骼肌，下 1/3 为平滑肌，中 1/3 为两种肌组织混合

E.食管外膜为纤维膜

4. 胃酸和胃蛋白酶原由（　　　）分泌。

A.贲门腺　　　　　　　　B.幽门腺　　　　　　　　C.胃底腺

D.表面黏液细胞　　　　　E.杯状细胞

5. 下列关于胃酶细胞结构特点的描述中哪一项是错误的？（　　　）

A.细胞呈柱状　　　　　　　　　　B.细胞质嗜酸性

C.细胞质内含丰富的粗面内质网　　D.细胞质内含发达的高尔基复合体

E.分泌胃蛋白酶原

6. 以下关于胃黏膜上皮的描述中，哪一项是错误的？（　　　）

A.为单层柱状上皮　　　　　　　　B.含许多杯状细胞

C.细胞顶部含大量黏原颗粒　　　　D.HE 染色的标本中着色较淡

E.上皮细胞可分泌黏液

7. 盐酸和内因子是由以下哪一种细胞所分泌？（　　　）

A.胃腺的主细胞　　　　　B.胃腺的颈黏液细胞　　　C.胃腺的壁细胞

D.胃腺的内分泌细胞　　　E.表面黏液细胞

8. 能分泌胃蛋白酶原的细胞是（　　　）。

A.杯状细胞　　　　　　　B.壁细胞　　　　　　　　C.主细胞

D.颈黏液细胞　　　　　　E.潘氏细胞

9. 下列哪一项结构与扩大小肠的表面积无关？（　　　）

A.绒毛　　　　　　　　　B.微绒毛　　　　　　　　C.小肠腺

D.环状皱襞　　　　　　　E.纹状缘

10. 以下关于小肠绒毛的描述中,哪一项正确?(　　　)

A.由单层柱状上皮组成　　　　　　　B.由上皮层和固有层向肠腔突出而成

C.由黏膜和黏膜下层向肠腔突出而成　　D.由黏膜下层向肠腔突出而成

E.与水、电解质转运相关

11. 关于小肠绒毛固有层以下哪一点错误?(　　　)

A.有丰富的毛细淋巴管网　　　　　　B.有丰富的毛细血管网

C.有散在的平滑肌纤维　　　　　　　D.上皮吸收的氨基酸、单糖等进入血液

E.上皮吸收的脂类全部进入淋巴

12. 含有潘氏细胞的腺体是(　　　)。

A.贲门腺　　　　　　　B.幽门腺　　　　　　　C.小肠腺

D.食管腺　　　　　　　E.胃底腺

13. 下列哪项不属于空肠的结构?(　　　)

A.环行皱襞　　　　　　B.绒毛　　　　　　　　C.小肠腺

D.中央乳糜管　　　　　E.集合淋巴小结

14. 下列哪项不参与构成皱襞?(　　　)

A.上皮　　　　　　　　B.固有层　　　　　　　C.黏膜肌层

D.黏膜下层　　　　　　E.肌层

15. 关于胰岛的特征,以下哪项错误?(　　　)

A.由内分泌细胞组成　　　　　　　　B.HE 切片中可见 A、B、D、PP 四型细胞

C.细胞间有丰富的毛细血管　　　　　D.胰岛大小不等

E.位于腺泡之间

16. 糖尿病可因下列哪种细胞退化所致?(　　　)

A.胰岛 A 细胞　　　　　B.胰岛 B 细胞　　　　　C.胰岛 D 细胞

D.胰岛 PP 细胞　　　　 E.泡心细胞

17. 胰岛 A 细胞分泌(　　　)。

A.胰高血糖素　　　　　B.胰岛素　　　　　　　C.生长抑素

D.胰多肽　　　　　　　E.内因子

18. 肝血窦存在于(　　　)。

A.肝小叶之间　　　　　B.肝细胞之间　　　　　C.肝细胞和胆小管

D.肝板之间　　　　　　E.肝细胞与内皮之间

19. 纵贯肝小叶中轴的结构是(　　　)。

A.肝血窦　　　　　　　B.中央静脉　　　　　　C.小叶间静脉

D.胆小管　　　　　　　E.窦周间隙

20. 肝门管区内不含(　　　)。

A.小叶间动脉　　　　　B.小叶间静脉　　　　　C.小叶间胆管

D.小叶下静脉　　　　　E.结缔组织

21. 关于肝细胞的描述,以下选项错误的是?(　　　)

A.肝细胞呈多边形

B.肝细胞有 1~2 个细胞核

C.肝细胞胞质呈嗜酸性红色,可见少量空泡状脂滴

D.肝细胞不分泌胆汁

E.肝细胞以中央静脉为中心排列形成肝索

22. 不属于肝小叶的结构是(　　　)。

A.肝血窦　　　　　　　　B.中央静脉　　　　　　　　C.小叶间静脉

D.胆小管　　　　　　　　E.窦周间隙

知识拓展

　　20 世纪 80 年代以前,医学界普遍认为由不良的饮食习惯或者生活压力所引起的胃酸过多是胃溃疡的主要病因,抗胃酸药是当时治疗胃溃疡的主要药物。但是 1979 年,澳大利亚珀斯皇家医院年轻的实习医生沃伦在观察胃黏膜的样本时,发现了一种只在胃溃疡患者的样本中才能找到的螺旋杆状细菌,于是一个新的假说在他头脑中诞生——幽门螺杆菌才是胃溃疡的真正元凶。但是沃伦的假说有悖于当时的医学认识,仅仅建立在一种简单的对应关系上,缺乏任何实验基础,因此并不为当时的人们所承认。只有马歇尔觉得这个想法相当有趣,答应帮助沃伦。沃伦和马歇尔没有因为众人的质疑而动摇自己的看法,更没有放弃自己的研究,他们从胃溃疡患者体内切除出来的病变组织中成功分离培养出幽门螺杆菌。随后,为了证明幽门螺杆菌确实能致病,马歇尔吞下了一试管培养菌,在患病过程中承受了胃痛、恶心和呕吐,以自身证明了幽门螺杆菌的致病性! 此项研究的完成,使胃溃疡的治愈率大幅度提升,同时也改善了人类的生活质量。因此,他们获得了 2005 年诺贝尔生理学或医学奖。

　　巴里·马歇尔和罗宾·沃伦的事迹告诉了我们在医学学习和研究中要勇于探索,要坚持"实践是检验真理的唯一标准"的理念,要有献身医学的伟大精神。

资料来源:王卫东.埋藏在肠胃中的诺贝尔奖:解读 2005 年诺贝尔生理学或医学奖[J].中学生物教学,2005(11):1;谢培.两名澳大利亚科学家获诺贝尔生理学或医学奖[J].科技与经济画报,2005(5):6.

（黄建斌、黄智城）

3.5 答案

3.6 消化系统疾病

【目的要求】
(1)熟悉各型慢性胃炎的病变特点。
(2)掌握胃与十二指肠溃疡的好发部位、形态特点、结局及并发症。
(3)掌握病毒性肝炎的基本病变及各型病毒性肝炎的病变特点和临床病理联系。
(4)掌握门脉性肝硬化的病变特点和临床病理联系;认识各型肝硬化肉眼形态的不同点。
(5)熟悉食管癌、胃癌、大肠癌、肝癌的大体分型及扩散方式与临床表现。
(6)了解食管癌、胃癌、大肠癌、肝癌的组织学类型。

【实验内容】

大体标本	组织切片	示教片
1. 慢性胃炎	1. 胃溃疡	1. 慢性萎缩性胃炎
2. 胃溃疡	2. 急性轻型肝炎	2. 慢性阑尾炎
3. 十二指肠溃疡伴穿孔	3. 慢性活动性肝炎	3. 溃疡性结肠炎
4. 急性阑尾炎	4. 急性重型肝炎	4. 坏死后性肝硬化
5. 慢性溃疡性结肠炎	5. 亚急性重型肝炎	5. 慢性胆囊炎
6. 急性重型肝炎	6. 门脉性肝硬化	6. 急性出血性胰腺炎
7. 亚急性重型肝炎		7. 食管鳞状细胞癌
8. 慢性胆囊炎		8. 胃(肠)腺癌
9. 胆石症		9. 胃黏液癌
10. 门脉性肝硬化		10. 肝细胞癌
11. 脾淤血		
12. 食管下段静脉曲张		
13. 坏死后性肝硬化		
14. 胆汁性肝硬化		
15. 肝硬化伴癌变		
16. 急性出血性胰腺炎		
17. 食管癌		
18. 胃癌		
19. 结直肠癌		
20. 原发性肝癌		

一、大体标本

1. 慢性胃炎(chronic gastritis)
(1)非萎缩性胃炎(non-atrophic gastritis)
胃窦部常见,病变呈多灶性或弥漫性。黏膜表面常有灰白色分泌物及点

3.6 大体标本图

状出血或糜烂。

（2）慢性萎缩性胃炎（chronic atrophic gastritis）

病变主要在胃窦部或胃体部，呈灶性或弥漫分布。病变胃黏膜变薄，黏膜皱襞变平或消失，色灰白，可见黏膜下血管影。

（3）慢性肥厚性胃炎（chronic hypertrophic gastritis）

病变常发生在胃底及胃体。黏膜层增厚，黏膜皱襞肥大、增厚、变宽，水肿。

（4）疣状胃炎（gastritis verrucosa）

胃黏膜表面多呈结节状、痘疹样突起。突起呈圆形或不规则形，直径 0.5～1.0 cm，高约 0.2 cm，中心有凹陷，形似痘疹。

2. 胃溃疡（gastric ulcer）

胃大部手术切除标本，沿大弯切开，暴露黏膜面。胃小弯近幽门处黏膜面有一个圆形或椭圆形溃疡。溃疡较深，直径在 2 cm 以下，边缘光滑整齐，底部平坦干净，周围黏膜皱襞向四周呈放射状排列。溃疡处的浆膜面有灰白色条纹状疤痕。有的标本溃疡底部穿孔，浆膜面局部有渗出物覆盖。

3. 十二指肠溃疡（duodenal ulcer）

十二指肠球部（近幽门环处）前壁有一个圆形的溃疡，较胃溃疡小而浅，边缘整齐，可见出血。

4. 急性阑尾炎（acute appendicitis）

标本为各种类型的阑尾炎。注意观察各阑尾粗细、光泽及血管情况。

有 3 种主要类型。

（1）急性单纯性阑尾炎（acute simple appendicitis）

阑尾呈不同程度的肿胀，浆膜面充血，失去正常光泽。

（2）急性蜂窝织炎性阑尾炎（acute phlegmonous appendicitis）

详见"2.7 炎症"。

（3）急性坏疽性阑尾炎（acute gangrenous appendicitis）

阑尾显著肿大，呈污秽黑色并附有大量化脓性炎性渗出物，易并发穿孔。

请推测病人可能有哪些临床表现。

💭 思考：阑尾壁坏死变黑，属于哪种类型坏死？属于哪种类型阑尾炎？

5. 慢性溃疡性结肠炎（chronic ulcerative colitis）

结肠黏膜坏死、脱落，可出现较大溃疡形成。溃疡间黏膜充血、水肿及增生，形成大小形态各异的息肉样外观，称为假息肉。

6. 急性重型肝炎（fulminant hepatitis）

又称急性红色或黄色肝萎缩（acute yellow or red atrophy of liver）

详见"2.7 炎症"。

7. 亚急性重型肝炎（subfulminant hepatitis）

肝体积不同程度缩小，表面被膜亦皱缩但略高低不平。切面呈绿色（胆汁淤积），结构模糊。在坏死区内散在小岛屿状的大小不等的圆形结节，呈灰白色，质地稍硬。结节周围有增生的纤维结缔组织。

8. 慢性胆囊炎(chronic cholecystitis)

详见"2.7 炎症"。

9. 胆石症(cholelithiasis)

(1)胆固醇性胆石

单个居多,偶为多个,圆形或椭圆形,表面一般光滑,呈灰白色或淡黄色。剖面呈车轮状,有时外观呈桑葚状。

(2)色素性胆石

此种胆石分为两种。

①泥沙样胆色素性结石:呈棕红色或棕褐色,泥沙状,质软而脆。

②砂粒状胆色素性结石:暗绿色或黑色,呈砂粒状或小球形,质较硬,表面粗糙,常为多数。

(3)混合性胆石:由两种以上主要成分构成。外形常为多面形,少数呈球形,表面光滑或粗糙,切面呈同心圆状或放射状,黄色或深褐色。

10. 门脉性肝硬化(portal cirrhosis)

肝体积缩小,质地变硬,表面高低不平呈结节状。切面为弥漫分布的灰黄色圆形结节,大小均匀,直径小于 0.5 cm,最大不超过 1.0 cm。结节之间为灰白色纤维组织间隔,宽窄较一致。

🔔思考:分析门脉性肝硬化的病因、发病机制及临床病理联系。

11. 脾淤血(congestion of spleen)

脾体积增大,重量增加,变硬。切面呈棕黄色、粟粒大结节(纤维结缔组织增生),此为含铁结节(含铁血黄素沉积于巨噬细胞内)。

12. 食管下段静脉曲张(lower esophageal varices)

食管下段黏膜面见静脉明显扩张、淤血,弯曲似蚯蚓,稍向黏膜面隆起。从这个标本可推知其成因、后果及患者的死因。

13. 坏死后性肝硬化(postnecrotic cirrhosis)

肝体积缩小,质地变硬。表面及切面布满大小不等的结节,结节直径多在 0.5~1.0 cm 以上,最大结节直径可达 6 cm。结节呈黄绿色或黄褐色。结节之间的纤维组织间隔较宽,宽窄不一。

14. 胆汁性肝硬化(biliary cirrhosis)

肝脏体积常增大,表面平滑或呈细颗粒状,质地中等。表面及切面常被胆汁染成绿色或绿褐色。结节间纤维间隔较细。

🔔思考:请比较以上各型肝硬化的肉眼形态特点。

15. 肝硬化伴癌变(cirrhosis with malignant change)

切面可见一巨大实体肿块,圆形,色灰白或灰黄,切面隆起,中心可见出血、坏死。

🔔思考:肝脏的病变为肝硬化改变,你能否分辨是以上哪一型肝硬化? 试从这标本分析肝硬化与癌变的关系。

16. 急性出血性胰腺炎(acute hemorrhagic pancreatitis)

胰腺标本。胰腺体积增大,重量增加,有水肿,出血明显。

17. 食管癌(carcinoma of esophagus)

标本各取自手术切除的一段食管,多为中、晚期食管癌。食管癌好发于食管的中下段,肉眼可分四型：

（1）髓质型（medullary type）

为最常见类型，肿瘤呈浸润性生长，使一段食管壁呈环形均匀性增厚，致使管腔变窄。切面见瘤组织呈灰白色，约 2～3 cm 长，可侵及食管壁全层，质地较软似脑髓。表面可有浅表溃疡形成。

（2）溃疡型（ulcerative type）

食管黏膜面有一较大而边缘不整的溃疡，溃疡边缘隆起，底部凹凸不平。切面见灰白色的瘤组织已侵入肌层。

（3）蕈伞型（fungating type）

肿瘤主要向黏膜表面生长，呈扁圆形似蕈伞（蘑菇）状突入食管腔内。切面见灰白色的瘤组织仅侵及部分食管壁的浅层。

（4）缩窄型（scirrhous type）

癌组织沿食管壁内浸润生长，侵入食管的全周，使食管形成明显的环形狭窄，黏膜皱襞消失。上端的食管显著扩张，病变处食管壁增厚变硬，癌组织与周围组织分界不清。

18．胃癌（carcinoma of stomach）

为次全或大部分根治手术切除的胃标本，多为中、晚期胃癌。胃癌好发于幽门部胃小弯。肉眼可分三型：

（1）息肉型或蕈伞型（polypoid or fungating type）

胃黏膜面有一形状不整的肿块向腔内突起，肿块表面凹凸不平，有的肿块中央坏死脱落形成溃疡。肿块的基底宽，切面见肿块为灰白色的癌组织，质松脆，已向胃壁深层浸润而破坏了胃壁各层结构。

（2）溃疡型（ulcerative type）

本类型较常见，溃疡为恶性溃疡特征。幽门部胃小弯处黏膜见一巨大溃疡。直径大于 2.0 cm，溃疡形状不规则，边缘不整齐且隆起，胃黏膜皱襞消失。整个溃疡如火山口状，中央凹陷处的溃疡凹凸不平，有出血及坏死。

🔔 思考：试比较良、恶性溃疡的肉眼形态特点。

（3）侵袭（浸润）型（invasive type）

整个胃壁呈弥漫性增厚、变硬，有的厚达 3～4 cm，内腔狭小，黏膜皱襞消失。切面见灰白色癌组织向黏膜下层、肌层及浆膜层浸润性生长，而使胃壁结构破坏，完全为癌组织取代，整个胃壁变硬，像被水浸过的皮革囊，故称革囊胃（linitis plastica）。

19．结直肠癌（colorectal carcinoma）

直肠是大肠癌的最好发部位，其次为乙状结肠，然后依次为升结肠、横结肠和降结肠。肉眼可分三型：

（1）隆起型（protruded type）

肿瘤向肠腔内突起，呈菜花状或息肉状或扁平状，灰白，质脆，可继发出血、坏死及溃疡。

（2）溃疡型（ulcerative type）

此型多见。肿瘤表面有明显溃疡形成，外观似火山口状，中央有坏死，边缘呈围堤状隆起，与周围组织分界不清。

（3）浸润型（infiltrating type）

肿瘤向肠壁深层呈弥漫浸润性生长，常累及肠壁全周，使局部增厚。肿瘤伴纤维组织增生,使肠管周径缩小,形成环状狭窄。

20. 原发性肝癌(primary carcinoma of the liver)

肝癌肿块大小因病程长短而异,单个或多个,局限或弥漫性分布,依据肉眼形态主要分为四种类型:

(1)单结节型(solitary nodular type)

单个界限较清楚的癌结节,多呈球形,切面均匀一致,包膜可有可无。瘤体直径不超过5 cm,或瘤结节数目不超过 3 个且其中最大直径不超过 3 cm 的肝癌称为小肝癌。

(2)巨块型(massive type)

肝脏显著肿大,切面见有一巨大肿块(多数在右叶),直径大于 10 cm,瘤组织质软、脆,呈灰白色,中央部有出血(红色)及坏死(灰黄色)。周围肝组织受压萎缩,但无明确包膜存在。巨块周围常可见多个散在的小的卫星状瘤结节(肝内转移),其余肝组织有(或无)肝硬化改变。

(3)多结节型(multinodular type)

常见,结节间的肝组织有肝硬化改变。切面通常可见一个界限较清楚的圆形或椭圆形肿瘤结节。结节呈灰白色,周围常可见多个散在的小的卫星状瘤结节,大小不等,有的可融合成较大的瘤结节。

(4)弥漫型(diffuse type)

较少见,肝脏肿大,表面及切面略凹凸不平。癌组织在肝内弥漫性分布,无明显结节形成,常伴有肝硬化。

注意:本型与肝组织原有的肝硬化不易区分。

二、组织切片

3.6组织切片图

1. 胃溃疡(gastric ulcer)

镜下切片中央有一斜置漏斗形缺损即为溃疡,组织凹陷处为溃疡之底部,两侧为正常胃组织或溃疡之边缘。

溃疡自浅至深可分为四层(图 3-6-1):

①炎性渗出层:为少量炎性渗出物,即由浅红色的纤维蛋白及中性粒细胞组成。

②坏死组织层:为深红色、颗粒状无结构的坏死物质。

③肉芽组织层:由大量新生毛细血管(与创面垂直)、成纤维细胞及炎细胞组成的幼稚的结缔组织(图 3-6-2)。

④瘢痕组织层:由大量致密的纤维结缔组织构成,可发生玻璃样变性,其内可见小动脉壁内膜增厚,管腔狭窄或有血栓形成(闭塞性动脉内膜炎)(图 3-6-3)。溃疡底部有的可见神经节细胞变性,神经纤维也常发生变性和断裂,断裂神经纤维可呈小球状增生(图 3-6-3)。

🔔 思考:溃疡边缘胃黏膜有何病变?

2. 急性轻型肝炎(acute hepatitis in light type)

低倍镜观察:肝细胞广泛变性(胞质疏松和气球样变),坏死轻微,呈散在的点状坏死。肝细胞排列拥挤,肝窦受压变窄。汇管区有炎细胞浸润。

高倍镜观察:变性的肝细胞体积增大而呈圆形,胞质变空而透亮,有的细胞比正常大3～4倍,称气球样变(图 2-5-2)。因肝细胞增大而使细胞索排列紊乱,肝窦狭窄。有些肝细胞质染深伊红色,即嗜酸小体(acidophilic body)(图 3-6-4)。门管区及肝小叶内点状坏死处可有淋巴细胞和单核细胞浸润。

🔔思考:根据镜下所见,推测此型肝炎患者可有哪些临床表现。

3. 慢性肝炎(chronic hepatitis)

低倍镜观察:肝细胞变性坏死较广泛,肝小叶内有灶状或条带状坏死。随病变进展,肝小叶之间的汇管区有大量纤维组织增生和炎细胞浸润(图 3-6-5)。

高倍镜观察:肝小叶界板的肝细胞呈碎片坏死,界板破坏。小叶中央静脉与汇管区之间或两个中央静脉之间出现肝细胞坏死带,即桥接坏死。可见纤维组织增生及慢性炎细胞以淋巴细胞为主浸润。

4. 急性重型肝炎(fulminant hepatitis)

低倍镜观察:肝细胞坏死严重而广泛,致肝细胞大部已消失,以小叶中央尤著,仅小叶边缘残存少量肝细胞。小叶内及汇管区有较多炎细胞浸润,不见再生结节。

高倍镜观察:肝窦扩张充血、出血,肝细胞呈大片坏死,浸润的炎细胞主要为淋巴细胞和单核细胞(图 3-6-6)。残留的肝细胞不见再生现象。

5. 亚急性重型肝炎(subacute severe hepatitis)

低倍镜观察:肝细胞大片坏死,肝小叶结构破坏。可见肝细胞结节状再生。小胆管增生并有胆栓形成。

高倍镜观察:坏死区边缘可见排列紊乱的再生肝细胞,形成肝细胞结节状再生(图 3-6-7)。其细胞体积较大,嗜碱性增强,核大且染色较深,可出现双核。增生的结缔组织中有大量淋巴细胞浸润。部分新生胆小管未形成管腔(即假胆管)。

6. 门脉性肝硬化(portal cirrhosis)

低倍镜观察:正常肝小叶结构被破坏,由广泛增生的纤维组织将肝小叶分割包绕成大小不等、圆形或椭圆形的肝细胞团(即假小叶 pseudolobule)(图 3-6-8)。假小叶周围纤维组织增生、包绕。门管区或假小叶周围可有胆小管增生,炎细胞浸润。

高倍镜观察:假小叶有以下特点(图 3-6-9):①肝细胞排列紊乱,不呈放射状,部分肝细胞有不同程度的脂肪变性及再生(肝细胞体积大,胞质丰富,略呈嗜碱性,核大深染,可有双核)。②中央静脉偏位、缺如或有两个以上的中央静脉。门管区或假小叶周围可有胆小管增生,淋巴细胞等炎细胞浸润。

三、示教片

1. 慢性萎缩性胃炎(chronic atrophic gastritis)

镜下见病变区胃黏膜萎缩变薄,固有层腺体萎缩(腺体数目减少,腺腔变小并可有囊状扩张)及胃黏膜上皮有明显的肠上皮化生(图 2-5-5),伴不同程度的淋巴细胞和浆细胞浸润,有淋巴滤泡形成。

2. 慢性阑尾炎(chronic appendicitis)

阑尾黏膜层变薄,腺体减小,淋巴滤泡消失,代之为增生的纤维及脂肪组织,伴不同程度的淋巴细胞和浆细胞浸润。

3. 溃疡性结肠炎(ulcerative colitis)

黏膜内大量炎细胞浸润,腺腔内中性粒细胞聚集,即隐窝炎或隐窝脓肿。

4. 坏死后性肝硬化(postnecrotic cirrhosis)

镜下见:①肝细胞呈结节状再生,形成大小不等的假小叶(图 3-6-10),其内肝细胞常有变性和胆色素沉着。②假小叶间纤维间隔较宽且厚薄不均,炎细胞浸润和胆小管增生显著。

5. 慢性胆囊炎(chronic cholecystitis)

详见"2.7 炎症"。

6. 急性出血性胰腺炎(acute hemorrhagic pancreatitis)

胰腺小叶结构部分可见,部分坏死,出血明显。腺体周围脂肪组织有出血和坏死。

7. 食管鳞状细胞癌(squamous cell carcinoma of esophagus)

详见"2.8 肿瘤"。

8. 胃(肠)腺癌(adenocarcinoma of stomach or colon)

详见"2.8 肿瘤"。

9. 胃黏液癌(gastric mucinous carcinoma)

镜下:正常胃黏膜被破坏,所取代的癌组织向下浸润至肌层或至浆膜面。癌细胞呈圆形,胞质内富含淡蓝色云雾状的黏液,将胞核挤压于细胞一侧,使癌细胞呈戒指状,称印戒细胞(signet-ring cells),为黏液癌特征之一,部分区域因黏液过多而使癌细胞破裂,黏液溢入组织形成"黏液湖"。癌细胞常单个排列,漂浮于"黏液湖"中(图 3-6-11)。

10. 肝细胞癌(liver cell carcinoma)

低倍镜观察:大量深染的癌组织及周边部少量受压的肝组织。

高倍镜观察:癌细胞呈条索状、片状或小梁状(似肝细胞索),排列较紊乱,索间或小梁间有丰富的血窦。癌细胞呈多边形,胞质丰富、染色较红(若分化差可偏碱性),核大深染,核膜清楚(图 3-6-12)。分化差者癌细胞异型性更明显,常有巨核、多核瘤巨细胞及核分裂象。癌巢中央可见红染无结构的颗粒状坏死物。

【实验报告】

1. 绘图:胃溃疡、门脉性肝硬化的组织切片。
2. 描述:慢性萎缩性胃炎、胃溃疡与溃疡型胃癌的大体标本,并分析三者之间有何关系。
3. 列表比较门脉性肝硬化和坏死后性肝硬化的肉眼形态特点。

【临床病例讨论】

病案一

[病史摘要]

李××,男,45 岁。

主诉:腹胀、尿少、下肢水肿 6 个月,伴呕血 8 小时。

现病史:患者于四年前罹患肝炎,屡经治疗,反复多次发病。近两年全身疲乏,不能参加劳动,并有下肢浮肿。6 个月前开始感到腹胀,食欲下降,乏力,尿量减少伴双下肢水肿,以后腹部逐渐膨隆,下肢水肿逐渐加重,曾数次去当地医院门诊就诊,应用利尿剂后尿量明显增加、腹胀与水肿减轻。8 小时前突然剧烈恶心呕吐,呕吐物初为胃内容物后含暗红色血块样物,量约1500 mL,吐后自觉头晕、眼花、耳鸣、黑蒙,晕倒在厕所。被家人发现,见其面色苍白、周身大汗淋漓、四肢厥冷,扶于床上,半小时后神志转清,而急诊入院,来院途中又呕血一次,量约

50 mL。

既往史:慢性饮酒史 15 年,除四年前罹患肝炎外无其他疾病。

体格检查:T 37.6 ℃、P 108 次/分、R 18 次/分、BP 12.0/6.0 kPa(90/45 mmHg)。精神萎靡不振,反应迟钝,计算能力下降,定时定向能力存在,查体欠合作。面色灰暗,睑结膜苍白,巩膜轻度黄染,面部及颈部各见一个蜘蛛痣,肝掌(＋)。心肺未见异常。腹部胀满,腹围 93 cm,有中等腹水,腹壁浅静脉曲张,肝脏于肋缘下未触及,脾于左肋缘下 3.0 cm 触及。下肢轻度浮肿。

辅助检查:血常规 Hb 70 g/L,WBC 3.6×10^9/L,PLT 77×10^9/L。

乙型肝炎表面抗原(＋),白蛋白 26 g/L,球蛋白 44 g/L。

凝血酶原时间 24 s,谷丙转氨酶 68 U,碱性磷酸酶 40 U。

住院经过:入院后第 6 小时,病人又呕血一次量约 100 mL,随之出现烦躁、躁狂不安,高声喊叫,稍后即神志不清,继而昏迷,各种反射迟钝甚至消失,肝臭明显,抢救无效,于次日晨死亡。

[尸检摘要]

尸体消瘦,皮肤及巩膜轻度黄染,腹部膨隆,腹壁静脉曲张,腹腔内有黄色澄清液体约3500 mL。

肝脏:重 980 g(正常约 1500 g),表面及切面均可见大小不等的结节,多数结节直径为 0.5～1.0 cm,个别为 3～4 cm,结节周围包绕着较宽的纤维结缔组织间隔。镜检肝小叶的正常结构破坏,由假小叶取代,部分假小叶内肝细胞明显变性、坏死,假小叶间为大量的纤维组织增生、胆管增生及淋巴细胞浸润明显。

脾脏:重 570 g(正常约 150 g),镜检脾窦高度扩张充血,内皮细胞增生,脾小结萎缩。

食管:食管下端黏膜静脉明显曲张。

[分析与讨论]

(1)请对本例肝脏疾病及并发症作出完整的诊断,并写出诊断依据。

(2)分析本例肝脏病变产生的原因。

(3)本例死亡原因是什么?

(4)该病上消化道出血与其他原因引起的出血在临床上有何不同点?

(5)该病出血时最有效的止血方法是什么?

(6)该病并发症的急救措施有哪些?

病案二

[病史摘要]

范××,男,52 岁,已婚。

主诉:右上腹及剑突下疼痛 20 余年,伴上腹部肿块 1 周。

现病史:20 余年来,患者反复上腹疼痛,无明显规律性,用胃药治疗缓解。近年来疼痛加剧伴嗳气返酸,纳差,全身乏力。

既往史:无特殊。

体格检查:发育正常,慢性病容,面色苍白,消瘦,浅表淋巴结未扪及。心肺(一),腹部隆起,上腹部偏右侧可扪及一肿块 5 cm×6 cm 大小,边界不清,质硬,有明显压痛及扣击痛。无腹水体征。

辅助检查:大便隐血试验(＋)。

钡餐:胃窦部小弯侧蠕动消失、僵直。

超声波:剑突下显示 5 cm×6 cm×4 cm 大小的肿块图像。

手术所见:打开腹腔,见腹腔内有混浊腹水约 150 mL。胃小弯侧有一菜花状肿块,网膜上有散在结节。部分胃组织及肿块与肝左叶粘连,不能分离。盆腔腹膜有多个结节。肝右叶颜色正常,质软。脾脏大小正常。

[分析与讨论]

(1)诊断及其依据?

(2)病变是如何发展的?

【复习和思考】

1. 从胃溃疡的病理形态特点,试分析胃溃疡不易愈合的原因以及可发生哪些常见的并发症。

2. 胃溃疡与溃疡型胃癌在肉眼上如何区别?

3. 病毒性肝炎的基本病变有哪些?

4. 急性重型肝炎的病理变化有何特点? 与亚急性重型肝炎有何差异?

5. 门脉性肝硬化与坏死后性肝硬化是怎样发生发展的? 试从它的发生发展来解释它们的病理形态差异,再从它们的病理变化来解释可能出现的严重后果。

6. 如果病人发生呕血,应考虑哪些原因? 如何鉴别?

7. 你学过的疾病中哪些可引起肝肿大? 是如何发生的?

8. 食管癌、胃癌、肝癌在肉眼上如何分型? 考虑可能出现的临床表现。

9. 名词解释:复合性溃疡、病毒性肝炎、气球样变、嗜酸性变、嗜酸性小体、点状坏死、碎片坏死、桥接坏死、肝硬化、假小叶、肝性脑病、早期胃癌、微小胃癌、革囊胃、原发性肝癌、小肝癌。

【选择题】

1. 慢性萎缩性胃炎好发于(   )。

A.胃窦部   B.胃大弯   C.胃小弯

D.贲门   E.胃底部

2. 慢性萎缩性胃炎发生时,部分胃黏膜上皮可化生为(   )。

A.鳞状上皮   B.移行上皮   C.骨

D.肠上皮   E.软骨

3. 病毒性肝炎的主要病变为(   )。

A.肝细胞萎缩消失   B.肝细胞不同程度变性坏死

C.汇管区结缔组织增生   D.肝细胞再生

E.枯否氏细胞增生

4. 单个或数个肝细胞的坏死是(   )。

A.点状坏死   B.碎片状坏死   C.灶状坏死

D.桥接坏死   E.大片坏死

5. 男性患者,22 岁,肝穿刺活检病理报告为:肝细胞广泛疏松化,气球样变,有点状坏死及嗜酸性小体,可诊断为(   )。

A.急性普通型肝炎　　　　　　　B.急性重型肝炎　　　　　　　C.轻度慢性肝炎

D.亚急性重型肝炎　　　　　　　E.中度慢性肝炎

6. 胃溃疡的病理特点不包括(　　　)。

A.好发于胃小弯近幽门处

B.溃疡底部由炎性渗出物、坏死组织、肉芽组织及瘢痕组织等组成

C.溃疡边缘有黏膜肌层与肌层粘连、愈合

D.有增生性动脉内膜炎

E.溃疡底部的神经节细胞及神经纤维常发生变性、断裂

7. 胃溃疡最常见的部位是(　　　)。

A.胃小弯近幽门处　　　　　　　B.胃大弯近幽门处　　　　　　C.胃小弯

D.胃大弯　　　　　　　　　　　E.胃体部

8. 早期胃癌的概念是(　　　)。

A.只限于黏膜内　　　　　　　　B.未侵犯肌层　　　　　　　　C.直径在 2 cm 以内

D.无淋巴结转移　　　　　　　　E.未侵犯黏膜下层

9. 结直肠癌最好发的部位是(　　　)。

A.乙状结肠　　　　　　　　　　B.直肠　　　　　　　　　　　C.降结肠

D.横结肠　　　　　　　　　　　E.升结肠

10. 不是假小叶的特征性病变的是(　　　)。

A.肝内普遍纤维组织增生,分割包绕原有肝小叶

B.小叶内缺少中央静脉

C.小叶内中央静脉偏位或有两个以上

D.小叶内出现汇管区

E.小叶内肝细胞排列紊乱,有不同程度的脂肪变性或坏死

11. 食管癌最常见的转移方式是(　　　)。

A.食管壁内扩散　　　　　　　　B.直接侵犯邻近组织　　　　　C.血行转移

D.淋巴道转移　　　　　　　　　E.癌细胞脱落种植

12. 对某病人肝脏进行穿刺取样检查发现:肝小叶界板破坏,界板肝细胞呈点状坏死、崩解,伴有炎细胞浸润;肝小叶中央静脉和汇管区之间或两个中央静脉间的肝细胞出现坏死,则该病人患有(　　　)。

A.慢性肝炎　　　　　　　　　　B.急性普通型肝炎　　　　　　C.急性重型肝炎

D.亚急性重型肝炎　　　　　　　E.黄疸型肝炎

13. 属于门脉性肝硬化的病变特点的是(　　　)。

A.假小叶大小不等　　　　　　　B.纤维间隔较宽　　　　　　　C.炎细胞浸润明显

D.假小叶大小相仿　　　　　　　E.碎片状坏死

14. 革囊胃的形成是指(　　　)。

A.范围较大的溃疡型胃癌　　　　B.胃溃疡广泛瘢痕形成　　　　C.胃癌癌细胞弥漫浸润胃壁

D.胃癌伴胃囊性扩张　　　　　　E.胃黏液腺癌大量黏液潴留

15. 肝癌最常见的转移方式是(　　　)。

A.门静脉转移　　　　　　　　　B.淋巴道转移　　　　　　　　C.肝静脉转移

D.脾静脉转移　　　　　　　　　E.种植性转移

知识拓展

　　吴孟超,中国科学院院士。他是 2005 年度国家最高科学技术奖获得者,2011 年度感动中国人物,著名肝胆外科专家。

　　20 世纪 50 年代肝脏医学处于荒芜状态。吴孟超院士克服重重困难进行了肝脏解剖的研究。他建立人体肝脏灌注腐蚀模型,创造性地提出了"五叶四段"的解剖学理论;建立了"常温下间歇肝门阻断"的肝脏止血技术;提出了纠正肝癌术后常见的致命性生化代谢紊乱的新策略;他率先成功施行了以中肝叶切除为代表的一系列标志性手术。他创立了独具特色的肝脏外科关键理论和技术,建立了中国肝脏外科的学科体系,并使之逐步发展、壮大。

　　吴孟超院士还开辟了肝癌基础与临床研究的新领域。他提出"二期手术""肝癌复发再手术"的观点;提出肝癌的局部根治性治疗策略,使肝癌术后 5 年生存率不断上升。吴孟超院士组建了国际上规模最大的肝脏外科专业研究所,研制了细胞融合和双特异性单抗修饰两种肿瘤疫苗,发明了携带抗癌基因的增殖性病毒载体等。

　　吴孟超院士培养了大批高层次专门人才。他和同行们的共同努力,推动了国内外肝脏外科的发展,多数肝癌外科治疗的理论和技术原创于中国,使中国在该领域的研究和诊治水平居国际领先地位。2011 年 5 月,中国将 17606 号小行星命名为"吴孟超星"。吴孟超被誉为"中国肝胆外科之父"。

　　吴孟超院士取得了这么多成果却依然奋斗在临床一线。"我是一名医生,更是一名战士,只要我活着一天,就要和肝癌战斗一天。"截至 2021 年他已经做了 14000 多例肝脏手术,其中肝癌切除手术 9300 多例,成功率达到 98.5%。正是祖国和人民给了他源源不断的动力。他说:"作为一个知识分子,只有把个人的发展与祖国和人民的需要紧紧联系在一起,我们的知识价值、人生价值才会有很好的体现。"

资料来源:大医精诚:记国家最高科技奖得主吴孟超[EB/OL].(2009-07-31)[2024-03-15].https://www.cas.cn/kxyj/kj/zg/2005n/wmc/mtbd/200907/t20090731_2289963.shtml;把个人的发展与祖国和人民的需要紧紧联系在一起[EB/OL].(2017-09-01)[2024-03-15].https://item.btime.com/07kpdn88k1drlo51mo8pjq2jo8p.

（陈淑敏）

3.6 答案

<h1>3.7　泌尿系统</h1>

【目的要求】

(1)掌握肾皮质的微细结构,熟悉肾髓质的微细结构。

(2)了解膀胱的微细结构。

(3)了解输尿管的微细结构。

【实验内容】

组织切片	示教片
1. 肾(绘图) 2. 膀胱	1. 致密斑 2. 球旁细胞 3. 输尿管

一、组织切片

3.7组织切片图

1. 肾(kidney)

材料:肾切片

染色:HE染色

肉眼观察:肾切片标本呈红色三角形,三角形的底部染色较深为肾皮质,三角形尖部染色较浅,为肾髓质。

低倍镜观察:(图 3-7-1)

从肾表面向深部观察,依次可见:

①被膜:位于肾表面,为薄层致密结缔组织。

②皮质:位于肾的浅部,染色较深呈红色。可见散在的肾小体及近曲小管与远曲小管,还有一些纵切或斜切的管状结构,主要为近端小管直部和远曲小管直部。

③髓质:位于肾的深部,染色较浅,呈浅粉红色,可见各种管状结构的断面,这些管状结构主要为近端小管直部、远端小管直部、细段、集合管和乳头管。

高倍镜观察:(图 3-7-2、图 3-7-3、图 3-7-4 和图 3-7-5)

(1)肾皮质

①肾小体:断面呈圆形或近似圆形。肾小体的中央部分由血管球和肾小囊脏层的足细胞组成。血管球内可见毛细血管断面,还可根据细胞核形态辨认血管球内的三种细胞:足细胞,核圆而大,染色浅(淡紫蓝色);毛细血管有孔内皮细胞,核小而扁,染色深(深紫蓝色);球内系膜细胞,核略长,稍弯曲,染色较深。肾小囊壁层由单层扁平上皮构成,细胞扁而薄,核扁圆形,染成深紫蓝色,稍凸向肾小囊腔。位于肾小囊壁层与血管球之间的空白间隙称肾小囊腔,此间隙宽窄不一(图 3-7-2)。

②近端小管曲部(近曲小管):位于肾小体周围,数量较多,管径较粗,管腔窄小而不规则,

管腔面(即细胞游离面)可见许多长短不一、参差不齐的绒毛样结构即刷状缘。近端小管曲部细胞体积较大呈锥形,胞质染色红,细胞界限不清,细胞核圆色深,位置偏细胞基底部(图 3-7-3)。

③远端小管曲部(远曲小管):也位于肾小体附近,数量较近曲小管少,管径较近曲小管小,管腔较大而规则,管腔面无刷状缘。管壁由单层立方上皮组成,细胞体积较小,胞质染色较浅,细胞界限较清楚。细胞核圆染色浅,位于细胞中央(图 3-7-3)。

④球旁复合体:也称肾小球旁器或近血管球复合体。位于每个肾小体的血管极处,由球旁细胞、致密斑和球外系膜细胞组成。大致呈三角形:致密斑为三角形的底,入球小动脉和出球小动脉分居两侧边,球外系膜细胞位于三角形区的中心(图 3-7-2、图 3-7-3、图 3-7-4)。

球旁细胞:它是入球小动脉在靠近血管极一侧,管壁的平滑肌演变成的上皮样细胞,具有内分泌功能。球旁细胞呈立方形,核圆居中,能分泌肾素(图 3-7-2、图 3-7-4)。

致密斑:远端小管靠近肾小体血管极一侧,其上皮细胞排列紧密,胞体窄而呈高柱状,胞质染色较浅,核卵圆形,排列紧密,此即致密斑(图 3-7-2、图 3-7-3)。

(2)肾髓质

①近端小管直部:结构与近曲小管相似(图 3-7-5)。

②远端小管直部:结构与远曲小管相似(图 3-7-5)。

③细段:管腔小,管壁薄,由单层扁平上皮组成,胞核常凸向管腔。与毛细血管区别点在于:细段管腔较大,内无血细胞,管壁无核部分比毛细血管壁厚(图 3-7-5)。

④集合管系:管径较大,管腔较大,细胞由单层立方上皮组成,胞质染色淡,胞核位于细胞中央,偶见双核。

2. 膀胱(urinary bladder)

材料:收缩期膀胱切片

染色:HE 染色

肉眼观察:膀胱切片为弓形条状,凹凸不平的一侧为膀胱黏膜。

低倍镜观察:分清膀胱壁三层结构,即黏膜层、肌层和外膜。着紫蓝色的带状边缘是变移上皮,在变移上皮外面是薄层固有层,在固有层外面是肌层,肌层的外面是外膜。

高倍镜观察:

①黏膜层:表面是变移上皮,变移上皮表层细胞较大,呈大立方形或多角形称盖细胞,中间层细胞较小,呈多边形,基底层细胞更小,呈立方形。在变移上皮深面是固有层,由结缔组织构成染红色(图 3-7-6)。

②肌层:由平滑肌构成,较厚,分内纵、中环、外纵三层,但光镜下只见不同切面的平滑肌肌束,不易分层(图 3-7-6)。

③外膜:为浆膜(表面可见一层整齐的间皮)或纤维膜(表面无间皮)。

二、示教片

1. 致密斑(macula densa)

材料:肾切片

染色:HE 染色

高倍镜观察:内容参见肾(图 3-7-2、图 3-7-3)部分。

2. 球旁细胞(juxtaglomerular cell)

材料:肾切片

染色:HE 染色

高倍镜观察:内容参见肾(图 3-7-2、图 3-7-4)部分。

3. 输尿管(ureter)

材料:人输尿管切片

染色:HE 染色

高倍镜观察:管壁由黏膜、肌层和外膜组成。黏膜形成很多纵行皱襞,黏膜上皮为变移上皮,固有层由结缔组织组成,内含小血管。肌层为平滑肌;外膜由结缔组织组成。

【实验报告】

绘图:肾切片。

(要求:在高倍镜下选择一处结构典型的肾皮质绘图,注明肾血管球、肾小囊腔、肾小囊壁层、近曲小管和远曲小管。)

【复习和思考】

1. 光镜下肾小体的形态结构如何?

2. 光镜下如何区别近曲小管、远曲小管和集合管系?

3. 球旁复合体包括哪些结构?

【选择题】

1. 由肾小体和肾小管组成(　　　)。

A.泌尿小管　　　　　　　　B.肾单位　　　　　　　　C.肾小管

D.肾小体　　　　　　　　　E.髓袢

2. 由血管球和肾小囊组成(　　　)。

A.泌尿小管　　　　　　　　B.肾单位　　　　　　　　C.肾小管

D.肾小体　　　　　　　　　E.髓袢

3. 由肾单位和集合小管组成(　　　)。

A.泌尿小管　　　　　　　　B.肾单位　　　　　　　　C.肾小管

D.肾小体　　　　　　　　　E.髓袢

4. 肾皮质存在着泌尿小管的哪些部分?(　　　)

A.肾小体、近端小管和集合管　　　　　B.肾小体、近端小管和远端小管的直部

C.肾小体、近曲小管和远曲小管　　　　D.近曲小管、集合管和远曲小管

E.近端小管、集合管和远端小管

5. 下列选项对肾小体描述错误的是?(　　　)

A.仅见于皮质内　　　　　　　　　　　B.在尿极处与近端小管相连

C.在血管极处有球旁复合体　　　　　　D.肾单位由肾小体和肾小管组成

E.肾小囊腔内有原尿

6. 下列关于肾小囊的描述中,错误的是?(　　　)

A.为肾小管起始部膨大并凹陷而成的双层杯状囊

B.血管球滤过形成的滤液首先进入肾小囊腔

C.脏层为单层扁平上皮

D.肾小囊与近端小管相连的一端为肾小体的尿极

E.在血管极处肾小囊壁层与脏层相连

7.滤过膜是指（　　）。

A.球内细胞、孔内膜、裂孔膜　　　　B.黏膜、肌膜、外膜

C.有孔内皮、基膜、裂孔膜　　　　　D.有孔内皮、肌膜、裂孔膜

E.黏膜、孔内膜、裂孔膜

8.参与形成滤过膜的是？（　　）

A.球旁细胞　　　　　B.足细胞裂孔膜　　　　　C.促红细胞生成因子

D.致密斑　　　　　　E.肾间质细胞

9.近端小管管壁细胞为（　　）。

A.多孔、无隔膜覆盖的内皮细胞　　　　B.足细胞

C.单层扁平细胞　　　　　　　　　　　D.单层立方或锥体形细胞

E.单层高柱状细胞

10.属于集合管的结构是（　　）。

A.近曲小管　　　　　B.远曲小管　　　　　C.髓袢

D.细段　　　　　　　E.乳头管

知识拓展

　　我国现有约300万尿毒症患者,且以每年20万的数量递增,随着医疗保障制度的不断完善,越来越多的尿毒症患者通过血液透析或腹膜透析得以延长生命。然而,长期透析给患者本人及其家庭带来的巨大痛苦和沉重的经济负担,也是显而易见的。作为所有器官移植中最成功的"典范",肾脏移植不仅能让尿毒症患者的生命得到延续,而且能够大大提高其生活质量,使其真正回归社会,享受和谐、幸福的家庭生活。在我国,肾移植术后高质量生活二三十年的患者比比皆是。而我国每年能做的肾移植手术仅6000例左右,在近300个等待移植的患者中,只有一个"幸运儿",而导致这种局面的根本原因在于——肾源短缺、无肾可换。令人欣慰的是,在国家卫生健康委的强力推动和中国红十字会的主导下,我国的器官捐献试点工作已经顺利启动。红十字会人体器官捐献和分配网络体系日趋完善,捐献途径日趋畅通,在红十字会"人道、博爱、奉献"精神的倡导下,越来越多的人成为红十字会器官捐献志愿者。

资料来源:湖北省红十字会.人道光芒大爱无疆:第八届"爱的灯火·红十字故事汇"掠影[EB/OL].(2024-05-14)[2025-02-28].https://news.hbtv.com.cn/p/4439587.html;李家青,刘青,周价,等.不同肾替代治疗下患者营养不良与生命质量的相关性研究[J].云南医药,2022,43(5):6-10.

（陈桐君）

3.7答案

3.8　泌尿系统疾病

【目的要求】

(1)掌握急性弥漫性增生性肾小球肾炎、快速进行性肾小球肾炎和慢性硬化性肾小球肾炎的病变特征及临床病理联系。

(2)熟悉膜性肾小球肾炎、轻微病变性肾小球肾炎、IgA 肾病等其他各型肾小球肾炎的病变特点及临床病理联系。

(3)掌握急性、慢性肾盂肾炎病变特点及临床病理联系。

(4)了解肾癌和膀胱癌的病变特点及组织学类型。

【实验内容】

大体标本	组织切片	示教片
1. 急性弥漫性增生性肾小球肾炎	1. 急性弥漫性增生性肾小球肾炎	1. 急性肾盂肾炎
2. 快速进行性肾小球肾炎	2. 快速进行性肾小球肾炎	2. 慢性肾盂肾炎
3. 慢性硬化性肾小球肾炎	3. 慢性硬化性肾小球肾炎	
4. 急性肾盂肾炎		
5. 慢性肾盂肾炎		
6. 肾细胞癌		
7. 肾母细胞瘤		
8. 膀胱乳头状癌		

一、大体标本

1. **急性弥漫性增生性肾小球肾炎**(acute diffuse proliferative glomerulonephritis)

3.8 大体标本图

肉眼观:双肾体积轻度至中度肿大,包膜紧张,表面光滑、充血,称为"大红肾"。切面见肾皮质增厚,皮髓质分界尚清楚。

有的病例肾脏表面及切面有散在粟粒大小出血点,状似蚤咬,称为"蚤咬肾"。

2. **快速进行性肾小球肾炎**(crescentic glomerulonephritis)

肉眼观:双肾体积肿大,颜色苍白,表面光滑。切面可见肾皮质增厚,纹理模糊,有散在点状出血,皮髓质分界尚清楚。

3. **慢性硬化性肾小球肾炎**(chronic sclerosing glomerulonephritis)

肉眼观:两侧肾脏对称性明显缩小,重量减轻,颜色苍白,称为"小白肾"。肾脏表面呈弥漫性细颗粒状,质地坚实,称为"颗粒样固缩肾"。切面见皮质明显变薄,边缘变锐,皮髓质分界不清,纹理模糊。肾小动脉硬化,管壁增厚,管口呈哆开状。肾被膜与肾皮质紧密粘连,不易剥离。肾盂周围脂肪组织增多。

🔔 思考:慢性肾小球肾炎患者会有哪些临床表现?

4. **急性肾盂肾炎**（acute pyelonephritis）

肉眼观：肾脏体积增大、充血，表面可有多个散在稍隆起的黄白色小脓肿，周围有暗红色充血带环绕。多个病灶可相互融合，形成大的脓肿。切面髓质内有黄色条纹状，并向皮质延伸，条纹融合处有脓肿形成。肾盂黏膜充血水肿，可有散在性出血点，表面可有黄色脓性渗出物覆盖。

5. **慢性肾盂肾炎**（chronic pyelonephritis）

肉眼观：肾脏体积明显缩小变形，出现不规则的凹陷性瘢痕收缩，质地变硬，重量减轻，被膜不易剥离。如病变为双侧性，则双侧改变不对称。切面皮髓质分界不清，肾乳头萎缩，纹理模糊，凹陷处肾实质薄，肾盏和肾盂因瘢痕收缩而变形，肾盂黏膜增厚、粗糙。肾盂周围脂肪组织增生。

请分析慢性肾盂肾炎产生这种肉眼形态特点的机制。

6. **肾细胞癌**（renal cell carcinoma）

肉眼观：肾脏外观明显变形，在肾的一极见一个实质性圆形肿物，直径约 3～15 cm。切面肿瘤组织呈灰白色，质地松脆，与周围肾组织分界尚清楚（有的可见假包膜形成，若向周围侵袭，则有时可见卫星癌结节）。肿块内常有灶状出血、坏死、囊性变、钙化等改变，表面见红、黄、灰、白、黑等多色性改变。

7. **肾母细胞瘤**（nephroblastoma）

肉眼观：肾脏外观明显变形。表现为单发的呈圆形或椭圆形实性肿物，分界尚清楚，有假包膜形成。肿瘤质软，切面灰白或灰红色，可有灶状出血、坏死、囊性变等，有的可见少量骨或软骨。纤维组织将瘤组织分隔成小叶状。

8. **膀胱乳头状癌**（papillary carcinoma of bladder）

肉眼观：单发或多发，肿瘤局限在黏膜或黏膜固有层，蒂细长，蒂上长出绒毛状分支，在膀胱内注水时，肿瘤乳头在水中飘荡，犹如水草；结节、团块乳头状癌蒂较粗，乳头分支短而粗，有时呈杨梅状，往膀胱注水时活动较少，附近黏膜增厚、水肿。

二、组织切片

1. **急性弥漫性增生性肾小球肾炎**（acute diffuse proliferative glomerulonephritis）

3.8 组织切片图

低倍镜观察：病变弥散，肾小球广泛受累。肾小球体积增大，其间细胞数量明显增多。肾间质充血和炎细胞浸润（图 3-8-1）。

高倍镜观察：肾小球内血管内皮细胞和系膜细胞不同程度增生肿胀，并有少量中性粒细胞和单核细胞浸润。肾小球囊腔变狭窄，内可见红细胞和纤维素渗出。肾小管上皮细胞肿胀，发生颗粒样变性，部分肾小管腔内可见蛋白及白细胞管型。肾间质毛细血管扩张充血，伴炎细胞浸润（图 3-8-2）。

🔔 思考：请说出急性弥漫性增生性肾小球肾炎患者的临床表现及其机制。

2. **快速进行性肾小球肾炎**（crescentic glomerulonephritis）

低倍镜观察：大部分肾小球体积增大，内有新月体或环状体形成（图 3-8-3）。

高倍镜观察：肾小球体积增大，新月体主要是由层状增生的肾小囊壁层上皮细胞和渗出的单核细胞组成，状如新月，严重者环绕毛细血管丛形成环状即环状体。有的增生上皮充塞囊腔,并与毛细血管祥粘连,或毛细血管祥受压萎缩,部分肾小球纤维化和玻璃样变性,其所属的肾小管上皮细胞发生萎缩、肿胀颗粒变性,管腔内可见透明管型。部分肾小球正常或发生代偿性肥大,所属的肾小管亦扩张。肾间质血管扩张充血和炎细胞浸润。(图 3-8-4)

3. 慢性硬化性肾小球肾炎(chronic sclerosing glomerulonephritis)

低倍镜观察:病变弥漫,肾小球数目减少,大部分肾小球发生不同程度纤维化、玻璃样变性,相应肾小管萎缩,甚至纤维化或消失。由于纤维组织收缩,纤维化和玻璃样变的肾小球相互集中、靠拢,称为"肾小球集中现象"。部分肾小球、肾小管代偿性肥大、扩张。肾间质广泛结缔组织增生(图 3-8-5)。

高倍镜观察:病变的肾小球萎缩、纤维化、玻璃样变性,表现为红染、均质、无结构的玻璃样小体,相应肾小管也萎缩、纤维化或消失。部分残存肾小球代偿肥大,相应肾小管管腔扩张,上皮细胞高柱状,有的扩张显著,上皮细胞变扁平,甚至呈囊性扩张,管腔内可见较多红染、均质的蛋白管型。间质内纤维组织增生,有大量淋巴细胞、浆细胞浸润。间质内可见细小动脉内膜纤维组织增生,管壁增厚、玻璃样变、纤维化呈洋葱皮样,管腔狭窄变小(图 3-8-6)。

三、示教片

1. 急性肾盂肾炎(acute pyelonephritis)

低倍镜观察:肾盂黏膜充血、水肿,大量炎细胞浸润,肾组织中见许多炎性病灶,充血明显。

高倍镜观察:肾盂黏膜、间质充血、水肿,大量中性粒细胞浸润,肾小管萎缩、变性、坏死(图 3-8-7)。肾间质中大量中性粒细胞浸润,形成小脓肿,有些脓肿破入肾小管腔内,许多肾小管腔内积聚有大量的脓细胞和坏死组织碎片及细菌和菌落。肾小球有少量中性粒细胞浸润。

2. 慢性肾盂肾炎(chronic pyelonephritis)

低倍镜观察:肾组织内出现分布不规则的间质纤维组织增生伴炎细胞浸润。有时有淋巴滤泡形成,有时可有小脓肿形成。

高倍镜观察:肾盂黏膜增厚,上皮脱落或鳞化,有大量的纤维组织增生伴淋巴细胞、浆细胞等慢性炎细胞浸润。肾间质慢性化脓性炎症,间质明显纤维化,有大量的浆细胞、淋巴细胞浸润,有时有淋巴滤泡形成;嗜中性粒细胞浸润有时可并有小脓肿形成(图 3-8-8)。有些肾小管纤维化和萎缩,部分肾小管扩张,腔内有均匀红染的胶样蛋白管型,似甲状腺滤泡。部分肾小球囊壁增厚、周围纤维化,有的肾小球发生纤维化与玻璃样变。

🔔 思考:慢性肾盂肾炎与慢性肾小球肾炎的病理改变有何区别?

【实验报告】

1. 绘图:快速进行性肾小球肾炎、慢性硬化性肾小球肾炎的组织切片。

2. 描述:急性弥漫性增生性肾小球肾炎与慢性硬化性肾小球肾炎的大体标本,并分析二者之间有何关系。

3. 列表比较急性弥漫性增生性肾小球肾炎与急性肾盂肾炎的区别。

【临床病例讨论】

病案一

［病史摘要］

洪××，男性，11 岁。

主诉：水肿伴尿少 1 周。

现病史：1 周前，患者晨起时发现两侧眼睑及阴囊肿胀，后逐渐加重，渐及全身，同时尿量也渐减少，每天 2～3 次，每次约 50 mL。

既往史：患儿自幼常患感冒，两周前伴有咽喉肿痛病史。

体格检查：T 38.2 ℃、P 108 次/分、R 24 次/分、BP 24.0/12.7 kPa(180/95 mmHg)。发育营养一般，神志清，面色稍苍白，全身水肿，咽红，两侧扁桃体肿大，心肺未异常。肝脾未触及，四肢及神经反射无异常。

辅助检查：血常规：红细胞 3.50×10^{12}/L，血红蛋白 85 g/L，白细胞总数 6×10^9/L，中性粒细胞 60%，淋巴细胞 32%，单核细胞 5%，嗜酸细胞 3%。

尿常规：蛋白(＋＋＋)，红细胞(＋＋)，透明管型 0～1 个/高倍，颗粒管型 0～1 个/高倍。

血沉 20 mm/h，抗链"O"1：625。

住院经过：入院后经低盐、抗感染、利尿及降血压等治疗，住院两个月，血压恢复正常，尿中红细胞及管型消失，蛋白微量，水肿消退出院。

［分析与讨论］

(1)写出诊断及其依据。

(2)分析病因。

(3)解释患者蛋白尿、血尿及水肿发生机制。

病案二

［病史摘要］

患者男，35 岁，2 个月前，因感冒后尿量减少，出现眼睑及双下肢水肿。在当地医院曾用青霉素、利尿药及中药治疗，效果不佳。6 周前水肿加重，并出现头晕、周身乏力，近 2 天心悸、气短不能平卧，尿量逐渐减少，24 小时尿量 200 mL 左右而来诊。

体格检查：T 37.2 ℃、P 116 次/分、R 24 次/分、BP 24.0/14.0 kPa(180/105 mmHg)。慢性病容，贫血貌。双肺底可听到细小小泡音，心率 116 次/分，心律齐，心音低钝。腹膨隆，移动性浊音(＋)，双肾叩痛阳性，各输尿管点无压痛。双下肢凹陷性水肿。

辅助检查：血常规：WBC 6.8×10^9/L，补体 C 30.46/L。

尿常规：蛋白(＋＋＋)，RBC(＋＋)。

BUN 12.4 mmol/L、Scr 188.9 μmol/L(6 周前)。

BUN 38.5 mmol/L、Scr 1564.3 μmol/L(入院后)。

循环免疫复合物(CIC)增高。

B 超显示左肾 12.4 cm×6.2 cm×4.4 cm，右肾 11.8 cm×6.4 cm×4.2 cm。

［分析与讨论］

(1)写出诊断及其依据。

(2)该病根据免疫病理表现分几型？本例可能属于哪一型？

(3)该病如何与引起急进性肾炎综合征的其他肾小球疾病区别？

病案三

[病史摘要]

曾××,女性,38岁,已婚。

主诉:畏寒发热4天,伴腰酸、腰痛、尿频、尿急、尿痛1天。

现病史:患者4天前不明原因出现畏寒、发热,体温39℃以上,伴有头痛、周身不适、恶心、食欲不振等。前天起出现腰部酸胀疼痛,服用退热药,当晚全身出大汗,自感热度减退,但腰部酸痛较日间更甚,无放射疼痛。当天解小便自感疼痛,排尿的次数增多至20次/天。有尿意感时须立即去解小便,否则尿即流至内裤。

既往史:半年前曾在当地医院诊断为"膀胱炎"。

体格检查:T 39.2℃、P 126次/分、R 24次/分、BP 18.0/10.0 kPa(135/75 mmHg)。急性病容,发育正常,营养一般,神志清楚。全身浅表淋巴结无肿大,无出血点。心肺无异常,腹部柔软,肝脾未触及。右侧肾区(脊肋角)有明显的叩击痛。

辅助检查:

血常规:WBC $16×10^9$/L,中性粒细胞85%,淋巴细胞14%,嗜酸细胞1%。

尿常规:蛋白微量,红细胞(+),白细胞(+++)。

早晨清洁中段尿作培养有大肠杆菌生长,尿菌落计数 $12×10^4$/mL。

住院经过:入院后经积极抗感染等治疗,住院20天,热退,血白细胞及尿常规恢复正常而痊愈出院。

[分析与讨论]

(1)写出诊断及其依据。

(2)半年前患膀胱炎是否与本次发病有关?

(3)为何本例患者尿化验未见管型?

【复习和思考】

1. 应用病理学知识解释急性弥漫性增生性肾小球肾炎的少尿、无尿和慢性硬化性肾小球肾炎的多尿、夜尿增多的发病机制。

2. 试比较急性肾小球肾炎与急性肾盂肾炎的发病机制、病理变化和临床表现。

3. 高血压病晚期肾、慢性肾小球肾炎、慢性肾盂肾炎三者都可致肾萎缩,为什么? 它们是怎样发生的? 其大体形态有何异同? 试比较肾脏病变的异同。

4. 新月体性肾小球肾炎的病变有何特征? 试以其病理变化解释临床表现。

5. 试从病因、发病机制、病变部位、病理变化和临床表现等方面比较肾小球肾炎和肾盂肾炎。

6. 肾病综合征的肾小球肾炎有哪些? 它们的病理特点如何?

7. 老年男性患者无诱因出现无痛性血尿,可能的病因是什么? 各有何病变特点?

8. 名词解释:肾小球肾炎、颗粒性固缩肾、大红肾、蚤咬肾、新月体、环状体、急性肾炎综合征、肾病综合征、快速进行性肾炎综合征、慢性肾炎综合征、肾盂肾炎、膀胱刺激征。

【选择题】

1. 慢性肾小球肾炎晚期尿的主要改变是（　　）。

A.血尿 B.多尿、夜尿 C.蛋白尿

D.管型尿 E.脓尿

2. 关于肾盂肾炎的叙述，下列哪项是错误的？（　　）

A.多见于女性，多数由上行性感染引起

B.上行性感染首先累及肾盂，下行性感染首先累及肾小球

C.上行性感染以大肠杆菌为主，下行性感染以金黄色葡萄球菌为主

D.是肾盂黏膜和肾小球的增生性炎症

E.可形成大小不等的多发性脓肿

3. 急性肾小球肾炎肉眼变化的主要呈现是（　　）。

A.大白肾 B.蚤咬肾和大红肾 C.多发性小脓肿

D.多囊肾 E.固缩肾

4. 急性弥漫性增生性肾小球肾炎的病理变化是（　　）。

A.内皮细胞增生，系膜细胞不增生 B.内皮细胞及系膜细胞增生

C.肾体积缩小，重量轻 D.内皮细胞正常，脏层上皮细胞增生

E.嗜酸性粒细胞浸润

5. 急性肾小球肾炎的病变是（　　）。

A.增生性炎 B.纤维素性炎 C.变质性炎

D.化脓性炎 E.渗出性炎

6. 快速进行性肾小球肾炎的特征是（　　）。

A.基底膜有许多钉突形成 B.基底膜呈双轨状

C.肾小球系膜细胞和基质增生 D.肾球囊壁层上皮细胞增生成环状体

E.肾小球内皮细胞和系膜细胞增生

7. 新月体性肾小球肾炎的主要病变是（　　）。

A.单核细胞渗出于肾球囊内 B.毛细血管壁纤维蛋白样坏死

C.肾球囊脏层上皮细胞增生 D.中性粒细胞渗出于肾球囊内

E.肾球囊壁层上皮细胞增生

8. 肾体积缩小，颜色苍白，表面呈弥漫性细颗粒状见于下列哪种疾病？（　　）

A.脂性肾病 B.毛细血管外增生性肾小球肾炎

C.肾盂积水 D.急性弥漫性增生性肾小球肾炎

E.慢性硬化性肾小球肾炎

9. 慢性硬化性肾小球肾炎的临床病理特点是（　　）。

A.可形成原发性固缩肾

B.均有肾炎的病史

C.贫血、持续性高血压和肾功能不全是常见的临床表现

D.蛋白尿、血尿、管型尿进行性加重

E.高血压是常见的死亡原因

10. 关于慢性肾小球肾炎晚期的临床表现，下列哪项是错误的？（　　）

A.持续高血压 B.夜尿 C.大量蛋白尿

D.多尿 E.尿比重低而固定

知识拓展

　　王锦萍 20 世纪 80 年代从福清卫生学校毕业后本可以选择留在县城医院工作,但面对吉钓岛上无医生的现状,她还是遵从自己的初心,回到这个只有 1000 多人的小岛,成为岛上唯一的村医。从此以后,村民们终于有了自己的健康"守护神",遇到小病小灾再也不用坐船出岛求医了。村卫生所只有她一个人,除了看病,她还要自己取药。医药公司负责将药品送上船,到达吉钓岛后,她需要用扁担把几十斤甚至上百斤重的药品挑回卫生所,日复一日,她的扁担都被磨亮了。

　　吉钓岛的条件十分艰苦,很多年轻人都选择离岛生活,留在岛上的大多数是老人,哪个老人腰不好、哪个村民血压高她都了然于胸。王锦萍的儿子离岛上学时,本应离岛陪读的她想到岛上还有那么多村民需要她,就选择了让儿子读寄宿学校,自己留岛继续服务大家。"'二姐'就像我家的亲闺女,无论白天黑夜,只要我身体不舒服,她总是第一时间赶到。"一位老奶奶这样说。"二姐"是村民们对王锦萍的昵称,村民们真心把她看作家人。

　　资料来源:信仰的力量! 海岛医生王锦萍:为了乡亲健康守岛 34 年[EB/OL].(2020-07-01)[2024-03-25].http://news.cctv.com/2020/07/01/ARTI6b3fRjF8ddk75orYnYBN200701.shtml.

(陈雅静)

3.8 答案

3.9　生殖系统

【目的要求】

(1)掌握睾丸的组织结构。

(2)了解附睾、前列腺的组织结构特点。

(3)掌握卵巢的组织结构。

(4)掌握子宫内膜的组织结构。

(5)了解输卵管和乳腺的组织结构。

【实验内容】

组织切片	示教片
1. 睾丸	1. 附睾
2. 卵巢	2. 输精管
3. 增生期子宫	3. 前列腺
	4. 分泌期子宫内膜
	5. 输卵管
	6. 静止期乳腺
	7. 活动期乳腺

一、组织切片

3.9组织切片图

1. 睾丸（testis）

材料:动物睾丸切片

染色:HE 染色

肉眼观察:组织表面薄层的结构即为白膜,白膜的深面为睾丸实质。

低倍镜观察:

①表层:为睾丸鞘膜脏层,由单层扁平上皮和少量结缔组织组成。浆膜深部为白膜,很厚,由致密结缔组织组成。

②睾丸实质:睾丸实质由生精小管和小管间的睾丸间质构成。切片中可见大量横切或斜切的生精小管断面。生精小管的基底部为一层粉红色的基膜。生精小管的管壁为复层的生精上皮,生精小管之间少量的结缔组织为睾丸间质。睾丸间质内有成群分布的间质细胞(图 3-9-1)。

高倍镜观察:

①生精小管:选择结构典型的生精小管观察,生精小管管壁由大量的生精细胞和支持细胞组成。从生精小管的基底部向腔面观察各级生精细胞,依次是精原细胞、初级精母细胞、次级精母细胞、精子细胞、精子(图 3-9-1、图 3-9-2)。

A.精原细胞:紧靠基膜,呈圆形或卵圆形,体积较小,核圆形,染色较深。

B.初级精母细胞:在精原细胞内侧,可有 2～3 层,细胞体积大呈圆形,细胞核也大,胞核常处于分裂状态,可见密集成团的染色体。

C.次级精母细胞:在初级精母细胞内侧,比较靠近管腔。形态与初级精母细胞相似,但体积较小,存在时间短,在切片中不容易找到。

D.精子细胞:在次级精母细胞内侧,位置更靠近管腔。细胞体积更小,核圆形,染色质致密,常成堆聚集。

E.精子:在管腔中,形状像蝌蚪,分头、尾两部分。光镜下呈深紫蓝色细短杆状或小点状(由于精子的尾部常被切断所致)。

F.支持细胞:位于生精细胞之间,由于其侧面镶嵌着各级生精细胞,故光镜下细胞轮廓不清,胞体呈长锥形,胞核呈三角形或卵圆形,染色较浅,核仁明显。

②睾丸间质:富含血管,其中有成群的圆形或卵圆形的细胞,即间质细胞。细胞体积较大,胞质嗜酸性染色红,胞核大而圆,核仁明显(图 3-9-2)。

2.卵巢(ovary)

材料:动物卵巢切片

染色:HE 染色

肉眼观察:卵巢切片呈紫红色椭圆形或近似圆形结构。

低倍镜观察:外周部较厚为卵巢皮质,中央部为卵巢髓质。卵巢表面为单层立方上皮或单层扁平上皮,上皮深面是结缔组织构成的白膜。白膜深面是卵巢皮质,在皮质内可见各级卵泡、闭锁卵泡、黄体和卵泡之间的结缔组织。卵巢髓质由疏松结缔组织构成,含有丰富的血管、神经和淋巴管等。皮质和髓质无明显分界。重点观察卵巢皮质(图 3-9-3)。

①原始卵泡:位于皮质浅层,体积小,数量多,可见不同发育阶段、大小不一的生长卵泡。

②初级卵泡:位于原始卵泡的深面,体积比原始卵泡大,中央的初级卵母细胞增大。

③次级卵泡:体积更大,可见卵泡细胞之间出现半月形卵泡腔,初级卵母细胞体积更大,透明带更明显,其外周环绕着一层柱状卵泡细胞,呈放射状排列,称为放射冠。初级卵母细胞,透明带和放射冠与其外周卵泡细胞凸向卵泡腔,形成卵丘。

④成熟卵泡:一般不易见到。

⑤闭锁卵泡:为正在退化的各期卵泡。可见残存的透明带和萎缩、退化的初级卵母细胞与卵母细胞。

⑥黄体:体积很大,位于卵巢皮质内,其外周有结缔组织包绕,与周围组织分界清楚,内部为密集成群的染成浅红色的细胞团。

⑦白体:是黄体退化后形成的,为形态不规则、染浅粉红色的胶原纤维团块。

高倍镜观察:主要观察皮质内各级卵泡的结构。

①原始卵泡:位于皮质浅层,体积最小,数量最多,中央为一个初级卵母细胞,周围一层扁平的卵泡细胞(图 3-9-4)。

②初级卵泡:位于原始卵泡的深面,体积比原始卵泡大,中央的初级卵母细胞增大,其周围的卵泡细胞变为多层立方形细胞,在初级卵母细胞与卵泡细胞之间可见一层透明带。透明带呈红色粗线状环绕在初级卵母细胞周围(图 3-9-5)。

③次级卵泡:位于初级卵泡的深面,体积比初级卵泡更大,可见卵泡细胞之间出现半月形卵泡腔;初级卵母细胞体积更大,透明带更明显。紧靠在透明带表面的一层卵泡细胞增大变成柱状,呈放射状排列,称为放射冠。初级卵母细胞、透明带和放射冠与其外周卵泡细胞凸向卵泡腔,形成卵丘。卵丘周围是卵泡腔,腔内含有卵泡液。卵泡腔周围的多层卵泡细胞又称颗粒

细胞,形成颗粒层,其外周环绕着卵泡膜。卵泡膜分化为两层,内层细胞较多,着色浅,外层纤维多,着色深(图 3-9-6)。

④成熟卵泡:一般不易见到,不要求辨认。

⑤闭锁卵泡:为正在退化的各期卵泡。可见残存的透明带和萎缩、退化的初级卵母细胞与卵母细胞。

⑥黄体:体积很大,位于卵巢皮质内。其外周有结缔组织包绕,与周围组织分界清楚,内部为密集成群的染成浅红色的内分泌细胞团。黄体细胞有两种:颗粒黄体细胞,位于黄体的中央部,数量多,细胞体积大,胞质内含较多脂滴,染色浅;膜黄体细胞,位于黄体的周边部,数量少,细胞体积较小,胞质和胞核染色深(图 3-9-7)。

⑦白体:是黄体退化后形成的,为形态不规则、染浅粉红色的胶原纤维团块。

3. 增生期子宫(uterus in proliferation phase)

材料:动物子宫切片

染色:HE 染色

肉眼观察:子宫切片呈紫红色,染成紫色的部分是子宫内膜,染成红色的部位是子宫肌层。

低倍镜观察:子宫切片从内向外由子宫内膜、肌层和外膜组成。子宫内膜上皮为单层柱状上皮;固有层厚,有许多子宫腺、螺旋动脉断面和小静脉的断面。子宫肌层很厚,由大量的平滑肌束和许多结缔组织组成,血管丰富,各层肌束交错分布,分层不明显。外膜主要由浆膜组成(图 3-9-8)。

高倍镜观察:

①上皮:由单层柱状上皮组成,可分为分泌细胞(无纤毛)和少量纤毛细胞两种。胞质染成红色,胞核椭圆染紫蓝色,位于细胞基底部,排列紧密而整齐。

②固有层:固有层内结缔组织中细胞数量多,纤维成分少,细胞分化程度低,称为基质细胞。固有层较厚,其间可见许多子宫腺,子宫腺为管状腺,数量多,可达肌层上方,腺腔大小不等;腺上皮与表面单层柱状上皮相似。也可见到螺旋动脉断面和小静脉的断面。螺旋动脉管壁厚,染成红色,管腔较小而圆;小静脉管壁薄,管腔较大,略呈椭圆形(图 3-9-9)。

③子宫肌层:很厚,由大量成束的平滑肌组成。肌束走向较乱,相互交织,分层不明显。肌束之间有少量结缔组织,其间可见许多子宫螺旋动脉的断面和子宫静脉的断面(图 3-9-8)。

二、示教片

1. 附睾(epididymis)

材料:附睾切片

染色:HE 染色

低倍镜观察:表面有结缔组织被膜包裹,附睾实质内有睾丸输出小管和附睾管两种管道。

高倍镜观察:输出小管由有纤毛的高柱状细胞与无纤毛的矮柱状细胞相间排列构成,因此管腔呈波浪形;附睾管上皮为假复层纤毛柱状,管腔规则,靠腔面的柱状细胞游离面有成簇排列的粗长的静纤毛。两种管道的基膜外侧均有薄层平滑肌。

2. 输精管(ductus deferens)

材料:输精管切片

染色:HE 染色

高倍镜观察:管壁由内向外依次是黏膜、肌层、外膜。黏膜上皮为假复层柱状上皮,有的细胞有纤毛,上皮深面为结缔组织形成的固有层。肌层厚,分内纵、中环、外纵三层。外膜为纤维膜。

3. 前列腺(prostate gland)

材料:前列腺横切面

染色:HE 染色

高倍镜观察:表面为结缔组织被膜,并向实质伸入构成支架,其中含较多平滑肌。实质内可见大量的腺泡,腺上皮形态不一,有单层立方、单层柱状、假复层柱状,故腺腔很不规则,腔内可见分泌物浓缩形成圆形嗜酸性板层状小体,即凝固体。

4. 分泌期子宫内膜(uterus in secretory phase)

材料:分泌期子宫切片

染色:HE 染色

高倍镜观察:与增生期子宫相比,内膜更厚,子宫腺增多,腺腔扩大弯曲,内含红色分泌物。螺旋动脉增长并更加弯曲,伸向内膜表层,在内膜表层可见多个螺旋动脉的断面。固有层中基质细胞肥大,胞质内充满糖原脂滴(图 3-9-10)。

5. 输卵管(oviduct)

材料:输卵管切片

染色:HE 染色

高倍镜观察:管壁分黏膜、肌层、外膜。

①黏膜:形成较高而分支的皱襞,故管腔很不规则。上皮为单层柱状上皮,有的上皮有纤毛。

②肌层:分内环外纵两层。

③外膜:为浆膜,由结缔组织和间皮组成。

6. 静止期乳腺(resting mammary gland)

材料:动物静止期乳腺切片

染色:HE 染色

低倍镜观察:与活动期乳腺比较,腺体不发达,仅有少量小的腺泡和导管,结缔组织和脂肪组织丰富。腺泡和导管不易区分,腺泡腔小(图 3-9-11)。

7. 活动期乳腺(secreting mammary gland)

材料:乳腺切片

染色:HE 染色

低倍镜观察:妊娠后期的乳腺,小叶间结缔组织和脂肪组织很少,小叶内腺泡很多,腺腔内可见染成红色的乳汁。小叶间有较大的导管(图 3-9-12)。

高倍镜观察:

①腺泡:上皮呈高柱状,细胞核椭圆形,靠近游离面,胞质内常出现空泡(空泡是脂滴溶解所形成)。腺泡腔大,充满乳汁,染成红色的是乳汁中的蛋白成分。

②小叶间导管:上皮为立方或柱状,管腔比腺泡腔大,腔内也有乳汁。

【实验报告】

1. 绘图（助产专业）：

(1)卵巢切片；

(2)子宫切片。

（要求：①在高倍镜下选择一个结构典型的次级卵泡绘图，注明：初级卵母细胞、透明带、放射冠、卵泡腔、卵泡壁的颗粒层、卵泡膜。②在高倍镜下选择一处结构典型的增生期子宫内膜绘图，注明：单层柱状上皮、固有层、子宫腺、螺旋动脉。）

2. 简述低倍镜下卵巢的组织结构特点。

3. 比较增生期子宫内膜和分泌期子宫内膜的组织结构的异同。

【复习和思考】

1. 简述睾丸生精小管和睾丸间质的组织结构。

2. 简述卵巢皮质各级卵泡的形态结构特点。

3. 简述静止期乳腺和活动期乳腺组织结构的异同。

4. 名词解释：放射冠、卵丘、黄体。

【选择题】

1. 生精上皮的组成是（　　）。

A.支持细胞和生精细胞　　　　　　　　B.肌样细胞和生精细胞

C.支持细胞、肌样细胞和精原细胞　　　D.支持细胞和肌样细胞

E.以上都对

2. 生精细胞中位于基底面的是（　　）。

A.精原细胞　　　　　　B.初级精母细胞　　　　　　C.次级精母细胞

D.精子细胞　　　　　　E.精子

3. 关于支持细胞描述错误的是（　　）。

A.呈不规则的高锥体形，轮廓不清　　　B.细胞核呈椭圆形、三角形或不规则形

C.核仁明显　　　　　　　　　　　　　D.相邻细胞以侧突形成紧密连接

E.可以分化为精子

4. 关于卵巢的描述，哪一项是错误的？（　　）

A.表面覆盖着单层立方上皮或柱状上皮

B.皮质中有各级卵泡

C.青春期开始时两侧卵巢内约有 4 万个原始卵泡

D.具有内分泌功能

E.绝经期后卵巢不再排卵

5. 下列哪项结构不存在于初级卵泡？（　　）

A.透明带　　　　　　　B.放射冠　　　　　　　C.初级卵母细胞

D.颗粒细胞　　　　　　E.卵丘

6. 放射冠是指（　　）。

A.紧靠透明带的一层柱状卵泡细胞　　　B.紧靠卵泡腔的一层卵泡细胞

C.紧靠透明带的一层立方形卵泡细胞　　D.卵泡膜内层的结缔组织细胞

E.卵泡壁最外层的卵泡细胞

7. 次级卵泡与初级卵泡比较具有(　　　)。

A.放射冠　　　　　　　　　B.透明带　　　　　　　　C.卵泡腔

D.卵泡膜　　　　　　　　　E.初级卵母细胞

8. 以下哪个选项不可能演变为闭锁卵泡?(　　　)

A.原始卵泡　　　　　　　　B.初级卵泡　　　　　　　C.次级卵泡

D.受精后的卵子　　　　　　E.近成熟卵泡

9. 输卵管管壁的微细结构(　　　)。

A.由内向外依次是黏膜、浆膜　　　　　B.由内向外依次是浆膜、黏膜

C.由内向外依次是黏膜、浆膜、肌层　　D.由内向外依次是黏膜、肌层、浆膜

E.由内向外依次是肌层、黏膜、浆膜

10. 子宫壁的微细结构(　　　)。

A.由内向外依次为黏膜、肌层、外膜　　B.由内向外依次为内膜、肌层、外膜

C.由内向外依次为外膜、黏膜、肌层　　D.由内向外依次为外膜、肌层、黏膜

E.由内向外依次为内膜、外膜、肌层

知识拓展

　　HPV 疫苗是一种预防子宫颈癌发病的疫苗,通过预防 HPV 病毒感染,有效预防子宫颈癌的发病。HPV 疫苗的研制成功具有划时代意义,它使子宫颈癌有可能成为人类通过注射疫苗、筛查和早诊早治来预防,并被消除的第一种恶性肿瘤。了解子宫颈癌的预防,提倡文明健康的生活方式、关爱自身健康,将健康中国的观念融入学习和生活。

　　子宫颈癌疫苗之父——周健和伊恩·弗雷泽博士,于 2015 年凭借子宫颈癌疫苗获"欧洲发明奖"。周健博士积极推动子宫颈癌疫苗的研发工作,与他的团队致力于研究乳头状瘤病毒与癌症之间的关系,并寻找预防和治疗的有效方法以减少癌症的发病率。介绍子宫颈癌疫苗之父——中国医学科学家周健博士,激发学生的爱国主义情怀、增强民族自信。

资料来源:陈伟.周健:世界首个宫颈癌疫苗背后的中国科学家[EB/OL].(2016-07-22)[2023-11-22].https://zqb.cyol.com/html/2016-07/22/nw.D110000zgqnb_20160722_5-01.htm.

(罗宝英)

3.9 答案

3.10　生殖系统疾病

【目的要求】

(1)熟悉慢性子宫颈炎的形态特点及类型。

(2)掌握子宫颈癌、乳腺癌的病变特点。

(3)熟悉子宫颈癌及乳腺癌的组织学分类、扩散方式和临床病理联系。

(4)掌握葡萄胎、绒毛膜上皮癌的病变特点。

(5)熟悉葡萄胎、绒毛膜上皮癌的临床病理联系。

(6)熟悉卵巢常见肿瘤的大体形态学特征。

(7)了解精原细胞瘤、阴茎癌、前列腺增生症和前列腺癌的病变特点。

【实验内容】

大体标本	组织切片	示教片
1. 慢性子宫颈炎	1. 子宫颈鳞状细胞癌	1. 子宫颈糜烂
2. 子宫颈癌	2. 葡萄胎	2. 子宫颈上皮内瘤变Ⅲ级
3. 子宫腺肌病	3. 绒毛膜癌	3. 子宫内膜增生症
4. 子宫内膜增生症	4. 乳腺纤维腺瘤	4. 子宫平滑肌瘤
5. 子宫平滑肌瘤		5. 子宫平滑肌肉瘤
6. 子宫内膜癌		6. 子宫内膜癌
7. 葡萄胎		7. 侵袭性葡萄胎
8. 侵袭性葡萄胎		8. 卵巢黏液性囊腺瘤
9. 绒毛膜癌		9. 乳腺囊性乳腺病
10. 卵巢浆液性囊腺瘤		10. 乳腺癌
11. 卵巢浆液性囊腺癌		11. 阴茎尖锐湿疣
12. 卵巢黏液性囊腺瘤		12. 阴茎癌
13. 卵巢黏液性囊腺癌		13. 前列腺增生症
14. 卵巢畸胎瘤		14. 前列腺癌
15. 乳腺纤维腺瘤		
16. 乳腺癌		
17. 精原细胞瘤		
18. 阴茎癌		
19. 前列腺增生症		
20. 前列腺癌		

3.10 大体标本图

一、大体标本

1. 慢性子宫颈炎(chronic cervicitis)

（1）子宫颈糜烂(erosion of cervix)

子宫颈外口病变黏膜呈鲜红色,颗粒状,触之易出血。

（2）子宫颈息肉(cervical polyp)

向子宫颈黏膜表面突出带有蒂的息肉状肿块,为单个或多发,质软,易出血,呈红色。

（3）子宫颈肥大(cervical hypertrophy)

子宫颈体积均匀增大,质地较硬,表面黏膜光滑,呈苍白色。

2. 子宫颈癌(carcinoma of cervix)

（1）糜烂型(debauched type)

黏膜面粗糙或细颗粒状,组织较脆,触之易出血。临床上往往通过脱落细胞学或活体组织检查,才能明确诊断。

（2）外生菜花型(exophytic type)

癌肿突出于子宫颈表面,呈息肉、乳头状或菜花状,灰白色,质脆。切面见肿物已侵入子宫颈黏膜下,常伴有出血、感染、坏死等。

（3）内生侵袭型(endophytic type)

子宫颈前后唇略肥大,呈溃疡状或结节状,癌组织灰白、质硬,表面稍隆起,尚光滑。切面可见灰白色肿物向子宫颈管内浸润性生长。

3. 子宫腺肌病(adenomyosis)

子宫均匀增大,呈球形,质硬。切面肌层隆起,肌纤维呈旋涡状,其中见下陷半透明灶伴出血。

4. 子宫内膜增生症(endometrial hyperplasia)

子宫内膜普遍性增厚。重症者可呈息肉状,剖开可见囊腔。

5. 子宫平滑肌瘤(leiomyoma of uterus)

可发生于子宫的任何部位。肿瘤可单发,也可多发,多者可达数十个,称为多发性子宫平滑肌瘤。肿瘤大小不等,多呈球形或不规则形,质较硬,与周围组织界限清楚。切面呈灰白色、编织状,可发生黏液变、囊性变及出血、坏死等继发性病变。

根据肿瘤发生部位可分为三种类型:①壁间肌瘤:肿瘤位于子宫壁内;②黏膜下肌瘤:肿瘤位于子宫黏膜下;③浆膜下肌瘤:肿瘤位于子宫浆膜下。

6. 子宫内膜癌(carcinoma of endometrium)

又称子宫体癌,可分两种类型:

（1）弥漫型(diffuse type)

子宫内膜弥漫增厚形成菜花状或息肉状新生物,呈灰白色,质脆,表面常伴有灶性出血、坏死。切面见肌层有癌组织浸润。

（2）局限型(localized type)

肿瘤多位于宫底或子宫角,呈菜花状或息肉状,多向宫腔内生长。

7. 葡萄胎(hydatidiform mole)

又称水泡状胎块,可分为两种类型:

(1)完全性葡萄胎(complete hydatidiform mole)

子宫腔扩张,腔内充满大小不等的透明囊泡,囊泡直径0.1~2 cm,壁薄,囊泡间有纤细的纤维条索相连,状似葡萄,无胚胎或胎儿。

🔔 思考:患者有何临床症状?

(2)部分性葡萄胎(partial hydatidiform mole)

子宫腔扩张,腔内可见部分大小不等的透明囊泡,形如葡萄样外观,部分为正常的胎盘组织,可见胎儿或胎膜。

8. 侵袭性葡萄胎(invasive mole)

又称恶性葡萄胎。宫腔内可有多少不等的水泡状物,可见大小不等的水泡状组织侵蚀子宫肌壁,伴出血和坏死。

9. 绒毛膜癌(choriocarcinoma)

子宫体积可不规则增大,切面可见肿瘤呈暗红色、出血坏死明显的肿块(血样)充塞宫腔,或呈结节状侵蚀子宫壁肌层。子宫浆膜也见肿瘤浸润呈暗红色,质脆软,甚似血肿结节。

🔔 思考:患者有何临床症状?

10. 卵巢浆液性囊腺瘤(serous cystadenoma of ovary)

卵巢组织全部被肿瘤组织占据,肿瘤体积大,为一个椭圆形或圆形囊性肿物,包膜完整,表面光滑。切面呈单房性,囊内含有淡黄色清亮液体(剪开已流失)。囊壁厚薄不一,有的囊壁内见多数细小的乳头状突起。

11. 卵巢浆液性囊腺癌(serous cystadenocarcinoma of ovary)

为一个囊性、多房、囊内含有混浊液体的肿物,肿瘤表面光滑或有乳头,大多数囊壁有乳头状突起。

12. 卵巢黏液性囊腺瘤(mucinous cystadenoma of ovary)

肿瘤大,为一个囊性肿物,包膜完整,表面光滑。切面见多个大小不等的囊腔,囊内充满蛋清样物或白色半透明的胶冻样黏液,内壁光滑,可有乳头或无乳头。

13. 卵巢黏液性囊腺癌(mucinous cystadenocarcinoma of ovary)

卵圆形肿瘤,表面光滑,切面呈囊性或实性,囊性部分呈蜂巢状,腔内充满灰白半透明胶冻样物(为黏液固定之后);实性区为灰白色乳头状物。常伴有出血、坏死。

14. 卵巢畸胎瘤(teratoma of ovary)

根据分化程度可分为两种:

(1)成熟性畸胎瘤(mature teratoma)

肿瘤为圆形或椭圆形囊性肿物,体积大小不等,表面光滑。切面见囊内充满皮脂及毛发,可见牙齿或骨组织。囊壁光滑附头节(由脂肪组织、牙齿和骨组织构成的凸向囊内的结节)。可见来源于两胚层或三胚层的成熟性组织。可伴有继发性肿瘤形成,常见为鳞癌、腺癌、肉瘤及恶性黑色素瘤等。

(2)未成熟性畸胎瘤(immature teratoma)

肿瘤为圆形或椭圆形。多为实性,夹杂大小不等的囊性区。实性区色灰白或灰黄,质较脆,常有出血坏死。

15. 乳腺纤维腺瘤(fibroadenoma of breast)

肿瘤为球形,呈膨胀性生长,边界清楚,有完整包膜。切面呈分叶状,灰白色,质坚实,增生结缔组织成团块状。乳头无下陷,皮肤无改变。

16. 乳腺癌(carcinoma of breast)

乳房皮肤呈橘皮样外观,乳头下陷,有的癌组织破溃形成溃疡,表面凹凸不平。切面癌组织呈灰白色,质硬,边界不清,呈明显星状或蟹足状(癌组织直接向周围浸润生长伸入周围脂肪组织)。癌组织内可见黄色点块状坏死灶,有的可见局部淋巴结转移癌。

17. 精原细胞瘤(seminoma)

睾丸体积肿大,外层白膜光滑。肿瘤呈球形或分叶状结节,表面光滑,质硬韧,与周围无粘连。切面肿块有明显界限,无包膜,呈实性,质地均匀,灰白色或淡黄色,伴有出血、坏死。

18. 阴茎癌(carcinoma of penis)

在阴茎头处有一菜花状肿物,基底部粗大,表面污秽不平,并伴有小溃疡形成。切面肿瘤组织呈灰白色,质硬而干燥,并向深部浸润性生长,与周围组织分界不清。

19. 前列腺增生症(hyperplasia of prostate)

前列腺体积增大,重量增加,包膜紧张,呈结节状。切面结节与周围正常的前列腺组织分界明显,结节内可见筛孔样小腔隙形成。

🔔 思考:前列腺增生症患者有何临床表现?

20. 前列腺癌(carcinoma of prostate)

前列腺不规则增大,表面光滑,呈结节状,质韧。切面结节分界清楚,呈蜂窝或海绵状,新鲜标本挤压时有乳白色液体溢出。有些结节呈苍白色,均质,蜂窝状结节不明显。

二、组织切片

1. 子宫颈鳞状细胞癌(squamous cell carcinoma of cervix)

低倍镜观察:癌组织突破基底膜向深部浸润性生长,成巢状,部分癌巢中心可见角化珠。

3.10 组织切片图

高倍镜观察:癌细胞异型性明显,为多边形,细胞大小不一,排列不规则,核浆比例失调,核大深染,核分裂象易见(图 3-10-1)。隐约可见肿瘤细胞有间桥相连。癌巢之间的间质中有炎细胞浸润。

2. 葡萄胎(hydatidiform mole)

低倍镜观察:胎盘绒毛肿大,绒毛间质明显水肿,并形成水泡(图 3-10-2)。

高倍镜观察:绒毛间质高度水肿,间质内血管减少或消失。绒毛表面细胞滋养层细胞和合体滋养层细胞增生活跃,有的形成团块(图 3-10-3)。合体滋养层细胞胞质红染,核大深染不规则,细胞边界不清。细胞滋养层细胞质淡染,核圆形或椭圆形,细胞呈镶嵌状排列,可见核分裂象。若细胞滋养层细胞成片增生活跃,需警惕有恶性变。

3. 绒毛膜癌(choriocarcinoma)

低倍镜观察:肌层中见大量成片的癌细胞(图 3-10-4)。癌细胞团块或条索间无血管和间质,亦无绒毛结构。有明显出血和坏死。

高倍镜观察:癌组织由异型的细胞滋养层细胞和合体滋养层细胞混合排列成团块或条索状(图 3-10-5)。一种异型的细胞滋养层细胞,即胞界较清,胞质丰富而淡染,核大而圆,空泡状,核膜增厚,核仁明显,巨核,怪形和核分裂等易见。另一种异型的合体滋养层细胞,即体积大,细胞融合成片,形态不规则,胞质丰富,红染或嗜双色,核长椭圆形,染色质均一深染,核仁不明显。这两种细胞常混合排列成团块状或条索状。

4. 乳腺纤维腺瘤(fibroadenoma of breast)

镜下观察:瘤组织由增生的腺管和纤维结缔组织构成(图3-10-6)。

①管内型:增生的腺体被大量的增生纤维挤压,腺管变形成为弯曲、狭窄有分支的裂隙(图3-10-7)。

②管周型:以腺体增生为主,增生的纤维围绕在腺管周围。

③混合型:表现为由前两者混合而成。

三、示教片

1. 子宫颈糜烂(cervical erosion)

子宫颈口部上皮炎症脱落,鳞状上皮增生(图3-10-8)。

2. 子宫颈上皮内瘤变Ⅲ级(cervical intraepithelia neoplasia Ⅲ,CIN Ⅲ)

镜下见子宫颈增生上皮异型性明显,细胞排列紊乱,极性消失,核浆比例失常,核分裂象增多,见病理性核分裂象。但子宫颈上皮基底膜完整,间质无浸润(图2-8-9)。

3. 子宫内膜增生症(endometrial hyperplasia)

镜下见腺体明显增生,大小不一,有的扩张呈囊状,内膜间质细胞明显增生,排列紧密(图3-10-9)。

4. 子宫平滑肌瘤(leiomyoma of uterus)

增生平滑肌细胞呈束状交错排列,呈编织状。细胞核圆形或梭形,胞质丰富、淡染。未见核分裂象。

5. 子宫平滑肌肉瘤(leiomyosarcoma of uterus)

肿瘤细胞增生呈束状交错排列,极性丧失。细胞梭形,胞质淡染。核圆形或椭圆形,染色质粗,可见核分裂象。

6. 子宫内膜癌(carcinoma of endometrium)

又称子宫体癌。镜下见腺癌结构,腺体密集、紊乱,呈背靠背或共壁现象。

7. 侵袭性葡萄胎(invasive mole)

子宫壁肌层内有水泡状绒毛结构浸润。

8. 卵巢黏液性囊腺瘤(mucinous cystadenoma of ovary)

镜下见上皮为单层高柱状黏液上皮,间质为纤维结缔组织,无核分裂象。

9. 乳腺囊性腺病(adenosis of cyst of breast)

镜下见中、小导管或腺泡扩张成囊,囊壁上皮萎缩或增生,部分上皮呈乳头状增生突入囊内。

10. 乳腺癌(carcinoma of breast)

(1)原位癌

①导管原位癌(ductal carcinoma in situ,DCIS)

一种局限于乳腺导管小叶系统内的恶性非浸润性上皮肿瘤,镜下见癌细胞位于扩张的导管内,导管上皮异型增生,中央为粉刺样坏死,导管基底膜完整。(图3-10-10)

②小叶原位癌(lobular carcinoma in situ,LCIS)

癌组织限于小叶内的腺泡(图3-10-11)或终末导管内。

(2)浸润性癌

①浸润性乳腺癌,非特殊类型

A.浸润性导管癌(invasive ductal carcinoma,not otherwise specified,IDC,NOS):缺乏组织学特征,肿瘤细胞可排列成腺样和非腺样(条索状、簇状、小梁状、实性片状),可有明显坏死,肿瘤细胞形态各异,核异质性也十分显著,肿瘤的间质多种多样。(图3-10-12)

B.伴髓样特征的浸润性乳腺癌(invasive breast carcinoma,no special type with medullary pattern,IBC-NST):肿瘤大体境界清,癌实质多,肿瘤细胞合体样,弥散分布,间质少,坏死多见,常有明显淋巴细胞、浆细胞浸润。

②浸润性乳腺癌,特殊类型

A.浸润性小叶癌(invasive lobular carcinoma,ILC):癌细胞线性排列,围绕导管和小叶呈环状生长方式。(图3-10-13)。

B.小管癌(tubular carcinoma):由无序排列的、形态单一的小腺体和小管组成,呈星芒状,边缘有浸润。

C.黏液腺癌(mucinous adenocarcinoma):由细胞学相对温和的肿瘤细胞团巢漂浮于细胞外黏液湖中形成的癌。

免疫组织化学 ER(雌激素受体)(图 3-10-14)、PR(孕激素受体)(图 3-10-15)、HER-2(人表皮生长因子受体2)(图 3-10-16)、CK5/6(高分子量细胞角蛋白)及 Ki-67(增殖指数)(图 3-10-17)在乳腺癌的分子分型及指导治疗用药中具有重要作用(见表3-10-1)。

表 3-10-1　乳腺癌分子亚型

免疫指标	分子亚型			
	腺腔 A 型	腺腔 B 型	HER2/neu 型	基底细胞样型
ER、PR	ER 和(或) PR+	ER 和(或)PR+	ER−、PR−	ER−、PR−
HER2	HER2−	HER2+或 HER2−	HER2+	HER2−
Ki-67	Ki-67 低度+,<14%	Ki-67+≥14%		
CK5/6				CK5/6+

11. 阴茎尖锐湿疣(condyloma acuminatum of penis)

鳞状上皮明显增生,呈乳头状。细胞层次增多,表层细胞异型性明显,有凹空细胞(图3-10-18)。

12. 阴茎癌(carcinoma of penis)

癌细胞排列成癌巢,中心见癌珠形成。癌细胞体积中等大,胞质丰富,核椭圆形,核仁明显,可见核分裂。

13. 前列腺增生症(hyperplasia of prostate)

前列腺体增多,大小不一,排列紧密。腺上皮细胞增生呈复层,并有乳头形成。

14. 前列腺癌(carcinoma of prostate)

腺腔大小、形态不一。小细胞单层、紧密排列的异型性腺体。细胞异型性明显。

【实验报告】

1. 绘图：葡萄胎和乳腺纤维腺瘤的组织切片。

2. 描述：葡萄胎、侵袭性葡萄胎、绒毛膜癌的大体标本，并分析三者之间有何关系。

3. 列表比较卵巢浆液性囊腺瘤与卵巢黏液性囊腺瘤的病理形态有何异同。

【临床病例讨论】

病案一

［病史摘要］

患者，女性，24 岁，农民，G_3P_1。

主诉：流产后阴道不规则流血 3 个月，痰中带血、头痛 1 个月，呕吐 3 天。

现病史：1 年前，患者停经 5 个月后自然流产，流出物似"烂肉一堆"，未见胎儿成分，当时未清宫，以后月经正常。3 个月前开始阴道不规则流血，时多时少。1 个月前阴道掉出鹅蛋大的腥臭"肉块"，同时有咳嗽，痰中带血，头昏、头痛。近 3 日来，头昏、头痛加重，并出现剧烈呕吐。于某院妇科门诊就诊，在检查中病人突然头痛、呕吐，昏迷，四肢小抽搐，急诊入院。

体格检查：T 37.4 ℃、P 90 次/分、R 20 次/分、BP 17.3/12.0 kPa(130/90 mmHg)。

神志不清，心、肺未见异常，肝脾触诊不清。子宫底在耻骨联合上 4 指，外阴水肿，阴道前后壁有 4 个紫红色结节，小者直径为 0.5 cm，最大者直径 5 cm，掉出阴道之外。子宫约 2 个月孕大，前位，活动，双附件(一)。

辅助检查：Hb 38 g/L，WBC 15.3×10^9/L、N 86%、L 14%。

尿妊娠试验(+)。

胸片示：双肺有结节状影(入院前 20 天)。

住院经过：入院后 1 小时呼吸骤停，抢救无效死亡。

［尸检摘要］

子宫长大如拳头，表面有黄豆大结节数个，子宫底右侧有 5 cm×5 cm×6 cm 大包块，表面有坏死，溃烂，切面呈紫红色，边界不清，已侵及肌层和浆膜，阴道前壁有 4 个大小不等的紫红色结节，子宫旁有数个蚕豆大小的结节，双附件(一)。

双肺内可扪及多个黄豆大小的硬结节，切面为深紫红色，中心有坏死。双侧胸膜脏壁层有局灶性纤维性粘连。

脑重 1230 g，左顶颞部硬膜下有血块 10 cm×6 cm×0.6 cm，左侧脑室后角有核桃大小紫红色结节，右额部也有 3.0 cm×2.5 cm 紫红色结节。有明显小脑扁桃体疝形成。

胃、十二指肠及空肠内有多条蛔虫。

病理检查：取子宫、阴道、肺及脑组织病灶做切片检查，发现在明显出血或坏死的病灶中有明显异型性的两种肿瘤细胞。一种瘤细胞呈多角形，胞质丰富、淡染，细胞界限清楚，核圆形，核膜清楚，核染色质较深染，病理性核分裂易见；另一种瘤细胞，体积较大，胞质较红染，形状不规则，核深染，多核。此两种瘤细胞互相混合在一起，呈条索状或片块状排列，没有间质和血管，亦未见绒毛结构。

［分析与讨论］

(1)死者主要患有什么疾病？为什么？

(2)死者死因是什么？

(3)请用尸检所见解释临床症状和体征。

病案二

[病史摘要]

患者,女性,66 岁,已婚。

主诉:阴道不规则流血 1 年,伴白带增多、恶臭 2 月。

现病史:一年来,患者不明原因出现阴道不规则流血,常有下腹部闷痛、腰酸、胀气,大便时有秘结。半年来发现下肢浮肿及右腹股沟淋巴结肿大,如鸽蛋大小,且日渐增大。近 2 个月来,伴有较多白带,恶臭。

既往史:素健,无肝炎、糖尿病等病史。

月经史:月经 14 岁来潮,18 岁结婚,足月顺产 6 胎。

体格检查:T 37 ℃、P 88 次/分、R 18 次/分、BP 20/10.7 kPa(150/80 mmHg)。发育良好,较消瘦,略有贫血征象。皮肤无黄染及出血点。胸部检查阴性。腹软,肝脾未触及,无移动性浊音,下腹髂窝部有明显压痛。右腹股沟淋巴结肿大,如鸡蛋大小,2～3 个融合成团,质较硬,移动性较差,无压痛。

妇科检查:外阴正常,子宫颈肥大,外口已为坚硬而不规则肿物所占据,中央区呈不规则溃疡,有触痛,阴道前壁发硬。子宫体稍大、略固定。双附件未触及。

肛门检查:触及一固定肿物约 2 cm×3 cm×3 cm,质硬。直肠黏膜光滑。

住院经过:入院后经放射治疗症状有所改善,但不久患者诉说骶骨部极度酸痛,大便秘结。患者逐渐贫血加重、少尿而死亡。

[分析与讨论]

(1)死者主要患有什么疾病?为什么?

(2)死者死因是什么?

(3)请解释上述临床症状和体征。

病案三

[病史摘要]

患者,女性,45 岁,已婚。

主诉:右下腹部发现肿物 5 年,突然变大半年。

现病史:右下腹部发现鸡蛋大肿物约 5 年,在此期间无明显增大。近半年来增大迅速。近 1 个月,右下腹部持续性隐痛。超声检查,发现子宫右侧有一直径 10 cm 的囊性肿物,遂行手术切除。

病理检查:肉眼可见一个直径为 13 cm 囊性肿物,包膜完整,一侧表面附有输卵管,伞端开放。肿物切开呈单囊性,内容物为大量皮脂及毛发,大部分囊壁菲薄光滑,一侧有 5 cm×5 cm 的增厚区,表面粗糙不平,切面灰白,质较硬。镜检:囊壁外侧尚可见残留的卵巢间质,囊壁内面大部被覆有角化的鳞状上皮,上皮下为丰富的皮脂腺及毛囊,部分囊壁内衬假复层纤毛柱状上皮,散在杯状细胞,囊壁含有纤维组织及脂肪组织。上述组织分化成熟并与囊壁增厚区相移行。增厚区内衬鳞状上皮,高度增生伴显著异型,向下呈杵状伸入,突破基底膜呈条索状或巢状浸润囊壁全层,多数细胞巢中心见角化物质,其周围细胞见细胞间桥,细胞巢周围的间质中有中等量淋巴细胞浸润。

[分析与讨论]

(1)写出诊断和诊断依据。

(2)如何进行鉴别诊断?

【复习和思考】

1. 子宫颈癌有哪些肉眼类型和组织学类型？如何做到早期诊断？有何扩散途径？

2. 试比较葡萄胎、侵袭性葡萄胎及绒毛膜癌病变的异同点。

3. 乳腺癌好发于何部位？其早期临床特点是什么？常见的组织学类型有哪些？

4. 乳房扪及一个肿物，应考虑可能是什么疾病？如何加以鉴别？

5. 卵巢浆液性囊腺瘤与卵巢黏液性囊腺瘤的病理形态有何异同？

6. 名词解释：子宫颈上皮内瘤变Ⅲ级、子宫颈糜烂、子宫颈早期浸润癌、乳腺单纯癌、子宫颈黏膜非典型增生、子宫内膜增生症、葡萄胎、水泡状胎块、侵袭性葡萄胎、绒癌、乳腺囊腺病。

【选择题】

1. 引起卵巢 Krukenberg 瘤的肿瘤为（   ）。

A.食管癌   B.乳腺癌   C.肺癌

D.子宫颈癌   E.胃癌

2. 子宫颈癌的早期浸润癌是指癌组织浸润深度不超过基底膜下（   ）。

A.1 cm   B.0.5 cm   C.0.5～0.7 cm

D.0.5～1 cm   E.1～2 cm

3. 关于完全性葡萄胎的病理变化特点，下述哪项是错误的？（   ）

A.肉眼可见大小不等的葡萄样外观   B.镜下见滋养层细胞增生

C.绒毛间质水肿扩大   D.绒毛间质内一般无血管

E.常伴有大片坏死

4. 关于子宫颈上皮内瘤变的叙述，下列哪项是错误的？（   ）

A.组织类型为鳞状细胞癌   B.阴道脱落细胞涂片检查阳性

C.局部无淋巴结转移   D.累及腺体时便成为浸润癌

E.癌细胞未突破上皮基底膜

5. 乳腺癌最常发生在乳腺的（   ）。

A.外上象限   B.外下象限   C.内上象限

D.内下象限   E.乳腺中央区

6. 患者女性，40岁，半年前曾患葡萄胎，经刮宫治疗。近1个月来，阴道出血，刮宫送病理检查，大量凝血坏死组织内可见异型性显著的合体滋养层细胞和细胞滋养层细胞。符合该患者的病理诊断是（   ）。

A.子宫内膜腺癌   B.绒毛膜癌   C.子宫平滑肌瘤

D.葡萄胎   E.子宫颈癌

7. 下列不符合良性畸胎瘤的描述是（   ）。

A.肿瘤来源于性索间质   B.囊内含毛发油脂

C.囊壁可见骨、软骨   D.囊壁可见神经组织

E.囊壁见牙齿

8. 与长期雌激素刺激有关的肿瘤是（   ）。

A.子宫颈腺癌   B.子宫颈鳞状上皮癌   C.绒毛膜癌

D.乳腺癌   E.葡萄胎

9. 关于葡萄胎的叙述，下列哪项是不正确的？（　　　）

A.肉眼见大小不等的葡萄样外观　　　　　　B.绒毛间质水肿

C.滋养层细胞不同程度增生　　　　　　　　D.完全性葡萄胎不会发展为绒癌

E.可分为完全性及部分性葡萄胎

10. 绒毛膜上皮癌最常转移到（　　　）。

A.胃　　　　　　　　　　B.淋巴结　　　　　　　　C.肝

D.肺　　　　　　　　　　E.阴道

11. 子宫颈非典型增生的好发部位是（　　　）。

A.子宫颈外口　　　　　　B.子宫颈腺体　　　　　　C.子宫颈前唇

D.宫颈鳞柱上皮交界带　　E.子宫颈后唇

12. 下列哪项不是绒癌的特点？（　　　）

A.癌组织内不含血管　　　B.常伴有大片出血坏死　　C.形成绒毛结构

D.常侵犯子宫肌层　　　　E.滋养层细胞高度增生

知识拓展

　　1921 年夏，林巧稚报考北京协和医学院。考试时，一个女考生突然晕倒了，林巧稚毅然放下未完成的试卷去照顾病人。主考官被她舍己为人的精神以及卷面的才华所感动，录取她入学。1929 年，林巧稚以优异的成绩毕业，留在北京协和医院当妇产科医生。她献身医学事业，有着丰富的临床经验，深刻敏锐的观察力，对妇产科疾病的诊断和处理有高超的本领和独到的见解。她全面深入地研究了妇产科各种疑难病，确认了癌瘤为戕害妇女健康的主要疾病，坚持数十年如一日地跟踪追查，积累了丰厚的供后人借鉴的资料。林巧稚不仅医术高明，她的医德、医风、奉献精神更是有口皆碑。不管是什么身份的患者，只要有人向她求诊，她都有求必应。她有一个特殊的出诊包，包里总带着现钱，对贫病交困的病人，不收分文药费，还予以资助。她把每个病人都当作自己的亲人，把每一个孩子都当作自己的儿女，为他们焦虑，为他们着想。有一位病人怀孕三个月，发现子宫颈有病变，病理诊断是子宫颈癌。按一般处理办法，不仅孩子不能保住，还要立即切除子宫。这对病人和她的家庭是多么巨大的不幸！病人转到林大夫那里，她为病人想得很远、想得很深，决意在严密观察下将这次妊娠继续下去。经过六个月的悉心诊治，孕妇平安，胎儿成熟，林大夫为病人做了剖宫产手术。"大人好，孩子好，一切都好。"这才是治病救人啊！"医生不能只为治病而治病，我们要为人民的健康和幸福而工作。"这就是林大夫的心。林大夫虽然过世了，却给后人留下了宝贵的精神财富。

资料来源：生命的使者(首都医院妇产科)[EB/OL].[2024-03-15].http://www.mifang.org/du/zb/p36.htm.

（孟加榕、陈淑敏）

3.10 答案

3.11　内分泌系统

【目的要求】

掌握脑垂体、甲状腺和肾上腺光镜下的结构特点。

【实验内容】

组织切片	示教片
1. 甲状腺 2. 肾上腺 3. 垂体	1. 甲状腺滤泡旁细胞 2. 垂体远侧部细胞和神经垂体

一、组织切片

3.11 组织切片图

1. 甲状腺(thyroid gland)

材料:动物甲状腺切片

染色:HE 染色

肉眼观察:标本为紫红色团块状结构。

低倍镜观察(图 3-11-1):

可见标本表面包着结缔组织被膜。腺实质内有大小不等的滤泡切面,滤泡腔内充满粉红色均匀一致的胶质。滤泡间有少量结缔组织和丰富的毛细血管。

高倍镜观察(图 3-11-2):

①滤泡:滤泡大小不等,滤泡壁一般由单层立方上皮围成,但因生理状态不同,也可由单层扁平上皮或单层低柱状上皮围成。滤泡腔内充满粉红色的胶状物。

②滤泡旁细胞:位于滤泡上皮细胞之间或滤泡旁的结缔组织中,细胞体积较大,胞质染色浅,核圆形,可单个或成群分布。

2. 肾上腺(adrenal gland)

材料:动物肾上腺切片

染色:HE 染色

肉眼观察:标本外周染成红色的为被膜,被膜深面染色较深的部分为皮质,中间着色浅的部分为髓质。

低倍镜观察:

①被膜:表面覆盖一薄层结缔组织的被膜。

②皮质:在被膜下方由于细胞排列方式不同,由外向内可分为球状带、束状带、网状带(图 3-11-3)。

A.球状带:位于被膜之下的浅层,此带较薄,只有 1～2 层,细胞聚集成团状。

B.束状带:位于皮质的中部,此带较厚,在球状带的深面。细胞的排列与被膜垂直,呈索状紧密排列。

C.网状带:位于皮质的深部,在束状带的深面。细胞排列成索并相互连接成网状。细胞索之间有丰富的毛细血管。此带与髓质相接。

③髓质:位于肾上腺的中央部,染成紫蓝色,主要由髓质细胞组成,呈团索状分布。细胞团索之间有窦状毛细血管。髓质内可见中央静脉和交感神经节细胞。

高倍镜观察:

①皮质:

A.球状带:细胞较小,多为短柱状或多边形,排列成球状或团状。细胞核圆,染色深。

B.束状带:此带是皮质中最厚的一层。细胞体积较大,染色较浅,为多边形,排列呈条索状。核圆,染色较淡。细胞索之间可见血窦。

C.网状带:细胞染色较深,体积较小,呈圆形或多边形,细胞排列成索并交织成网,网间可见丰富的血窦。核圆,染色深。

②髓质:主要含嗜铬细胞,胞体较大呈多边形,胞质染成淡紫色,核圆。细胞排列成团索状交织成网,网眼内有血窦。髓质中可见腔大壁薄的中央静脉和少量散在分布的交感神经节细胞。交感神经节细胞体积较大,胞质染紫红色(含尼氏体较少),核圆形,染色浅,核仁明显。(图 3-11-4)

3. 垂体(hypophysis)

材料:动物脑垂体切片

染色:HE 染色

肉眼观察:标本着色较深的部分是脑垂体的远侧部,着色浅的部分是神经部。

低倍镜观察:

①远侧部:细胞聚集成团或排列成索状,其间可见丰富的血窦和少量结缔组织。

②中间部:范围较窄,可见几个细胞围成大小不等的滤泡,泡腔中充满胶状物,染成红色。

③神经部:染色最浅,细胞成分少,主要含有无髓神经纤维、神经胶质细胞和血窦。

高倍镜观察:

①远侧部:重点观察和辨认远侧部的三种细胞(图 3-11-5)。

A.嗜酸性细胞:胞体较大,呈圆形,细胞轮廓清晰。核圆,位于细胞中央。胞质内含有嗜酸颗粒,染成红色。

B.嗜碱性细胞:胞体稍大,细胞轮廓较清楚。核圆,着色浅。胞质内含有嗜碱性颗粒,染成紫蓝色。

C.嫌色细胞:细胞数量最多,胞体较小,细胞轮廓不清。胞质着色较浅,细胞核明显。

②神经部:高倍镜下可见许多被横切的神经纤维、散在的神经胶质细胞、散在的赫令体和窦状毛细血管。神经胶质细胞又称垂体细胞,细胞体积小,有突起,轮廓不清,仅见细胞核。赫令体呈均质团块状,染成红色,大小不一(图 3-11-6)。

二、示教片

1. 甲状腺滤泡旁细胞

材料:动物甲状腺切片

染色:HE 染色

高倍镜观察:内容参见甲状腺(图 3-11-2)部分。

2. 垂体远侧部细胞和神经垂体

材料:动物脑垂体切片

染色：HE 染色

高倍镜观察：内容参见垂体(图 3-11-5、图 3-11-6)部分。

【实验报告】

绘图：甲状腺。

(要求：在高倍镜下选择一处结构典型的甲状腺滤泡和滤泡旁细胞绘图。注明：甲状腺滤泡上皮、滤泡旁细胞、毛细血管。)

【复习和思考】

1. 简述甲状腺滤泡和滤泡旁细胞的光镜结构。

2. 简述肾上腺皮质分为几个部分，其结构特点及其分泌何种激素。

3. 简述垂体的分部。远侧部有哪些细胞类型，分别产生何种激素。

4. 简述神经垂体的结构特点和功能。

【选择题】

1. 甲状腺的结构和功能不包括(　　　)。

A.甲状腺滤泡由滤泡上皮细胞围成　　　　B.滤泡上皮呈单层扁平上皮

C.滤泡腔内充满透明的胶质　　　　　　　D.滤泡上皮的形态与机能状态相关

E.合成甲状腺激素

2. 关于肾上腺皮质描述错误的是(　　　)。

A.网状带是皮质中最厚的带

B.球状带位于最表层

C.束状带细胞分泌糖皮质激素

D.网状带细胞分泌雄激素和少量的糖皮质激素、雌激素

E.球状带细胞分泌盐皮质激素

3. 呆小症的病因是(　　　)。

A.儿童期生长激素分泌不足　　　　　　　B.儿童期甲状腺激素分泌不足

C.成人期生长激素分泌不足　　　　　　　D.成人期甲状腺激素分泌不足

E.以上都对

4. 产生肾上腺素的细胞是(　　　)。

A.嗜酸性细胞　　　　　　B.嗜铬细胞　　　　　　　　C.主细胞

D.红细胞　　　　　　　　E.嫌色细胞

5. 神经垂体的功能是(　　　)。

A.合成激素　　　　　　　　　　　　　　B.调节脑垂体的活动

C.贮存和释放下丘脑激素的场所　　　　　D.受下丘脑弓状核分泌物的调节

E.分泌黑素细胞刺激素

6. 垂体的赫令体是(　　　)。

A.垂体细胞的分泌物　　　　　　　　　　B.视上核和室旁核的分泌物

C.下丘脑弓状核的分泌物　　　　　　　　D.垂体中间部的分泌物

E.垂体结节部的分泌物

7. 肾上腺皮质由浅入深依次为（　　　）。

A.球状带、网状带、束状带　　　B.球状带、束状带、网状带

C.束状带、网状带、球状带　　　D.束状带、球状带、网状带

E.网状带、球状带、束状带

8. 腺垂体远侧部嗜碱性细胞合成和分泌的激素不包括（　　　）。

A.黄体生成素　　　　　　B.促肾上腺皮质激素　　　　　　C.卵泡刺激素

D.促甲状腺激素　　　　　E.催产素

知识拓展

　　1955年，当弗雷德里克·桑格（Frederick Sanger）第一次阐明胰岛素化学结构的时候，英国《自然》杂志甚至预言："合成胰岛素将是遥远的事情。"1958年，弗雷德里克·桑格因确定胰岛素的一级结构（氨基酸序列）获得诺贝尔化学奖。同年，中国科学院上海生物化学研究所提出人工合成胰岛素的设想，该项目在1959年被列入国家重大科研计划，代号"601"（意为"六十年代第一大任务"）。由钮经义牵头，中国科学院上海生物化学研究所（生化所）、中国科学院上海有机化学研究所（有机所）和北京大学生物系三个单位联合组成协作组，成员包括龚岳亭、邹承鲁、杜百花、季爱雪、邢其毅、汪猷、徐杰诚等人。协作组确定了全合成胰岛素的研究策略：先分别合成A链和B链，再组合成全分子。1963年，项目重新启动：生化所负责合成B链，有机所与北京大学合作合成A链。1965年9月17日，经过严格检测，中国团队首次在世界上人工全合成了与天然牛胰岛素分子化学结构相同并具有完整生物活性的蛋白质，其生物活性达到天然胰岛素的80%。这一成就标志着人类在探索生命奥秘的征途中迈出关键一步，开辟了人工合成蛋白质的时代，被誉为中国"前沿研究的典范"，并被视为当年最接近诺贝尔奖的重大突破。作为医学生，应从这一科学里程碑中汲取精神力量：树立团结协作意识，发挥专业优势，攻克临床危重症诊疗与科研难题，同时坚守国家荣誉感与集体使命感。

　　资料来源：李欣诺.两次荣获诺贝尔奖的科学巨匠：弗雷德里克·桑格[J].现代班组,2020(1):53;攀登科学高峰探索生命奥秘：人工合成牛胰岛素[J].北京大学学报（自然科学版）,2022,58(6):1153-1156;熊卫民.人工全合成结晶牛胰岛素的历程[J].生命科学,2015,27(6):692-708.

（黄建斌、简晓敏）

3.11答案

3.12　内分泌系统疾病

【目的要求】

(1)了解甲状腺炎的病变特点。

(2)熟悉弥漫性非毒性甲状腺肿的分期及各期主要的病变特点和临床病理联系。

(3)熟悉弥漫性毒性甲状腺肿的病变特点及临床病理联系。

(4)了解甲状腺腺瘤及甲状腺腺癌的形态特点和组织学分类。

(5)了解肾上腺肿瘤的病变特点。

【实验内容】

大体标本	组织切片	示教片
1. 结节性甲状腺肿 2. 弥漫性毒性甲状腺肿 3. 甲状腺腺瘤 4. 甲状腺乳头状癌 5. 亚急性甲状腺炎 6. 肾上腺皮质腺瘤 7. 肾上腺嗜铬细胞瘤 8. 肾上腺癌	弥漫性毒性甲状腺肿	1. 弥漫性非毒性甲状腺肿 2. 甲状腺腺瘤 3. 甲状腺乳头状癌 4. 甲状腺滤泡癌 5. 甲状腺髓样癌 6. 肾上腺皮质腺瘤 7. 垂体腺瘤

3.12.1　大体标本

1. 结节性甲状腺肿(nodular goiter)

3.12 大体标本图

甲状腺肿大,表面有不规则结节状突起,结节周围无包膜或包膜不完整,切面可见出血、坏死、囊性变、钙化等继发性改变。

2. 弥漫性毒性甲状腺肿(diffuse toxic goiter)

甲状腺体积弥漫性增大,表面光滑,质实而软,仍保持甲状腺原有形状。切面结构致密,略呈分叶状,结构致密似牛肉,类似胰腺或肌肉,质坚实,色灰红,胶质少。

3. 甲状腺腺瘤(thyroid adenoma)

肿物呈球状,包膜完整,边界清楚,光滑。肿物切面呈灰白色,实性,质地均匀。肿物有明显包膜,与周围甲状腺组织分界清楚,无粘连,无压痛,可随吞咽上下移动。瘤旁甲状腺受压有萎缩改变。

4. 甲状腺乳头状癌(papillary carcinoma of thyroid gland)

正常甲状腺组织内见灰白色的肿瘤,无包膜或包膜不完整,与周围境界不清,呈浸润性生长。切面瘤组织呈灰白或灰棕色,部分呈细绒毛状的乳头,质软。可继发出血、坏死、钙化等。

5. 亚急性甲状腺炎（subacute thyroiditis）

甲状腺不规则肿大，质硬，边界不清，与周围组织粘连。切面呈灰白色，可见坏死及纤维化。

6. 肾上腺皮质腺瘤（adrenal adenoma）

肾上腺皮质体积增大，可见一个肿物圆形，包膜完整，黄色质软。

7. 肾上腺嗜铬细胞瘤（adrenal pheochromocytoma）

肾上腺髓质肿瘤，体积较大，呈褐色。

8. 肾上腺癌（adrenal carcinoma）

肾脏上极可见一肿瘤，境界清楚。切面呈灰白色，有出血坏死。

3.12.2 组织切片

3.12组织切片图

弥漫性毒性甲状腺肿（diffuse toxic goiter）

低倍镜观察：甲状腺滤泡呈弥漫性增生，滤泡大小不等（图 3-12-1）。

高倍镜观察：滤泡上皮呈立方状或高柱状，胞核大小一致，部分滤泡上皮细胞向滤泡腔内呈乳头状突起。腔较小，腔内胶质稀薄，靠上皮边缘有成排的吸收小空泡（图 3-12-2）。间质中血管丰富，显著充血，有大量淋巴细胞浸润并有淋巴滤泡形成。

🔔思考：弥漫性毒性甲状腺肿临床上有何表现？

3.12.3 示教片

1. 弥漫性非毒性甲状腺肿（diffuse nontoxic goiter）

镜下见甲状腺滤泡增生肥大，滤泡大小差异显著。大部分滤泡显著扩大，腔内充满胶质，使上皮细胞受压呈扁平状（图 3-12-3）。

2. 甲状腺腺瘤（thyroid adenoma）

镜下见瘤组织与正常甲状腺之间有包膜分隔，瘤内组织与包膜外的甲状腺组织结构截然不同，且境界分明，周围正常甲状腺组织有压迫现象。瘤组织由多数小滤泡构成，滤泡圆形，由单层立方上皮围绕而成，无明显异型性。无或仅有少量淡红色胶质。间质水肿，黏液变性。（图 3-12-4）

3. 甲状腺乳头状癌（papillary carcinoma of thyroid gland）

切片大部分为瘤组织，一侧可见正常的甲状腺组织，两者之间有不完整的纤维包膜存在。癌细胞呈矮柱状或立方形，核染色质少，呈透明或毛玻璃样，无核仁，偶见核分裂象。癌细胞围绕纤维血管中心轴呈乳头状排列，乳头分支较复杂，有三级以上分支。间质中常见同心圆状的钙化小体（砂粒体）。包膜及血管有癌细胞浸润。（图 3-12-5）

4. 甲状腺滤泡癌（follicular adenocarcinoma of thyroid gland）

肿瘤细胞增生呈滤泡样结构，有的呈实性细胞巢。很少有明显滤泡形成。细胞圆形较一致，核染色质丰富。分化好时貌似腺瘤。

5. 甲状腺髓样癌（medullary carcinoma of thyroid gland）

肿瘤细胞丰富，无腺泡结构。细胞大、圆形、卵圆形。核大，染色质丰富，核仁不明显。间质纤维组织稀少,可见均匀淡粉淀粉样物质(刚果红染色)。

6. 肾上腺皮质腺瘤(adrenal adenoma)

肾上腺被膜增厚,瘤细胞呈腺样结构。细胞体积较小,胞质宽,透明,核小。(图 3-12-6)

7. 垂体腺瘤(adenoma of hypophysis)

切片显示瘤组织,瘤细胞为圆形或多角形,细胞核卵圆形、偏位,染色较深。细胞质多,内有嗜酸性颗粒呈红色。瘤细胞呈弥漫性排列,腺体结构不明显,有的呈乳头状排列,偶尔可见多核巨细胞。

【实验报告】

1. 绘图:毒性甲状腺肿的组织切片。

2. 描述:非毒性甲状腺肿、毒性甲状腺肿、甲状腺腺瘤和甲状腺癌的大体标本,并分析它们之间有何关系。

3. 列表比较非毒性甲状腺肿与毒性甲状腺肿的区别。

4. 列表比较甲状腺腺瘤与甲状腺癌的区别。

【临床病例讨论】

病案

[病史摘要]

患者,女,28 岁。

主诉:心悸、多汗怕热、食欲增加、消瘦、双眼球前突半年。

体格检查:T 37.2 ℃、P 102 次/分、R 20 次/分、BP 16/10.67 kPa(120/80 mmHg)。双眼球前突,手掌心潮湿,有明显的手震颤。双侧甲状腺弥漫性对称性肿大,可闻及血管杂音。心尖区第一心音亢进,可闻及Ⅱ级收缩期杂音,间或闻及早搏。胸片未见异常。腹平软,肝脾未触及。

辅助检查:FT_3 35 pmol/L,FT_4 16 pmol/L;TRH 兴奋实验无反应。

[分析与讨论]

(1)该病人患何种疾病? 诊断依据是什么?

(2)主要脏器可能有何病变?

(3)解释临床症状产生的机制。

【复习和思考】

1. 非毒性甲状腺肿与毒性甲状腺肿在病因、大体病变、镜下特点、临床表现等方面有何不同?

2. 甲状腺腺瘤与甲状腺癌在病理形态上有何区别?

3. 甲状腺乳头状癌的病理与临床有何特点?

4. 名词解释:非毒性甲状腺肿、甲亢、糖尿病、糖尿病性昏迷。

【选择题】

1. 关于结节性甲状腺肿的叙述,下列哪项是错误的?( )

A.结节常为多个,大小不等   B.结节边界清楚,有完整包膜

C.结节内常有出血、坏死、纤维增生等改变   D.部分滤泡上皮柱状或乳头状增生

E.病变后期滤泡上皮增生与复旧不一致,分布不均

2. 有关弥漫性毒性甲状腺肿的镜下改变,错误的是( )。

A.滤泡上皮多呈高柱状   B.上皮增生向腔内凸出形成乳头

C.胶质出现吸收空泡   D.间质无淋巴细胞浸润

E.间质血管丰富

3. 间质常有淀粉样物质沉着的甲状腺癌是( )。

A.乳头状癌   B.滤泡性癌   C.髓样癌

D.未分化癌   E.嗜酸细胞癌

4. 诊断甲状腺恶性肿瘤为乳头状癌最重要的依据是( )。

A.癌细胞核明显异性   B.癌细胞有大量核分裂象

C.癌细胞核明显深染   D.癌细胞核有粗大核仁

E.肿瘤呈乳头分支,癌细胞核呈毛玻璃状

知识拓展

    我国是外环境严重缺碘的国家,历史上碘缺乏病分布范围十分广泛。地方病防治团队始终以我国人口健康领域的重大需求为导向,以消除地方病危害、提高地方病病区人民健康水平为目标,围绕影响我国地方病防治的重点问题开展系统、深入的研究工作。在碘缺乏病防治研究领域,团队连续组织多次全国碘缺乏病监测工作,为适时调整碘缺乏病防治策略提供了科学依据,使碘缺乏病保持持续消除状态。团队系统地总结了中国碘缺乏病防控经验以及对全球碘缺乏病防控的影响,受到 WHO 等国际组织高度认可,成为发展中国家学习的典范。截至 2021 年底,全国 2799 个碘缺乏病县,均达到控制或消除标准,达标率均为百分之百。我国地方病防治走过的路,既充满艰辛,又创造了一个发展中国家消除地方病危害的奇迹,走出了一条适合中国自己的地方病防治道路。

资料来源:中国实现重点地方病控制消除阶段性目标[EB/OL].(2022-09-17)[2024-07-18].https://news.qq.com/rain/a/20220917A01V7C00.

(史河秀)

3.12答案

3.13　淋巴器官

【目的要求】

(1)掌握淋巴结和脾的组织结构特点。

(2)了解胸腺和扁桃体的组织结构特点。

(3)了解毛细血管后微静脉和淋巴细胞再循环的概念。

【实验内容】

组织切片	示教片
1. 淋巴结	1. 腭扁桃体
2. 脾	2. 毛细血管后微静脉
3. 胸腺	

一、组织切片

3.13 组织切片图

1. 淋巴结(lymph node)

材料:动物淋巴结切片

染色:HE 染色

肉眼观察:标本呈椭圆形,一侧稍隆凸起。可见标本周围的粉红色线条是被膜,其下方染色为深蓝色的区域是皮质,中央染色较浅的区域是髓质。另一侧凹陷区,为淋巴结门。

低倍镜观察:

①被膜:最表面由薄层结缔组织组成,染成粉红色,包绕整个淋巴结,可见血管、脂肪组织和输入淋巴管,输入淋巴管壁薄,腔面上只有一层内皮。在淋巴结门处可见动、静脉血管和输出淋巴管。被膜结缔组织伸入实质形成小梁,它们互相连接成网,构成淋巴结实质的支架(图3-13-1)。

②皮质:位于被膜下方,由外向内可区分为浅层皮质、副皮质区和皮质淋巴窦三部分。细胞密集排列呈球形,与周围分界较为清楚的为淋巴小结,淋巴小结周围部染色较深,中央部染色较浅,为生发中心。淋巴小结之间及皮质与髓质交界处的弥散淋巴组织为副皮质区。被膜与淋巴小结之间以及小梁周围结构疏松,染色较浅的为皮质淋巴窦(图3-13-1)。

③髓质:在皮质深面,与皮质无明显界限。由髓索和髓窦组成。染色深呈索条状排列并相互连接成网状的为髓索,髓索与髓索之间染色浅的部位是髓窦(图3-13-1)。

高倍镜观察:重点观察皮质结构。

①皮质

A.淋巴小结:为主要由 B 细胞聚集而成的圆球形结构。周边以小淋巴细胞为主,排列紧密,着色深。中央以大淋巴细胞为主,着色浅,为生发中心。

B.副皮质区:在淋巴小结之间,主要由 T 细胞构成,细胞较大,着色较深。

　　毛细血管后微静脉位于此区,其内皮细胞呈立方形,常见淋巴细胞(核圆形,染深紫蓝色)穿越内皮。血液中的淋巴细胞穿出毛细血管后微静脉再回到淋巴器官或淋巴组织内,如此反复循环称为淋巴细胞再循环(lymphocyte recirculation),是机体行使免疫功能的重要环节。副皮质区内可见扁平内皮细胞的管道,为毛细血管或微静脉。它们与毛细血管后微静脉相比较,前者管壁薄管腔大;后者管壁较厚管腔小。

　　C.皮质淋巴窦:在被膜下或小梁周围观察。皮质淋巴窦壁由内皮细胞围成。窦腔内可见着色淡红的星形网状细胞以及巨噬细胞和淋巴细胞(图 3-13-2)。

　　②髓质

　　A.髓索:由索状的弥散淋巴组织构成,与副皮质区相连。髓索互相连接成网状,主要含有 B 细胞、浆细胞和巨噬细胞等。

　　B.髓窦:髓质内的淋巴窦,相互连接成网状,与皮质淋巴窦相连通。髓窦的结构与皮质淋巴窦相似,但窦腔较宽大。由于含有较多的巨噬细胞和网状细胞,所以滤过淋巴的作用较强。

　　2. 脾(spleen)

　　材料:人脾或动物脾切片

　　染色:HE 染色

　　肉眼观察:标本染色不均匀,散在的染成蓝色小点状结构,为白髓,较红的部分,为红髓。

　　低倍镜观察(图 3-13-3):

　　①被膜:在脾的最表面染成粉红色,由间皮及结缔组织构成,内含平滑肌。被膜伸入实质形成许多小梁,小梁被切成多种断面,染色红,其内含有小梁动、静脉和平滑肌。小梁互相构成网,构成脾实质的微细支架。

　　②白髓:散在红髓之间,染成紫蓝色的圆形或椭圆形结构。

　　③红髓:约占脾实质的 2/3,分布于被膜下、小梁周围和白髓之间,因含有大量红细胞故呈红色。

　　④边缘区:位于白髓和红髓交界处,其淋巴细胞较白髓稀疏,但是较红髓密集。此区为脾血窦的边缘窦。

　　高倍镜观察:

　　①白髓:由动脉周围淋巴鞘及其旁附的淋巴小结(脾小体)所组成。(图 3-13-4)

　　A.动脉周围淋巴鞘:是围绕在中央动脉周围的弥散淋巴组织,主要由密集的 T 淋巴细胞构成,可见 1～2 个中央动脉切面,位于动脉周围淋巴鞘中央或偏一侧。

　　B.淋巴小结(脾小体):位于动脉周围淋巴鞘的一侧,其结构和性质与淋巴结皮质区内的淋巴小结相同,主要由 B 细胞构成,其中央部为生发中心。

　　②红髓:由脾索和脾血窦组成。(图 3-13-5)

　　A.脾索:含血细胞较多的淋巴组织,呈索状并相互连接成网。脾索内的淋巴细胞主要是 B 淋巴细胞,此外还含有浆细胞和巨噬细胞,是脾内产生抗体的部位。

　　B.脾血窦:是脾索之间大小不等、形状不规则的腔隙;窦壁由长杆状内皮细胞构成,核圆形凸向窦腔,腔内含红细胞和各种白细胞及巨噬细胞等。由于脾血窦和脾索内均含有血细胞,所以有些腔隙较小的脾血窦和脾索分界不清。

　　③边缘区:位于白髓和红髓交界处,其淋巴细胞较白髓稀疏,但是较红髓密集。其结构以 B 细胞为主,还含有 T 细胞、巨噬细胞及血细胞等。此区是淋巴细胞从血液进入脾内淋巴组织的重要通道(图 3-13-4)。

3. 胸腺（thymus）

材料：小儿胸腺切片

染色：HE 染色

肉眼观察：标本表面为被膜，其下方染色呈大小不等的块状结构，是胸腺小叶。

低倍镜观察：

①被膜：标本表面由薄层结缔组织构成粉红色的被膜，被膜结缔组织伸入胸腺实质将其隔成许多不完全分隔的胸腺小叶。

②胸腺小叶：小叶周边染色深呈紫蓝色的为皮质，中央部染色浅的为髓质。小叶髓质深部相互连接。在小叶的髓质中可见大小不一，染成粉红色的圆形或卵圆形小体，即为胸腺小体（图 3-13-6）。

高倍镜观察：重点观察胸腺实质。

①皮质：主要由密集的淋巴细胞和少量胸腺上皮细胞组成。淋巴细胞体积较小，染色深，核圆；胸腺上皮细胞体积较大，染色浅，核大而圆，核仁明显。

②髓质：皮质中央部染色浅的区域，主要由胸腺上皮细胞和少量淋巴细胞构成。其内大小不一，染成粉红色呈同心圆环绕排列的上皮性网状结构，即为胸腺小体。胸腺小体是胸腺的特征结构（图 3-13-7）。

二、示教片

1. 腭扁桃体（palatine tonsil）

材料：腭扁桃体切片

染色：HE 染色

肉眼观察：呈紫蓝色的一面，为上皮面，表面不平整，向深部形成许多凹陷（隐窝），有的隐窝被切断而不与外界相通。深部显红色的为结缔组织形成的被膜。

低倍镜观察：

①表面：复层扁平上皮，上皮向固有膜下陷形成隐窝，窝中有脱落的上皮及游离的淋巴细胞。

②实质：在隐窝周围的结缔组织内有大量的淋巴小结及弥散的淋巴组织。

③扁桃体的深部有结缔组织被膜，并向实质内深入形成小梁。

高倍镜观察：隐窝内的复层扁平上皮内，常见某些局部有大量的淋巴细胞和一些巨噬细胞等（上皮浸润部）。

2. 毛细血管后微静脉（postcapillary venule）

材料：人淋巴结切片

染色：HE 染色

高倍镜观察：毛细血管后微静脉位于副皮质区内，其内皮细胞呈立方形，常见淋巴细胞（核圆形，染深紫蓝色）穿越内皮。血液中的淋巴细胞穿出毛细血管后微静脉再回到淋巴器官或淋巴组织内，如此反复循环称为淋巴细胞再循环，是机体行使免疫功能的重要环节。

【复习和思考】

1. 比较淋巴结和脾在组织结构和功能的异同。

2. 简述胸腺和扁桃体的结构特点。

3. 什么是淋巴细胞再循环？

【选择题】

1. 属于中枢淋巴器官的是（　　　）。

A.淋巴结　　　　　　　　　　B.胸腺　　　　　　　　　C.脾

D.脑　　　　　　　　　　　　E.扁桃体

2. 属于外周淋巴器官的是（　　　）。

A.胸腺　　　　　　　　　　　B.脑　　　　　　　　　　C.骨髓

D.脾　　　　　　　　　　　　E.脊髓

3. 属于淋巴组织的是（　　　）。

A.淋巴小结　　　　　　　　　B.致密结缔组织　　　　　C.上皮组织

D.淋巴结　　　　　　　　　　E.扁桃体

4. 关于胸腺,错误描述的是（　　　）。

A.每个胸腺小叶分为皮质和髓质两部分　　　B.皮质由上皮细胞和胸腺细胞组成

C.胸腺上皮细胞可分泌胸腺素　　　　　　　D.胸腺内的淋巴细胞主要为B细胞

E.胸腺小体是髓质内的特征性结构

5. 关于淋巴结的叙述,错误的是（　　　）。

A.淋巴结的实质分为皮质和髓质

B.皮质由浅层皮质、副皮质区和皮质淋巴窦构成

C.淋巴小结内有生发中心

D.髓质由髓索和髓质淋巴窦组成

E.淋巴结的功能是滤血、产生淋巴细胞

6. 具有滤血、造血、储血和进行免疫应答功能的是（　　　）。

A.淋巴结　　　　　　　　　　B.脾　　　　　　　　　　C.胸腺

D.扁桃体　　　　　　　　　　E.骨髓

7. 组成脾白髓的结构是（　　　）。

A.动脉周围淋巴鞘、脾小体　　B.脾小结和脾索　　　　　C.脾索和脾窦

D.脾索和动脉周围淋巴鞘　　　E.边缘区和脾索

8. 脾红髓的组成结构是（　　　）。

A.脾索和边缘区　　　　　　　B.边缘区和脾血窦　　　　C.脾血窦和脾小体

D.脾小体和脾索　　　　　　　E.以上均不对

9. 淋巴结内的T淋巴细胞主要分布在（　　　）。

A.浅层皮质　　　　　　　　　B.副皮质区　　　　　　　C.髓索

D.淋巴窦　　　　　　　　　　E.皮质与髓质交界处

10. 不属于淋巴结的功能是（　　　）。

A.滤过淋巴液　　　　　　　　B.产生T淋巴细胞　　　　C.产生B淋巴细胞

D.进行免疫应答　　　　　　　E.滤血

知识拓展

　　马尔比基(Marcello Malpighi,1628—1694),17 世纪意大利解剖学家、医生。马尔比基由于主张利用实验了解人体和动物体的解剖结构,因而触犯了学校的宗教势力被迫到比萨大学教书。过了几年他又回到波洛亚大学,任医学教授。大约在 17 世纪 40 年代,马尔比基开始从事解剖学研究及显微观察。他用放大镜观察了脾、肺、肾等组织结构,分别于 1661 年和 1666 年发表了《关于肺的解剖观察》和《论内脏结构》。他在组织学、胚胎学、动物学、植物学等领域均有建树,对组织学与胚胎学的贡献尤为卓著,被认为是近代组织学的奠基人。

　　马尔比基的敬业、探索、献身精神值得每个医学生深思、学习!

　　资料来源:牛亚华.近代组织学的奠基者马尔比基[J].内蒙古师大学报(自然科学汉文版),1993(S1):47.

（黄建斌、王燕）

3.13答案

3.14　造血和淋巴系统疾病

【目的要求】

(1)掌握恶性淋巴瘤的概念,熟悉其常见病理类型。

(2)掌握霍奇金淋巴瘤的病变特点,熟悉其组织学类型。

(3)熟悉非霍奇金淋巴瘤的病理特点。

(4)了解白血病的概念及各型白血病的主要病理形态特点。

【实验内容】

大体标本	组织切片	示教片
1. 霍奇金淋巴瘤 2. 非霍奇金淋巴瘤 3. 白血病	霍奇金淋巴瘤	1. 弥漫性大 B 细胞淋巴瘤 2. 滤泡性淋巴瘤 3. 套细胞淋巴瘤 4. 间变性大细胞淋巴瘤

一、大体标本

3.14 大体标本图

1. 霍奇金淋巴瘤(Hodgkin lymphoma)

外观见一个或数个相互融合肿大的淋巴结,呈结节或包块状,有部分包膜。切面均质、质软、细嫩、湿润,灰红或灰白色,似鱼肉状,可见散在的灰黄色坏死灶。

2. 非霍奇金淋巴瘤(non-Hodgkin lymphoma)

外观见一个或数个相互融合肿大的淋巴结,可发生在身体任何部位。切面灰白色、鱼肉状,质地较软。无痛性进行性的淋巴结肿大或局部肿块是淋巴瘤共同的临床表现。需要对淋巴结进行取材,经切片和 HE 染色后做组织病理学检查。对切片进行免疫组织化学染色及FISH 等分子病理检测进一步确定淋巴瘤亚型。可分为以下亚型:弥漫性大 B 细胞淋巴瘤,滤泡性淋巴瘤,套细胞淋巴瘤,间变性大细胞淋巴瘤,等等。

滤泡性淋巴瘤(左颌下肿物淋巴结):大小 2.8 cm×2.5 cm×1.5 cm,包膜完整,切面灰白,质中。

间变性大细胞淋巴瘤(左侧腹股沟淋巴结):大小 3.5 cm×2 cm×1.6 cm,切面灰白灰红色,质中。

3. 白血病

(1)急性白血病

急性白血病之骨(acute leukemia:bone):长骨剖面显示红色骨髓腔由于肿瘤性增生,呈现片状白色区。

急性白血病之肾(acute leukemia:kidney):白血病细胞弥漫浸润肾脏,使肾脏体积增大,颜色变浅,呈现大白肾外观。

急性粒细胞白血病之肝(acute myelocytic leukemia:liver):肝肿大,包膜增厚,质较硬。切面可见大量粟粒大小的白色结节,为白血病细胞浸润所致。

(2)慢性白血病

慢性白血病之脾(chronic leukemia:spleen):脾脏明显增大,质地较硬。切面可见大量粟粒大小的暗红色或灰白色结节,为白血病细胞浸润所致。

慢性淋巴性白血病之肝(chronic lymphocytic leukemia:liver):肝肿大,包膜增厚,质较硬。切面暗红色,肝结构不明显,质地均匀,可见不规则梗死灶。

二、组织切片

3.14 组织切片图

霍奇金淋巴瘤(Hodgkin lymphoma)

低倍镜观察:淋巴结结构部分或全部破坏,被肿瘤细胞取代。瘤细胞成分多样化,可见多核巨细胞。

高倍镜观察:瘤细胞形态多样,可见形态各异的 R-S 细胞,有特征性的 R-S 细胞(图 3-14-1),即体积较大,椭圆形或不规则形,胞质丰富,嗜双色性或嗜酸性,核大,可见多核或双核,染色质沿核膜排列,使核膜增厚。核内有一嗜酸性大核仁,核仁边界光滑整齐,周围有一透明空晕。双核的 R-S 细胞两核等大并列,都有大而红的核仁,如影随镜,称为镜影细胞。此外可见较多淋巴细胞、嗜酸性粒细胞、中性粒细胞、浆细胞等。数目多少不等,散在分布于肿瘤细胞间。间质血管增生,轻度纤维化。

CD15 免疫组织化学染色:肿瘤细胞膜/细胞质阳性,核旁高尔基体着色。(图 3-14-2)

🔔 思考:霍奇金淋巴瘤有哪些组织学类型及临床表现?

三、示教片

1. 弥漫性大 B 细胞淋巴瘤(diffuse large B cell lymphoma)

低倍镜观察:正常淋巴结结构消失,为弥漫性淋巴样细胞所取代,细胞成分较单一。

高倍镜观察:瘤细胞体积较大(图 3-14-3),浆丰富,核较大而圆或不规则,染色深,可见核仁,有一定异型性,核分裂易见,间质少,穿插于瘤细胞之间。

EBER 原位杂交染色:肿瘤细胞核阳性(图 3-14-4)。

2. 滤泡性淋巴瘤(follicular lymphoma)

低倍镜观察:淋巴结结构破坏,肿瘤性滤泡排列紧密,界限不清,滤泡样结构(>75%),背靠背分布,套区变薄、不完整,并浸润包膜及周围脂肪组织(图 3-14-5)。

高倍镜观察:瘤细胞以中心细胞为主,可见中心母细胞(图 3-14-6)。组织学分级,可以分为 3 级。选择有代表性的滤泡,不同滤泡评估 10 个以上高倍视野(HPF),用平均值表示(显微镜 FN=18)。1 级:0~5 个中心母细胞/HPF。2 级:6~15 个中心母细胞/HPF。3 级:大于 15 个中心母细胞/HPF。3a 级:可见中心细胞;3b 级:中心母细胞呈实性片状。

BCL2 免疫组织化学染色:肿瘤细胞膜/细胞质阳性(图 3-14-7)。

荧光原位杂交(FISH)检测 BCL2/IgH 融合基因阳性,细胞核内可见 1 个红色信号、1 个绿色信号和 1 个红绿融合的黄色信号(图 3-14-8)。

3. 套细胞淋巴瘤(mantle cell lymphoma)

高倍镜观察:类似于中心细胞的小至中等大小淋巴样细胞单形性增生(图 3-14-9),可形成模糊结节状。

套细胞淋巴瘤最常用最有意义的免疫组织化学标记是 Cyclin D1。

4. 间变性大细胞淋巴瘤（anaplastic large cell lymphoma）

肿瘤细胞具有特征性形态：具有偏心性、马蹄形或肾形核，细胞体积大，胞质丰富嗜酸性，但也有小细胞型，可有多核而似 R-S 细胞，染色质多细腻，具有多个不明显核仁，也可核仁明显（图 3-14-10）。

ALK 免疫组织化学染色：肿瘤细胞质/细胞核阳性（图 3-14-11）。

CD30 免疫组织化学染色：肿瘤细胞膜/细胞质阳性（图 3-14-12）。

【实验报告】

1. 绘图：霍奇金淋巴瘤的组织切片。

2. 描述：恶性淋巴瘤的大体标本。

3. 列表比较霍奇金淋巴瘤与非霍奇金淋巴瘤的区别。

【临床病例讨论】

病案

［病史摘要］

患者，男，16 岁。

主诉：右颈部淋巴结肿大半年，伴间歇性低热两个月。

现病史：半年前患者无意中发现右颈部淋巴结肿大，但无痛性，在当地按结核病治疗未见明显效果。近两月低热不退，伴盗汗、疲乏、贫血，且颈部淋巴结逐渐增大。

体格检查：T 38.4 ℃、P 98 次/分、R 20 次/分、BP 15.4/9.8 kPa（116/74 mmHg）。贫血，消瘦。右颈部稍隆起，扪及约 8 cm×7 cm×5.5 cm 大小肿大淋巴结，边界不清，不活动，呈分叶状（或姜块状），质地硬，局部皮肤无溃破，左颈部及双锁骨上淋巴结不大。心肺检查未见异常。

辅助检查：血常规 RBC $4.06×10^{12}$/L，Hb 120 g/L，WBC $12.0×10^9$/L，N 70%，E 4%，L 26%，PLT $60×10^9$/L。

B 超检查：肝、脾及深部淋巴结不大。

病理活检：右颈部淋巴结结构大部分破坏、消失，残留少数淋巴滤泡。淋巴细胞和组织细胞明显增生，弥漫分布，其中见少量多核瘤巨细胞，椭圆形，胞质丰富，红紫色，核大，核膜厚而清楚，并见"大红晕"核仁，双核者可见两核等大对称排列。另见一些细胞呈陷窝状，散布于淋巴细胞之间，或排列成片。可见小灶性坏死，有嗜酸性粒细胞、浆细胞及中性粒细胞浸润。纤维组织增生呈条索状，将上述细胞分隔成许多大小不一的结节，部分纤维组织有玻变。

［分析与讨论］

(1)根据临床表现及病理活检结果，提出诊断意见（包括分型），并列出诊断依据。

(2)作为临床医生，当遇到颈部淋巴结肿大时，应考虑哪些疾病的可能？怎样鉴别诊断？

【复习和思考】

1. 什么叫白血病？白血病分哪几种类型？病理上各有何特点？

2. 恶性淋巴瘤的淋巴结肉眼病变与淋巴结结核怎样鉴别？

3. 简述霍奇金淋巴瘤的病变特点及组织学类型。

4. 哪些细胞对霍奇金淋巴瘤具有诊断意义？

5. 名词解释：恶性淋巴瘤、霍奇金淋巴瘤、R-S 细胞、白血病。

【选择题】

1. 经典霍奇金淋巴瘤最重要镜下改变是（　　　）。

A.爆米花细胞　　　　　　　　B. R-S 细胞　　　　　　　　C.陷窝细胞

D.干尸细胞　　　　　　　　　E.组织细胞

2. 套细胞淋巴瘤最常用最有意义的免疫组织化学标记是（　　　）。

A. CD20　　　　　　　　　　B. CD5　　　　　　　　　　C. CD23

D. Cyclin D1　　　　　　　　E. CD30

3. 滤泡性淋巴瘤组织学分级共（　　　）级。

A. 1 级　　　　　　　　　　　B. 2 级　　　　　　　　　　C. 3 级

D. 4 级　　　　　　　　　　　E. 5 级

4. 急性淋巴细胞性白血病外周血增生的细胞是（　　　）。

A.成熟的小淋巴细胞　　　　　B.中、晚幼粒细胞　　　　　C.原始和幼稚粒细胞

D.原始和幼稚淋巴细胞　　　　E.未分化的原始巨核细胞

5. 霍奇金淋巴瘤发生于淋巴结，最常见的部位是（　　　）。

A.腹股沟部　　　　　　　　　B.腋窝　　　　　　　　　　C.颈部

D.纵隔　　　　　　　　　　　E.锁骨上下

6. 有助于鉴别白血病和类白血病反应的依据是（　　　）。

A.有无明显贫血和血小板减少　　　　　B.周围血中白细胞增多的数量

C.周围血中增多白细胞的类型　　　　　D.脾脏肿大的程度

E.全身淋巴结是否肿大

7. 有大量陷窝细胞出现的霍奇金淋巴瘤的亚型是（　　　）。

A.结节硬化型　　　　　　　　B.淋巴细胞消减型　　　　　C.混合细胞型

D.淋巴细胞为主型　　　　　　E.结节性淋巴细胞为主型

8. 淋巴瘤中最常见的是（　　　）。

A.霍奇金淋巴瘤　　　　　　　B. B 细胞来源　　　　　　　C.组织细胞来源

D. T 细胞来源　　　　　　　　E. NK 细胞来源

9. 下列有关白血病的描述中，哪项是错误的？（　　　）

A.造血干细胞的恶性肿瘤　　　　　　　B.易发生出血、感染

C.外周血白细胞均增高　　　　　　　　D.常伴有贫血、肝脾淋巴结肿大

E.居儿童恶性肿瘤的第 1 位

10. 下列关于恶性淋巴瘤的描述，哪项是错误的？（　　　）

A.起源于淋巴结和淋巴组织的恶性肿瘤　　B.临床特点为无痛性进行性淋巴结肿大

C.有发热和脾肿大　　　　　　　　　　　D.是白血病的一个亚型

E.分为霍奇金淋巴瘤和非霍奇金淋巴瘤

11. 男，13 岁，锁骨上淋巴结大，1.5 cm×1.5 cm×2.0 cm，活动。活体组织检查见表面光滑，切面细腻，无出血、坏死。镜下见淋巴结结构破坏，在大量的淋巴细胞中可见较多的 R-S

样细胞及典型的镜影细胞。该例的正确诊断为(　　　)。

  A.巨大淋巴结病　　　　　　　B.血管免疫母细胞性淋巴结病

  C.非霍奇金淋巴瘤　　　　　　D.霍奇金淋巴瘤

  E.淋巴结转移性癌

  12. 女,26 岁,右颈部单一无痛性淋巴结大约 2.5～3.0 cm,活动欠佳。活体组织检查发现包膜完整,无出血及坏死。镜下见其结构已破坏,大量的束状纤维组织增生及散在一些大细胞,其胞质丰富、透明,核大,有多个核仁,并与周围形成透明的空隙。同时还可见嗜酸性粒细胞、浆细胞及少量的中性粒细胞。该病最可能的诊断为(　　　)。

  A.淋巴结转移性癌　　　　　B.淋巴结炎　　　　　　　　C.非霍奇金淋巴瘤

  D.淋巴结反应性增生　　　　E.结节硬化型霍奇金淋巴瘤

知识拓展

  霍奇金淋巴瘤的发现和命名与一位叫托马斯·霍奇金(Thomas Hodgkin)的医生有关。霍奇金于 1832 年发表了文章《关于吸收性腺体和脾脏的某些病态外观》,这是对淋巴瘤的首次描述。斯特恩伯格(Sternberg)和多萝西·里德(Dorothy Reed)分别在 1898 年和 1902 年进行了更为详尽的研究,也包括显微镜下形态的特征。为了纪念他们的贡献,霍奇金淋巴瘤的特征性双叶或多核巨细胞被称为 Reed-Sternberg 细胞(R-S 细胞),即镜影细胞。霍奇金在伦敦盖伊医院附属医学院工作期间进行了数百次尸检,对 3000 多种标本分门别类,并于 1829 年发表了具有里程碑意义的病理标本名录,使得盖伊成为伦敦乃至全英格兰的领先教学机构之一。他还进行了英格兰首次系统的病理学讲座,并出版了两卷专著。除了学术研究,霍奇金致力于帮助世界各地的贫困人民。他开展讲座,强调卫生措施以及英国工业革命初期保护童工的重要性。他照顾穷人,尤其是伦敦的犹太人,经常不收任何费用。他强调充足的氧气、洗澡和正确处理污水的重要性。霍奇金还警告世人暴饮暴食、过量饮酒、吸烟以及职业性粉尘暴露的危险性。他提倡定期运动和教育(包括学前班和男女平等教育)。霍奇金于 1866 年感染了痢疾不治辞世。但是他留给后人的学术遗产和人道主义精神,鼓舞着一代又一代人不断努力。

  资料来源: Stone M J. Thomas Hodgkin:medical immortal and uncompromising idealist[J/OL]. Baylor University Medical Center Proceedings.2005,18(4):368-375.

(邹宗楷、陈淑敏)

3.14答案

3.15　皮肤和感觉器官

【目的要求】

(1)掌握皮肤的组成、表皮和真皮的分层及组织结构。

(2)了解皮肤附属器的结构特点。

(3)掌握眼角膜的组织结构。

(4)了解螺旋器的组织结构。

【实验内容】

组织切片	示教片
1. 手指皮肤 2. 头皮 3. 眼球	角膜

一、组织切片

1. 手指皮肤(skin of the finger)

材料:人手指皮切片

染色:HE 染色

3.15 组织切片图

肉眼观察:浅部染成红色及下方紫蓝色的部分是表皮,表皮深面染成粉红色的部分是真皮及皮下组织。

低倍镜观察(图 3-15-1):皮肤主要由表皮、真皮和皮下组织组成。

①表皮由角化的复层扁平上皮构成,浅层为很厚的角质层,呈红色,角质层深面有多层细胞。

②真皮由致密结缔组织组成,浅部为乳头层,深部为网状层(网织层),可见小血管、神经、汗腺和环层小体(图 3-15-2)。

③真皮下方为皮下组织,主要由疏松结缔组织和脂肪组织构成。

高倍镜观察:

①表皮:由深层向浅层分为五层:基底层、棘层、颗粒层、透明层、角质层(图 2-1-9)。

A.基底层:紧贴于真皮,为一层矮柱状或立方细胞,胞核圆形,胞质嗜碱性强,染色深。

B.棘层:由多层细胞组成,胞体大,淡红色,呈多边形,界限清楚,核圆着色浅,核仁明显。此层可见汗腺导管穿越其中。

C.颗粒层:由 2~3 层梭形的扁平细胞构成,细胞质内含深紫色的透明角质颗粒。

D.透明层:由 2~3 层更扁平的细胞组成,呈均匀透明状,嗜酸性,染红色,细胞界限不易分辨,胞核和细胞器退化消失。

E.角质层:位于表皮的最浅层,较厚,由多层角质组成。细胞染成均质红色,细胞完全角化,无细胞核和细胞器结构。其间可见断续成螺旋状走形的空隙,为汗腺导管的断面。

②真皮:由致密结缔组织组成,分为乳头层和网状层(图 3-15-2)。

A.乳头层:着色深,纤维细密,结缔组织伸向表皮基底部形成突起,呈乳头状,称真皮乳头,与表皮相互镶嵌。乳头内可见小椭圆形的触觉小体、毛细血管和神经等。

B.网状层(网织层):在乳头层的深部。此层纤维粗大,成束交织成网,与乳头层无明显界限。此层内含较大血管、神经。深部有汗腺断面和环层小体。

③皮下组织:在真皮的深部,较疏松,内含大量脂肪细胞,可见汗腺分泌部。

汗腺:汗腺分泌部由单层柱状或立方上皮组成,胞质染浅红色,由于汗腺分泌部常盘曲成团,所以在切片上汗腺细胞常聚集成团。汗腺导管管径小,由 2～3 层立方上皮组成,细胞体积较小,染色较深。

2. 头皮(scalp)

材料:人头皮切片

染色:HE 染色

肉眼观察:浅表染色深的结构为表皮,深面染色浅的结构是真皮及皮下组织,伸出表皮的棕褐色杆状结构为毛发的毛干。

低倍镜观察:首先分出表皮、真皮及皮下组织各层。其组织结构与手指皮肤基本相似,重点观察毛发、皮脂腺和立毛肌。

①表皮:为角化的复层扁平上皮,基底层、角质层明显,颗粒层很薄,无透明层。

②真皮:较厚,内有毛根、毛囊、皮脂腺、汗腺及竖毛肌等。毛发可以分为毛干、毛根和毛囊。

③皮下组织:可见大量的脂肪组织和少量成团块的汗腺断面。

高倍镜观察(图 3-15-3 和图 3-15-4):

①毛发:由角化细胞构成,含有黑色素细胞。毛发可以分为毛干、毛根和毛囊。

A.毛干和毛根:伸出皮肤外面的部分为毛干。在皮肤内成斜行走向的长杆状结构为毛根。毛根由与毛长轴平行排列的角化细胞组成,细胞内含黑色素颗粒。毛根周围包有毛囊。

B.毛囊:由上皮组织和结缔组织组成,呈鞘状。毛囊可分为内、外两层。内层为上皮根鞘,由多层细胞组成,是表皮的延续。外层为结缔组织鞘,由真皮致密结缔组织构成。

C.毛球:毛根和毛囊下端膨大部分称为毛球,是毛赖以生长的重要结构。毛球的上皮细胞称毛母质细胞,它能不断增殖并分化为毛根和上皮根鞘的细胞,使毛生长。毛母质细胞之间有黑素细胞,将黑素颗粒输入新生的毛根内。毛球底部凹陷染色浅,内含结缔组织、毛细血管及神经,称为毛乳头。毛乳头对毛的生存和生长也十分重要。

②立毛肌(又称竖毛肌):为一束平滑肌,一端连于真皮乳头层,一端附在毛囊上,受交感神经支配,收缩时使毛竖立。

③皮脂腺:位于毛囊与表皮间钝角侧的真皮内。皮脂腺分泌部为几个实心的细胞团,底部一层细胞较小染色深,属于具有很强的增殖分化能力的干细胞。中央部细胞较大,染色浅,胞质内含许多脂滴,可逐渐解体,成为皮脂,经导管排出。皮脂腺导管开口于毛囊,其管壁为复层扁平上皮,与毛囊的上皮根鞘相连。

3. 眼球(eye ball)

材料:动物眼球切片

染色:HE 染色

肉眼观察:标本为眼球的矢状切面,确定角膜、巩膜、虹膜、睫状体、晶状体以及玻璃体的位置,并结合眼球模型,将平面结构与整体结构联系起来。

低倍镜观察:

①纤维膜(眼球壁外膜):主要成分为致密结缔组织,前方为角膜、后方为巩膜,两者交界处染色分明可辨。巩膜和角膜的移行处称角膜缘,此处有重要结构:巩膜静脉窦和小梁网。

②血管膜(眼球壁中膜):为疏松结缔组织,内含丰富的血管和色素细胞。由前向后分为虹膜、睫状体、脉络膜。

③视网膜(眼球壁内膜):由一层色素上皮和三层神经元组成。

④眼内容物:主要观察晶状体的结构特点。

高倍镜观察:

①纤维膜:纤维膜是眼球壁的外膜,纤维膜包括角膜和巩膜。

A.角膜:位于眼球壁纤维膜的前 1/6,角膜分五层:角膜上皮、前界层、角膜基质、后界层和角膜内皮。

a.角膜上皮:由未角化的复层扁平上皮组成,约为 5～6 层细胞,基底层细胞平坦,无乳头,上皮内无黑素细胞。

b.前界层:为一层均质透明的薄膜,位于上皮下,呈淡红色均质状结构,切片上不易辨认。

c.角膜基质:很厚,是构成角膜的主要成分。由大量与表面平行排列的胶原纤维板层组成,板层之间有扁平的成纤维细胞。细胞轮廓不清,仅见其染成蓝色的细胞核。此层无血管。

d.后界层:此层结构与前界层相似,为淡粉红色的均质结构,在切片上也难辨认。

e.角膜内皮:由单层扁平上皮组成。

B.巩膜:由较厚的致密结缔组织构成。

C.角膜缘:为巩膜和角膜的移行处,此处重要结构有:巩膜静脉窦——呈环形,小梁网——为巩膜静脉窦内侧的纤维性结构。

②血管膜:血管膜是眼球壁的中膜,为疏松结缔组织,内含丰富的血管和色素细胞,由前向后分为虹膜、睫状体、脉络膜。

A.虹膜:

a.前缘层:位于虹膜的前面,由一层不连续的成纤维细胞和色素细胞组成。

b.虹膜基质:为富含血管和色素细胞的疏松结缔组织。

c.虹膜上皮:位于虹膜的后表面,为视网膜盲部,由两层细胞组成。前层特化为肌上皮细胞。近瞳孔缘处是瞳孔括约肌。虹膜的外侧部分是瞳孔开大肌。后层为色素上皮,胞质充满色素。

B.睫状体:内表面的上皮为视网膜盲部,由两层细胞组成,深层为色素细胞,浅层为非色素细胞,具有分泌房水的功能。睫状体的结缔组织内含有许多平滑肌,组成睫状肌。

C.脉络膜:富含血管和色素细胞的血管膜。

③视网膜:视网膜是眼球壁的内膜,由一层色素上皮和三层神经元组成,包括色素上皮层、视细胞层、双极细胞层、节细胞层。

④晶状体:由外向内依次为晶状体囊、晶状体上皮和晶状体纤维。

二、示教片

角膜（cornea）

材料：人角膜切片

染色：HE 染色

低倍镜观察：角膜上皮为复层扁平上皮。分清角膜的五层结构，由前向后依次观察，分别为角膜上皮、前界层、角膜基质、后界层和角膜内皮。

高倍镜观察（图 3-15-5）：

①角膜上皮：由未角化的复层扁平上皮组成，约 5～6 层细胞，基底层细胞平坦，无乳头，上皮内无黑素细胞。

②前界层：为一层均质透明的薄膜，位于上皮下，呈淡红色均质状结构，切片上不易辨认。

③角膜基质：很厚，是构成角膜的主要成分。由大量与表面平行排列的胶原纤维板层组成，板层之间有扁平的成纤维细胞。细胞轮廓不清，仅见其染成蓝色的细胞核。此层无血管。

④后界层：此层结构与前界层相似，为淡粉红色的均质结构，在切片上也难辨认。

⑤角膜内皮：由单层扁平上皮组成。

【复习和思考】

1. 简述表皮和真皮的组织结构。

2. 简述皮肤的附属结构。

3. 简述角膜的组织结构。

【选择题】

1. 厚表皮由基底到表面依次为（   ）。

A.棘层、透明层、颗粒层及角质层   B.基底层、棘层、透明层、颗粒层及角质层

C.基底层、棘层、颗粒层、透明层及角质层   D.基底层、棘层、颗粒层及角质层

E.基底层、棘层、透明层及角质层

2. 属于角蛋白形成细胞的是（   ）。

A.腺细胞   B.棘细胞   C.梅克尔细胞

D.黑色素细胞   E.朗格汉斯细胞

3. 皮内注射是将药物注入（   ）。

A.表皮   B.真皮   C.毛囊

D.指甲   E.皮下组织

4. 不属于皮肤及其附属器的结构是（   ）。

A.表皮   B.真皮   C.毛囊

D.指甲   E.皮下组织

5. 毛和毛囊的生长点是（   ）。

A.毛囊   B.毛球   C.毛乳头

D.毛干   E.毛根

知识拓展

彼得·拉特克利夫(Peter J. Ratcliffe),1954 年 5 月 14 日出生于英国兰开夏郡,是英国细胞和分子生物学家、肾病学家,诺贝尔生理学或医学奖获得者。

1990 年,他在牛津大学韦瑟罗尔分子医学研究所(Weatherall Institute of Molecular Medicine)成立了缺氧生物学实验室(Hypoxia Biology Laboratory)。当时学界认为,氧感受是特殊组织细胞的特殊能力,普遍细胞缺乏氧感受器。他选择 SV40 转化的非洲绿猴肾细胞(Cos 细胞)进行实验,因该细胞不表达红细胞生成素,推测其无法探测氧气浓度。这种细胞是理想的表达克隆模型,便于目标报告基因的调控。意外的是,实验结果显示该细胞仍具有氧感受能力。起初他对这一结果感到困惑,但经过反复验证,意识到这揭示了普适性氧感应机制的存在。拉特克利夫揭示了氧气感应与信号通路中关键转录因子——低氧诱导因子(HIF)之间的联系,这一发现为氧感应机制研究奠定了基础,因此他获得了 2019 年诺贝尔生理学或医学奖。

彼得·拉特克利夫在科研中敢于质疑、勇于探索、仔细观察的精神值得我们学习!

资料来源:奇云(李道群).2019 年新晋诺奖得主彼得·拉特克利夫[J].生命世界,2020(3):34-41.

（黄建斌、简晓敏）

3.15 答案

3.16 神经系统疾病

【目的要求】

(1)掌握脑动脉粥样硬化的病变特点。

(2)掌握海绵状血管瘤、动静脉血管畸形的病变特点,熟悉脑血管畸形的常见类型。

(3)掌握脑缺血的病变特点,了解脑缺血和脑梗死的关系、脑出血的不同类型。

(4)掌握化脓性脑膜炎的病理变化,熟悉化脓性脑膜炎的临床病理联系。

(5)掌握结核性脑膜炎的病理变化,了解化脓性脑膜炎与结核性脑膜炎的鉴别要点。

(6)掌握脑膜瘤的病变特点及具体类型。

(7)掌握胶质瘤的病变特点及具体类型。

【实验内容】

大体标本	组织切片	示教片
1. 脑动脉粥样硬化	1. 脑动脉粥样硬化	1. 脑梗死
2. 海绵状血管瘤	2. 海绵状血管瘤	2. 化脓性脑膜炎
3. 脑出血	3. 脑动静脉畸形	3. 结核性脑膜炎
4. 脑缺血和脑梗死		4. 脑膜瘤
5. 脑脓肿		5. 胶质瘤
6. 化脓性脑膜炎		
7. 结核性脑膜炎		
8. 脑膜瘤		
9. 胶质瘤		

一、大体标本

1. 脑动脉粥样硬化(atherosclerosis of brain)

3.16 大体标本图

脑基底动脉、大脑中动脉和 Willis 环大小、粗细不等,管壁增厚变硬,透过外膜隐约可见管壁内散在分布的灰黄色或灰白色粥样斑块,致动脉外观呈节段性或串珠状变化。切面见动脉管壁硬化、失去弹性,呈喇叭口形哆开状态,斑块呈新月形凸向管腔内,致管腔偏心性狭窄。

🔔思考:脑动脉粥样硬化最常侵犯哪些动脉?

2. 海绵状血管瘤(cavernous hemangioma)

大脑实质内见分界清楚的肿块,呈分叶状的血管团,桑球状,剖面呈海绵状、蜂窝状。

3. 脑出血(cerebral hemorrhage)

大脑冠状切面,在一侧内囊基底节部位见出血灶,出血区域脑组织完全破坏,代之以暗红色凝血块。

4.　脑缺血和脑梗死(ischemic encephalopathy)

大脑前、中、后动脉血供区存在 C 形分布的血供边缘带,位于大脑凸面;发生缺血性脑病时,该区域受累形成 C 形出血性梗死灶;梗死灶皮质和髓质分界不清,呈蜂窝状,含液体的小腔洞样软化灶。

🔔 思考:脑梗死根据病变发展过程分为哪几个时期?

5.　脑脓肿(brain abscess)

大脑冠状切面,一侧大脑半球上,见一边界清楚的脓腔,其内充满了灰黄色的脓性物,边缘可见纤维组织包绕,周围脑组织苍白,水肿明显。

6.　化脓性脑膜炎(purulent meningitis)

脑脊膜血管扩张充血,灰黄色脓性渗出物覆盖于脑沟脑回,致沟回结构不清,边缘病变较轻区域可见脓性渗出物沿血管分布。

7.　结核性脑膜炎(tuberculous meningitis)

脑底部蛛网膜下腔内见大量白色或浅灰色的胶样渗出物,沿外侧裂扩散,散布在大脑半球的凸面。软脑膜上见灰白色或半透明的粟粒状结节。脑组织充血水肿,可见海马沟回疝和小脑扁桃体疝。脑室稍扩大,室管膜和脉络丛组织充血,附有少量渗出物。

8.　脑膜瘤(meningioma)

肿瘤位于脑组织边缘,质地实,灰白色,压迫脑组织,包膜完整,边界清楚。

9.　胶质瘤(glioma)

(1)弥漫型星形细胞瘤(diffuse astrocytoma)

大脑左侧半球肿胀,肿瘤位于白质中,呈浸润性生长;切面灰白色,质软,境界不清;内可见微小囊肿或较大的囊肿,囊内常有浅黄色蛋白性囊液。

(2)胶质母细胞瘤(glioblastoma)

大脑右侧颞部见一灰白实性肿物,呈浸润性生长,局灶见出血坏死,切面多彩状;可侵及皮层,致脑回增宽,甚至侵及软脑膜和硬膜。

二、组织切片

1.　脑动脉粥样硬化(atherosclerosis of brain)

血管内膜下见吞噬类脂质的巨噬细胞聚集;脂质崩解后出现多数胆固醇结晶(图 3-16-1),并可见纤维细胞和平滑肌细胞增生,周边淋巴细胞浸润;斑块增大,内膜破溃、出血,血栓形成和钙盐沉积。

3.16 组织切片图

2.　海绵状血管瘤(cavernous hemangioma)

低倍镜观察:由扩张的薄壁大血管组成,管腔内充满血液;

高倍镜观察:管壁为扁平的内皮细胞,管腔内有的可见机化的血栓,可伴有内皮细胞的乳头状增生。

3.　脑动静脉畸形(brain arteriovenous malformation)

薄壁无平滑肌的静脉及有中层平滑肌和弹力板的动脉密集相靠,肿物中常见脑实质组织的插入和含铁血黄素沉积(图 3-16-2)。

三、示教片

1. 脑梗死(cerebral infarction)

脑梗死软化期镜下见灰质白质界限不清,切面呈淡黄色,出现大量格子细胞,边缘处星形胶质细胞增生和胶质纤维增多,有时还能见到含铁血黄素。

2. 化脓性脑膜炎(purulent meningitis)

脑实质表面见软脑膜血管扩张、充血,蛛网膜下腔内见大量中性粒细胞、浆液及纤维素渗出和少量单核细胞、淋巴细胞浸润(图3-16-3)。

3. 结核性脑膜炎(tuberculous meningitis)

脑实质内见干酪样坏死灶,周围上皮样细胞、朗汉斯巨细胞和淋巴细胞浸润,并可见成纤维细胞增生,形成结核性上皮样肉芽肿(图3-16-4)。

4. 脑膜瘤(meningioma)

(1)WHO Ⅰ级脑膜瘤

①脑膜皮细胞型脑膜瘤(meningeal cutaneous cell type of meningioma):细胞似蛛网膜内皮细胞,细胞分化好,旋涡状排列(图3-16-5);瘤细胞的核内空化呈核内窗改变,未见核分裂及坏死灶,偶可见些单核或多核的怪异型细胞,不作为分化不良的指征。

②纤维型脑膜瘤(fibrous meningioma):富于胶原纤维的背景下,见束状、席纹状、相互交织的梭形脑膜皮细胞。

③混合型(过渡型)脑膜瘤(mixed/transitional meningioma):细胞呈分叶状、束状、致密螺旋状排列,可见显著砂粒体。

④砂粒体型脑膜瘤(sandwich type meningioma):大量砂粒体,形态为过渡型,可见融合性钙化,偶见骨化。

⑤血管瘤型脑膜炎(angiomatous meningioma):见大量小至中等的血管,薄壁或厚壁,血管腔之间的间隔为脑膜皮细胞,并可见到旋涡结构;可见细胞程度不等的异型性。

⑥微囊型脑膜瘤(microcystic meningioma):瘤细胞内或细胞间形成空泡,多个空泡的囊状间隙融合成大小不一的微囊,形成蜘蛛网状的背景。囊腔内还可见嗜酸性黏液滴。

⑦分泌型脑膜瘤(secretory meningioma):细胞为上皮型,形成管腔样腔隙(假腺样结构)。细胞内腔可见PAS染色阳性的嗜酸性物质,免疫组织化学会出现CEA或CAM 5.2阳性。

⑧富于淋巴浆细胞型脑膜瘤(lymphocyte rich meningioma):脑膜皮细胞形成小的螺旋状,背景见致密的淋巴细胞、浆细胞浸润。

⑨化生型脑膜瘤(metaplastic meningioma):脑膜皮细胞呈螺旋状分布,局灶可见化生性脂肪样改变;化生的成分还可以是软骨、骨、黏液、黄色瘤等。

(2)WHO Ⅱ级脑膜瘤

①透明细胞型脑膜瘤(clear cell meningioma):细胞圆形或多边形,胞质透明,富于糖原;血管旁或间质内可见显著石棉样胶原纤维。

②脊索样脑膜瘤(chordoid meningioma):黏液样背景,瘤细胞呈上皮样条索或细胞团,肿瘤细胞较小,胞质嗜酸性,可见少数空泡,似脊索瘤形态。

③非典型脑膜瘤(atypical meningioma):肿瘤细胞生长活跃,细胞密度较高,细胞中度或明显异型,周围胶质增生,肿瘤舌状侵犯脑实质(图3-16-6)。

(3)WHO Ⅲ级脑膜瘤

①间变性(恶性)脑膜瘤(anaplastic meningioma):镜下见瘤细胞密集,核质比率大,核深

染,核分裂多见,可见坏死及出血。

②乳头型脑膜瘤(papillary meningioma):肿瘤细胞在血管周围排列呈疏松黏附的假乳头状结构,细胞异型性大,可见核分裂。

③横纹肌样型脑膜瘤(rhabdoid meningioma):瘤组织内见成片的横纹肌样细胞,胞核偏心,核仁明显,胞质嗜酸。

5. 胶质瘤(glioma)

(1)弥漫型星形细胞瘤(diffuse astrocytoma)(WHO Ⅱ级)

肿瘤细胞不密集,但分布不均,胞质不多,细胞轻度异型,核分布在胶质纤维网上,核分裂少见,可见微囊。

(2)间变型星形细胞瘤(anaplastic astrocytoma)(WHO Ⅲ级)

分化不良的星形瘤细胞密集分布,核多形性,核分裂易见,可见多核细胞,瘤组织间血管增生,血管内皮明显增生。

(3)胶质母细胞瘤(glioblastoma)(WHO Ⅳ级)

细胞增生密集,核分裂多见,可见坏死灶,坏死灶周围瘤细胞栅栏状排列(图 3-16-7);间质血管丛高度增生形成球状的肾小球样小体。

(4)少突胶质细胞瘤(oligodendroglioma)(WHO Ⅱ级)

肿瘤细胞核圆形,大小一致,核周有空晕,呈煎鸡蛋样形态(图 3-16-8);背景见薄壁分支的毛细血管,未见核分裂,没有坏死。

(5)间变型少突胶质细胞瘤(anaplastic oligodendroglioma)(WHO Ⅲ级)

肿瘤细胞与少突胶质细胞瘤相似,但细胞密度增加,核异型性较大,核分裂象易见,可见微血管增殖,也可见坏死。

(6)室管膜下巨细胞星形细胞瘤(subependymal giant cell astrocytoma)(WHO Ⅰ级)

有胶质纤维突起的多角形或不规则形状的大瘤细胞围绕小血管排列,核内细颗粒状染色体,可见核仁,且可见多核巨细胞,瘤细胞间有纤维基质,常有钙化。

(7)毛细胞型星形细胞瘤(pilocytic astrocytoma)(WHO Ⅰ级)

丰富的胶质细胞,黏液变性结构疏松;血管成分较多,可见血管球样增生,散在 Rosenthal 纤维,并可见些嗜酸性蛋白小体(图 3-16-9)。

(8)多形性黄色瘤型星形细胞瘤(pleomorphic xanthoastrocytoma)(WHO Ⅱ级)

镜下见肿瘤细胞多形性,多数为梭形细胞,并见单核和多核细胞,其间散在多少不一的含脂质泡沫细胞,核分裂少见,血管周围见淋巴细胞浸润,并可见嗜酸性蛋白小体。

【实验报告】

1. 绘图:脑梗死的组织切片。

2. 描述:化脓性脑膜炎、结核性脑膜炎、脑脓肿的大体标本及病理改变。

3. 列表比较不同类型脑膜瘤的病理形态。

【临床病例讨论】

病案

[病史摘要]

患者,男,40 岁。头痛、头晕、行为异常 2 个月,为明确诊断及治疗,遂就诊。

体格检查：T 36.7 ℃、P 80 次/分、R 24 次/分，神志清楚，双侧瞳孔等大等圆，双肺呼吸音清，未闻及干湿性啰音。心律齐，未闻及杂音。腹软，无压痛、反跳痛，肝脾肋下未触及。步行入院。神经刺激征正常。

辅助检查：颅脑 MR 提示左侧额叶肿块并出血，囊实性混杂密度，大小约 5 cm×4.8 cm。

［分析与讨论］

(1)根据提供的信息，谈谈该病的可能诊断。

(2)本病手术后送病理检查，镜下见细胞呈浸润性生长，细胞中度异型性，未见明确坏死，可见较多核分裂象，那么最可能的诊断是什么？

(3)试述脑胶质瘤的类型及分级。

【复习和思考】

1. 简述胶质母细胞瘤的具体病理改变及分子病理基础。

2. 简述脑膜瘤的组织学类型。

3. 急性化脓性脑膜炎有哪些临床症状？并就其中一种症状详细表述临床病理联系。

4. 脑动脉粥样硬化的病理改变有哪些？

5. 试述脑梗死的病变发展过程。

6. 名词解释：脑疝、胶质结节、粥瘤、脑脓肿、脑梗死、脑软化、噬神经细胞现象、卫星现象。

【选择题】

1. 高血压病脑出血好发的部位是（　　）。

A.枕叶　　　　　　　　B.基底节　　　　　　　　C.脑桥

D.小脑　　　　　　　　E.顶叶

2. 下列哪种动脉瘤最易破裂引起蛛网膜下腔出血？（　　）

A.囊状动脉瘤　　　　　B.梭形动脉瘤　　　　　　C.炎性动脉瘤

D.夹层动脉瘤　　　　　E.外伤性动脉瘤

3. 关于弥漫型星形细胞瘤的叙述错误的是（　　）。

A.成人好发于额叶白质　　　　　　B.病灶呈占位性生长

C.分化好的肿瘤与周围组织境界分明　　D.可有小囊肿形成

E.瘤组织为白色、灰白色，可呈胶冻样

4. 高血压脑出血最易发生病变的动脉是（　　）。

A.基底动脉　　　　　　B.豆纹动脉内侧动脉　　　C.大脑中动脉

D.豆纹动脉外侧动脉　　E.Willis 动脉

5. 下列哪种病变不是缺血性脑病的病变？（　　）

A.三支大脑动脉血供边缘带的脑梗死　　B.海马区梗死及硬化

C.基底节梗死　　　　　　　　　　　　D.大脑皮质层状坏死

E.全大脑梗死，形成呼吸器脑

6. 下列哪项叙述不是脑膜瘤的特点？（　　）

A.生长慢，有包膜，易手术完全切除　　B.良性，不发生恶变

C.可出现同心圆状钙化小体(砂粒体)　　D.膨胀性生长，压迫脑组织

E.肿瘤细胞形态多样，常作同心圆状或旋涡状排列或梭形细胞束状交织排列

7. 缺血性脑病首发的临床症状是（　　）。

A.偏瘫　　　　　　　　　　　　B.失语　　　　　　　　　　　　C.谵妄

D.上肢肩带肌的软弱和感觉障碍　　　　　　E.植物状态

8. 引起脑梗死最常见的原因是（　　）。

A.脑血管畸形　　　　　　　　　　　　B.脑动脉栓塞

C.脑动脉粥样硬化伴血栓形成　　　　　　D.脑动脉瘤伴血栓形成

E.脑动脉炎伴血栓形成

9. 脑脓肿引起死亡的最常见原因是（　　）。

A.局部组织破坏　　　　　　　　　　　　B.局灶性和全身性癫痫

C.细菌栓子进入肺　　　　　　　　　　　　D.小脑幕疝及小脑扁桃体疝

E.脓肿扩大破入脑室和蛛网膜下腔

10. 流行性脑脊髓膜炎的特征性病变是（　　）。

A.硬脑膜中性粒细胞浸润　　　　　　　　B.蛛网膜下腔有大量中性粒细胞渗出

C.蛛网膜下腔有大量单核细胞　　　　　　D.脑实质内软化灶形成

E.硬脑膜有大量单核细胞浸润

知识拓展

　　许英魁（1905—1966），神经精神病学家。奉天（今辽宁）辽阳人。1934 年毕业于协和医学院，获美国纽约州立大学博士学位。1938 年赴德国、美国、英国考察。1939 年回国。曾任北平协和医院助教、北平大学医学院教授。1943 年在北平大学医学院创建了脑系科，神经、精神病房及实验室。许英魁从小勤奋好学，工作勤勤恳恳、一丝不苟，在科学研究工作中崇尚细致观察、实事求是、严谨严密。扎实的基础、渊博的知识、深刻的洞察力，都是他取得成功的因素。他除了工作之外，别无嗜好，他很少听戏、看电影。每天黎明即起，伏案看书，夜间仍挑灯攻读和写作，数十年如一日。多年的刻苦学习和丰富的临床经验，让许英魁的定位诊断达到了出神入化的水平。有一次，一个病人被许英魁诊断为大脑髓母细胞瘤，转到外院做手术。外科医生打开颅骨，却没有发现肿瘤。他疑惑地给许英魁打电话，许英魁详细说明了肿瘤的位置和大小，那位医生再次打开颅骨，果然找到了。在没有CT、核磁的年代，许英魁能够作出如此精准的判断，令年轻医师赞叹不已。我们应该像许英魁那样，在学习的过程中打好基础，方能在今后的临床工作中游刃有余。

资料来源:科学家故事|许英魁:中国神经精神病学开拓者[EB/OL].(2024-08-17)[2024-08-23].https://www.kexuejia.org.cn/Contribute/getdetail? id=15703.

（郑舒静）

3.16 答案

3.17　骨关节疾病

【目的要求】

(1)了解骨折愈合的病理变化。

(2)了解骨巨细胞瘤的病理变化。

(3)了解骨肉瘤的病理变化与临床联系。

【实验内容】

大体标本	组织切片	示教片
1. 骨折愈合	骨肉瘤	1. 骨髓炎
2. 下颌骨骨瘤		2. 骨瘤
3. 骨软骨瘤		3. 软骨瘤
4. 骨巨细胞瘤		4. 软骨肉瘤
5. 骨肉瘤		5. 骨巨细胞瘤
6. 滑膜肉瘤		6. 痛风
7. 软骨肉瘤		

一、大体标本

3.17 大体标本图

1. **骨折愈合**(fracture healing)

于骨折处见局部因新骨形成而膨大,称骨痂形成。切面见新骨处质地致密,有软骨性骨痂和骨性骨痂混杂在一起,骨髓腔尚未形成。

2. **下颌骨骨瘤**(osteoma of mandible)

肿瘤境界清楚,质略硬呈分叶状,表面无软骨覆盖。

3. **骨软骨瘤**(osteochondroma)

可见三层结构特征:表面为一层纤维性包膜,其下为软骨帽,呈灰蓝色略透明,再下为由松质骨组成的骨柄。

4. **骨巨细胞瘤**(giant cell tumor of bone)

胫骨上端或股骨下端的骨骺端体积膨大。切面见肿瘤内原来的松质骨大部分或全部消失,内有纤维组织或骨性隔膜。瘤组织质软,脆而易碎,灰白色或红色,有的区域出血呈棕色斑点,有的区域坏死呈黄色,有的区域呈囊性变。肿瘤表面有一层薄的骨壳,或完整或部分被肿瘤穿破。

5. **骨肉瘤**(osteosarcoma)

详见"2.8 肿瘤"。

6. **滑膜肉瘤**(synovial sarcoma)

见骨关节处有一结节状肿块,无包膜,与关节囊外壁紧密相连,切面灰红色,质地柔软鱼肉样,边界不清,已侵及骨膜和骨质。

7. 软骨肉瘤(chondrosarcoma)

长骨干骺端呈膨胀性生长,呈蓝灰色有光泽分叶状。切面见肿瘤呈结节状、灰白色,有光泽似软骨,其中常见淡黄色的钙化或骨化小灶。

二、组织切片

3.17 组织切片图

骨肉瘤(osteosarcoma)

镜下见瘤细胞形态各异、大小不等,有明显异型性,细胞核大、染色深,部分细胞核核仁明显(图 3-17-1)。肿瘤中梭形瘤细胞较丰富,排列密集。部分区域可见嗜伊红均质的骨样组织或新骨形成。

三、示教片

1. *骨髓炎*(osteomyelitis)(图 3-17-2)

增生细胞中浆细胞分化明显,有胶原纤维的玻璃样变性。

2. *骨瘤*(osteoma)(图 3-17-3)

镜下见大量骨小梁形成。骨小梁成熟,但粘合线与正常骨不同。

3. *软骨瘤*(chondroma)

镜下见蓝染的肿瘤性软骨岛,软骨细胞较少且细胞较成熟。软骨岛周围有纤维组织围绕。

4. *软骨肉瘤*(chondrosarcoma)(图 3-17-4)

镜下软骨细胞增生活跃,细胞密度增加,且细胞核体积大、深染。无明显软骨陷窝形成。

5. *骨巨细胞瘤*(giant cell tumor of bone)(图 3-17-5)

镜下见肿瘤由单核基质细胞和多核巨细胞组成,多核巨细胞分布在基质细胞之间,胞核数多达几十个,常聚集在细胞的中央,肿瘤间质血管丰富。肿瘤组织中多核巨细胞量多,基质细胞量少,说明分化高;反之,肿瘤分化较低。

6. *痛风*(gout)

关节附近皮下病灶。可见痛风石形成,周围有渗出和增生的细胞围绕(图 3-17-6)。

【实验报告】

1. 绘图:骨肉瘤的组织切片。
2. 描述:骨巨细胞瘤、骨肉瘤、滑膜肉瘤的大体标本。
3. 列表比较骨巨细胞瘤、骨肉瘤、滑膜肉瘤的区别。

【临床病例讨论】

病案

[病史摘要]

患者王×,男性,19 岁。

主诉:右大腿间歇性隐痛伴进行性加剧 5 个月。

现病史:5 个月前开始右大腿间歇性隐痛、肿胀,呈进行性加剧,动时更甚,因而不能行走。

既往史:素健,1 年前不慎右膝扭伤,无咯血史。

体格检查:右膝球形肿大,上达股中段,下迄胫粗隆,约 30 mm×25 mm×25 mm,表皮菲薄发亮,浅表血管怒张呈网状分布,略具弹性硬度,有压痛、无红热及波动感,肿瘤远端之小腿呈广泛性凹陷性浮肿。

辅助检查:X 线检查:胸透心肺正常。右股骨下段骨质溶解破坏,病理性骨折。

住院经过:患者截肢后愈合出院,四个月后出现胸痛、咳嗽、咯血。

实验室检查:血清碱性磷酸升高。截肢局部无明显异常。

病理检查:右股骨下段骨皮质和骨髓腔大部分被破坏,代之以灰红色、鱼肉样组织,形成巨大梭形肿块,质较软,明显出血、坏死。病变以干骺端为中心,向骨干蔓延,侵入并破坏周围软组织,无包膜。镜检肿瘤细胞圆形、梭形、多角形。核大深染,核分裂象多见。细胞弥散分布,血管丰富。可见片状或小梁状骨样组织。

[分析与讨论]

(1)写出诊断和诊断依据。

(2)请解释上述临床症状和体征。

(3)如何进行鉴别诊断?

【复习和思考】

1. 骨折愈合分为哪几个阶段?影响骨折愈合的因素是什么?

2. 试从大体标本、镜下改变以及临床表现比较骨巨细胞瘤与骨肉瘤。

3. 名词解释:骨软骨瘤、破骨细胞瘤、骨肉瘤、Codman 三角、日光放射状阴影、痛风。

【选择题】

1. 下列哪一项不符合骨肉瘤?(　　)

A.好发于青少年　　　　B.易血道转移　　　　C.好发于长骨骨干

D.出现肿瘤性骨样组织　　E.可发生病理性骨折

2. 判断骨肉瘤的病理学主要依据是(　　)。

A.瘤组织排列紊乱　　　　B.瘤细胞异型性明显　　　C.有病理性核分裂

D.出现肿瘤性骨样组织　　E.可见瘤巨细胞

3. 下列哪一种肿瘤的恶性类型不能归入肉瘤?(　　)

A.脂肪瘤　　　　B.纤维瘤　　　　C.血管瘤

D.软骨瘤　　　　E.皮肤乳头状瘤

4. 男,35 岁。右膝关节内侧疼痛,肿胀半年,曾在外院摄 X 线片,见右胫骨上端内侧有一 5 cm×4 cm 大小透光区,中间有肥皂泡样阴影,骨端膨大。近 1 个月来肿胀明显加重,夜间疼痛难忍,右膝关节活动受限。入院后 X 线摄片示胫骨上端病变扩大,肥皂泡样阴影消失,呈云雾状阴影,病变侵入软组织。该患者最可能的诊断是(　　)。

A.骨肉瘤　　　　B.骨软骨瘤恶变　　　　C.骨囊肿

D.骨纤维肉瘤　　E.骨巨细胞瘤恶变

5. 骨巨细胞瘤的典型 X 线表现是(　　)。

A.葱皮样骨膜反应　　　　　　B.骨质破坏,死骨形成

C.日光放射状骨膜反应　　　　D.肥皂泡样骨质反应

E.干骺端圆形边界清楚的溶骨型病灶

6.X线显示日光放射状骨膜反应的疾病是（　　　）。

A.骨囊肿　　　　　　　　　B.骨巨细胞瘤　　　　　　　C.骨软骨瘤

D.骨肉瘤　　　　　　　　　E.骨纤维异常增殖症

7.男,18岁。左大腿肿胀、疼痛3周,呈持续性,逐渐加剧,夜间尤重。查体:左大腿局部压痛,皮温高,静脉怒张。X线片显示左股骨下端骨质破坏,可见Codman三角。应首先考虑的诊断是（　　　）。

A.骨肉瘤　　　　　　　　　B.转移性骨肿瘤　　　　　　C.骨软骨瘤

D.骨纤维发育不良　　　　　E.骨巨细胞瘤

8.男孩,4岁。左膝关节上方肿痛3个月,夜间加重。查体:左膝关节上方肿胀,压痛（＋）,皮温高,静脉怒张,触及一肿物,硬而固定。X线检查示干骺端有溶骨破坏及日光放射状骨膜反应。最可能的诊断是（　　　）。

A.骨巨细胞瘤　　　　　　　B.骨肉瘤　　　　　　　　　C.骨软骨病

D.转移性骨肿瘤　　　　　　E.骨结核

9.男,12岁。1个月前无明显诱因出现左胫骨近端肿痛,逐渐加重,皮肤表面静脉怒张,皮温增高。X线片见左胫骨近端呈溶骨性破坏,伴有骨膜日光放射表现。确诊该病的检查方法是（　　　）。

A. CT　　　　　　　　　　 B. MRI　　　　　　　　　　C.组织活检

D. B超　　　　　　　　　　 E.核素扫描

10.属于良性骨肿瘤的是（　　　）。

A.骨髓瘤　　　　　　　　　B.骨肉瘤　　　　　　　　　C.骨软骨瘤

D.尤因肉瘤　　　　　　　　E.骨巨细胞瘤

知识拓展

　　管忠震教授,从医从教70年,见证了中国肿瘤化疗药物从无到有的发展历程;一手缔造中国肿瘤化疗学科;摸索出霍奇金病治疗的"中国模式";为中山大学建立了首个具有国际声誉的抗肿瘤药物临床研究基地;为中山大学培养了一支结构合理、具有国际影响力的肿瘤内科团队。2020年管忠震教授已87岁高龄,可他却依然牵挂着临床,每天7点钟准时起床,晚上11点前睡觉。每天走路上下班,吃得清淡而简单。

　　"作为一名医生,对病人要负责,不需要太多言语,每天了解病人的情况,对症救治,是医生职责。"说起医患关系,管忠震教授严肃地说:"医生的责任很重,病人把生命交给了我们,我们必须把这份责任和信任装在心里,考虑周到,用最适合他的治疗办法,帮助病人解除疾苦。"

　　资料来源:管忠震:抚平世间痛,严谨铸医魂|百年中大·大先生[EB/OL].(2024-11-09) [2024-11-25].https://6nis.ycwb.com/app/template/displayTemplate/news/newsDetail/120138/53042446.html? isShare=true.

（孙忠亮）

3.17 答案

3.18　软组织疾病

【目的要求】

(1)掌握结节性筋膜炎、神经鞘瘤的病变特点及其鉴别要点。

(2)熟悉胃肠道间质瘤的病变特点及其临床病理联系。

(3)熟悉侵袭性纤维瘤病、血管瘤、脂肪肉瘤、横纹肌肉瘤、滑膜肉瘤的病变特点和类型。

【实验内容】

大体标本	组织切片	示教片
1. 结节性筋膜炎	1. 侵袭性纤维瘤病	1. 结节性筋膜炎
2. 侵袭性纤维瘤病	2. 真皮纤维组织细胞瘤	2. 隆突性皮肤纤维肉瘤
3. 胃肠道间质瘤	3. 脂肪瘤	3. 胃肠道间质瘤
4. 神经鞘瘤	4. 化脓性肉芽肿	4. 神经鞘瘤
5. 脂肪肉瘤	5. 血管球瘤	5. 卡波西肉瘤
	6. 血管平滑肌脂肪瘤	6. 脂肪肉瘤
	7. 神经纤维瘤	7. 横纹肌肉瘤
	8. 尤因肉瘤	8. 滑膜肉瘤
	9. 腺泡状软组织肉瘤	

一、大体标本

3.18 大体标本图

1. **结节性筋膜炎**(nodular fasciitis)

皮下脂肪组织中见类圆形肿瘤,体积小,无包膜,境界相对清楚,灰红色,较湿润,位于筋膜上。

2. **侵袭性纤维瘤病**(aggressive fibromatosis)

表面附带脂肪组织,肿物境界不清,切面灰白色或灰黄色,质韧,似瘢痕样。

3. **胃肠道间质瘤**(gastrointestinal stromal tumor)

肿物位于胃肌壁,累及黏膜下及浆膜层,边界清楚,无包膜,切面灰白色,质中,灶性出血呈暗红色。

4. **神经鞘瘤**(schwannoma)

肿物包膜完整,切面浅黄色、半透明或呈胶冻样,质偏软,湿润。

5. **脂肪肉瘤**(liposarcoma)

肿瘤体积较大,呈分叶状,有菲薄的纤维性包膜,切面灰黄色,质软,似脂肪瘤样,部分灰白色,伴小灶出血呈暗红色。

二、组织切片

3.18 组织切片图

1. 侵袭性纤维瘤病（aggressive fibromatosis）

低倍镜观察：条束状增生的梭形细胞，浸润周围横纹肌组织（图 3-18-1）。

高倍镜观察：梭长纤细的成纤维细胞及胶原纤维平直排列，部分区域呈交织状排列，夹杂少许横纹肌组织，部分横纹肌萎缩、核聚集似多核巨细胞。瘤细胞无明显异型，核淡染，可见小核仁，未见明显核分裂。间质见些血管增生，血管周围疏松、水肿。

免疫组织化学：β-catenin（核/浆＋）。

2. 真皮纤维组织细胞瘤（dermal fibrohistiocytoma）

低倍镜观察：肿瘤位于真皮内，被覆表皮棘层细胞增生，上皮锯齿状增生，肿瘤呈席纹状或编织状排列，边缘与增生的红染的胶原纤维交错生长，未累及皮下脂肪组织。

高倍镜观察：肿瘤细胞由卵圆形或短梭形的成纤维细胞样细胞组成，无明显异型性，核分裂不易见，可见少许含铁血黄素沉着。

3. 脂肪瘤（lipoma）

低倍镜观察：肿瘤有菲薄的纤维包膜，由成熟的脂肪细胞组成。

高倍镜观察：脂肪细胞呈圆形或卵圆形或多边形，细胞内含大的脂滴，细胞核偏位呈月牙状，细胞大小、形态大致相同，无明显异型性，间质少许纤维及血管增生。

4. 化脓性肉芽肿（pyogenic granuloma），又称肉芽组织型血管瘤（granulation tissue type hemangioma）

低倍镜观察：肿瘤呈息肉状生长，表面被覆鳞状上皮与周围皮肤相连，灶性出血、坏死，浅溃疡，增生的毛细血管呈小叶状分布，周围纤维组织增生。

高倍镜观察：毛细血管管腔部分开放，部分内皮增生密集、管腔闭塞，细胞无明显异型，核分裂较易见，背景灶性疏松、水肿，见急慢性炎细胞浸润。

5. 血管球瘤（glomus tumor）

低倍镜观察：肿瘤境界清楚，血管丰富，血管周围见增生的形态一致的圆形细胞，间质灶性玻璃样变，灶性黏液变。

高倍镜观察：瘤细胞胞质丰富，淡染或透亮，胞界清楚。细胞核圆形、居中，未见明显核分裂及坏死。部分细胞丰富呈片状分布挤压血管，部分血管扩张，管壁周围见瘤细胞 3～5 层围绕生长或弥漫增生成片。

6. 血管平滑肌脂肪瘤（angiomyolipoma）

低倍镜观察：肾周见增生梭形细胞呈束状、编织状排列，其间见脂肪组织穿插生长，间质见大小不等的血管。

高倍镜观察：梭形细胞胞质丰富、嗜酸，呈平滑肌样细胞，围绕血管增生。血管管腔大小不一，可见厚壁血管，梭形细胞围厚壁血管呈放射状排列，穿插生长的脂肪组织分化成熟，分布不均。

免疫组织化学：显示瘤细胞具有平滑肌和色素细胞分化特征：SMA（＋），Desmin（＋），HMB45、Melan-A、PNL2 等色素分化标记阳性。

7. 神经纤维瘤（neurofibroma）

低倍镜观察：皮肤真皮层见瘤细胞弥漫增生，浸润皮下脂肪组织，无包膜，短梭形细胞呈束状、交织状排列，部分间质疏松、水肿、黏液变，可见环层小体样结构。

高倍镜观察：短梭形细胞无明显异型性，胞质粉染。细胞核深染、两端尖，呈波浪状或逗号样，未见明显核分裂。瘤细胞间可见少量胶原纤维及淋巴细胞浸润，灶性瘤细胞分布稀疏，间质黏液变。

8. 尤因肉瘤（Ewing sarcoma）

低倍镜观察：增生密集的小蓝圆细胞弥漫片状增生，间质见宽窄不等的纤维组织分隔瘤细胞呈小叶状结构。

高倍镜观察：瘤细胞胞质稀少，细胞核圆形或卵圆形，染色质深染、细腻，呈粉尘样或椒盐样，核分裂易见，隐约可见假菊形团样结构，间质血管丰富。

FISH 检测：$EWSR1$ 基因断裂重组阳性。

9. 腺泡状软组织肉瘤（alveolar soft part sarcoma）

低倍镜观察：肿瘤细胞排列呈腺泡状或器官样结构，被增生的宽窄不等的纤维组织分隔为大小不一的细胞巢，腺泡样结构间丰富的血窦样毛细血管网增生。

高倍镜观察：瘤细胞大小、形态较为一致，细胞呈大多边形或圆形，胞质丰富，内含嗜伊红颗粒或淡染，细胞核大、染色质细腻或空泡状，可见明显核仁。核分裂不易见。未见明显坏死，周围血管扩张，可见脉管内瘤栓。

免疫组织化学：大部分 TFE3 核阳性，MyoD1 胞质颗粒状阳性，Desmin 阳性，CD34 显示血管围绕腺泡生长。

三、示教片

1. 结节性筋膜炎（nodular fasciitis）

低倍镜观察：主要由形态较一致、温和的短梭形、胖梭形细胞组成，瘤细胞呈培养皿样生长模式；间质疏松、水肿，局灶微囊变。

高倍镜观察（图 3-18-2）：

①短梭形、胖梭形的成纤维细胞/肌成纤维细胞杂乱增生。

②核分裂象易见，未见病理性核分裂。

③见红细胞外渗，背景少量淋巴细胞，不见浆细胞。

④少许组织样细胞或数量不等的多核巨细胞。

FISH 检测：$USP6$ 基因断裂重组阳性（＋）。

2. 隆突性皮肤纤维肉瘤（dermatofibrosarcoma protuberans）

低倍镜观察：皮肤真皮层及皮下组织间弥漫浸润性生长的短梭形细胞，肿瘤包绕皮下脂肪组织呈蜂窝状，肿瘤间残存脂肪细胞，瘤细胞呈席纹状排列（图 3-18-3）。

高倍镜观察：瘤细胞呈短梭形，胞质少至中等，形态较一致，轻度异型，呈席纹状排列，核分裂可见，灶性间质黏液变，散在少许色素。

免疫组织化学：CD34 弥漫（＋）。

FISH 检测：特征性 t(17;22)(q22;q13)导致 $COL1A1\text{-}PDGFB$ 基因融合。

3. 胃肠道间质瘤(gastrointestinal stromal tumor)

低倍镜观察:胃黏膜肌层下见弥漫增生的梭形细胞束状、编织状排列(图 3-18-4)。

高倍镜观察:梭形细胞轻中度异型,细胞核呈梭形或杆状,胞质丰富、淡染,可见少许核分裂。

免疫组织化学:CD117(膜/浆+),DOG-1(膜+)(图 3-18-5)。

分子检测:c-Kit 基因突变。

4. 神经鞘瘤(schwannoma)

低倍镜观察:肿瘤周边可见完整包膜。肿瘤由富于细胞的梭形细胞的束状区(Antoni A 区)及疏松水肿的网状区(Antoni B 区)组成(图 3-18-6)。

高倍镜观察:束状区主要由束状或编织状排列的梭形细胞组成,部分呈栅栏状排列,细胞界不清,细胞核纤细、弯曲;可见 Verocay 小体。网状区细胞稀疏,间质水肿,见增生的厚壁血管,部分血管壁玻璃样变性,血栓形成,间质伴淋巴细胞浸润。

免疫组织化学:S100(核/浆+)(图 3-18-7),SOX10(核+)。

5. 卡波西肉瘤(Kaposi's sarcoma)

低倍镜观察:病变累及真皮层,梭形细胞增生,可见含红细胞的裂隙样血管腔隙。

高倍镜观察:梭形细胞束状、交织状排列,部分呈裂隙样血管腔隙,细胞异型性轻,可见核分裂,灶性区富含红细胞,并红细胞外渗,少量含铁血黄素沉着及炎细胞浸润。

免疫组织化学:表达内皮标记:CD34、CD31、ERG、FLi-1、D2-40;HHV8(核+)有助于诊断。

6. 脂肪肉瘤(liposarcoma)

镜下观察:

①部分为分化近乎成熟的脂肪细胞。

②可见含单个或多个小脂滴的脂母细胞,核周有压迹(图 3-18-8)。

③增生的纤维组织中见核大深染的间质细胞。

④间质见些淋巴细胞浸润。

FISH 检测:MDM2 基因扩增阳性(图 3-18-9)。

7. 腺泡状横纹肌肉瘤(alveolar rhabdomyosarcoma)

低倍镜观察:瘤细胞呈巢状或片状增生,间质见纤维分隔。

高倍镜观察:瘤细胞呈圆形或卵圆形,胞质稀少,部分可见少量红染胞质,细胞核深染,部分核偏位,散在少量多核瘤巨细胞。部分细胞排列松散呈腺泡状,可见脱落的细胞漂浮在腺泡腔内。

免疫组织化学:Desmin(+),MyoD1(+),ALK(+)。

FISH 检测:FOXO1 基因断裂重组阳性。

🔔思考:横纹肌肉瘤有哪些类型?

8. 滑膜肉瘤(synovial sarcoma)

低倍镜观察:由上皮样细胞及梭形细胞组成,上皮样细胞排列呈小巢团状或腺样结构等不同形态。

高倍镜观察:梭形细胞增生为主束状、旋涡状排列,瘤细胞形态较单一,细胞核胖梭形,核分裂较易见,间质见些胶原纤维,部分区见鹿角样血管,呈血管外皮瘤样改变,间质可见少量肥大细胞。

FISH 检测:*SYT* 基因断裂重组阳性。

【实验报告】

1. 绘图:结节性筋膜炎、神经鞘瘤的组织切片。

2. 描述:胃肠道间质瘤的诊断思路图。

3. 列举结节性筋膜炎、侵袭性纤维瘤病、胃肠道间质瘤、脂肪肉瘤及滑膜肉瘤分别涉及的基因名称。

【临床病例讨论】

病案

[病史摘要]

患者,男,72 岁,一天前无明显诱因出现呕血、黑便,无反酸、嗳气,无咳嗽、咳痰,无眼黄、尿黄、皮肤黄,无尿少、双下肢浮肿等不适。

体格检查:T 39 ℃、P 110 次/分、R 24 次/分、BP 15.0/10.0 kPa(110/75 mmHg)。神志清楚,发育正常,营养良好,贫血外观,皮肤黏膜色泽稍苍白,未见皮疹、黄染。心肺无异常。腹稍膨隆,未见胃肠型及蠕动波,腹软,全腹无压痛,无肌紧张及反跳痛,肝区无叩痛。直肠指诊:黏膜光滑、未触及包块,指套退出无血染。

辅助检查:血常规 WBC 10.68×10^9/L,RBC 3.12×10^{12}/L,Hb 92 g/L。

AFP 1.4 ng/mL,CA199 3.4 U/mL,CEA 0.72 ng/mL。

外院胃镜:胃底肿物伴出血。

CT:胃大弯侧后壁黏膜下肿物,考虑间质瘤可能,建议 MR 平扫+增强检查。

全麻下胃部分切除手术:术中腹腔少量淡黄色腹水,胃大弯侧后壁可见一肿物,大小 12 cm×11 cm 类圆形肿物,肿物与横结肠系膜部分粘连,胃周未见肿大淋巴结。

手术病理标本:

胃壁肿物:表面见胃黏膜组织,肿物位于胃肌壁,大小约 12 cm×11 cm×10 cm,累及黏膜下及浆膜层,边界清楚,无包膜,切面灰白色,质中,灶性出血呈暗红色。

低倍镜观察:胃黏膜肌层下见弥漫增生的梭形细胞束状、编织状排列。

高倍镜观察:梭形细胞轻-中度异型,细胞核呈梭形或杆状,胞质丰富、淡染,可见少许核分裂。

[分析与讨论]

(1)写出最有可能的病理诊断及其依据。

(2)写出该肿瘤相关的免疫组织化学标记及可能涉及的基因突变类型。

(3)该肿瘤的危险程度如何?

(4)治疗该肿瘤的相关措施有哪些?

【复习和思考】

1. 结节性筋膜炎有哪些临床特征?

2. 神经鞘瘤的病理特征有哪些?

3. 哪些指标影响胃肠道间质瘤的危险度分级?危险度分级共分为几级?

4. GIST 有哪些分子改变?请列举 4 种分子改变。

【选择题】

1. 关于韧带样瘤,下列说法正确的是( )。

A.界限清楚的质硬肿物 B.发病与外伤和感染有关

C.大多数肿瘤小于 2 cm D.典型病变见于年轻的妊娠或产后女性

E.切除后很少复发

2. 组织学特征表现为分叶状的血管肿瘤为( )。

A.海绵状血管瘤 B.上皮样血管内皮瘤 C.肉芽组织型血管瘤

D.血管球瘤 E.血管肉瘤

3. 胃肠道间质瘤来源于( )。

A.胃肠道黏膜上皮细胞 B.胃肠道原始间叶细胞 C.胃肠道平滑肌细胞

D.固有层结缔组织 E.黏膜下层结缔组织

4. 胃肠道最常见的间叶性肿瘤是( )。

A.纤维瘤 B.脂肪瘤 C.淋巴管瘤

D.胃肠道间质瘤 E.血管瘤

5. 胃肠道间质瘤的特异性标记物是( )。

A. Desmin B. SMA C. CD117、DOG1

D. CD34 E. S100

6. 患者男性,25 岁,近 1 个月发现背部长一个 2 cm 的肿块,生长迅速,有疼痛和触痛,影像学显示边界不清,镜下细胞丰富区常见 C 形束状结构,细胞无异型,并可见核分裂。该患者最可能是患( )。

A.韧带样瘤 B.结节性筋膜炎 C.炎性肌成纤维细胞瘤

D.纤维组织细胞瘤 E.纤维肉瘤

7. 结节性筋膜炎一般表达为( )。

A. SMA、MSA B. CD68 C. Desmin

D. CK、EMA E. S100

8. 结节性筋膜炎最常见的发病部位是( )。

A.头颈部 B.上肢前臂 C.胸壁

D.背部和下肢 E.腹膜后

9. 患者男性,35 岁,左颈后皮下见一隆起的结节,生长缓慢,直径 1 cm,质硬,边界不清,镜下见由梭形细胞构成,呈明显的编席状排列,细胞有一定的异型性,核分裂象3 个/HPF,免疫组织化学 Vimentin、CD34 阳性。该患者最可能是患( )。

A.纤维组织细胞瘤 B.纤维肉瘤 C.隆突性皮肤纤维肉瘤

D.恶性纤维组织细胞瘤 E.低度恶性肌成纤维细胞肉瘤

10. 关于隆突性皮肤纤维肉瘤,下列说法正确的是( )。

A.肿物有完整的包膜 B.被覆表皮增生增厚

C.核分裂多,病理性核分裂、坏死常见 D.瘤细胞 CD34 呈弥漫性阳性表达

E.切除后不复发

11. 患者男性,48 岁,腹膜后巨大肿块,呈浅分叶状,切面鱼肉样,并见出血、坏死、囊性变。镜下可见含有胞质内空泡的大细胞和梭形细胞排列成席纹状,细胞呈多形性。免疫组织化学 S100(＋),SMA 局灶性梭形细胞(＋)。该患者最可能是患( )。

A.多形性脂肪瘤　　　　　　　B.多形性脂肪肉瘤　　　　　C.去分化脂肪肉瘤

D.多形性恶性纤维组织细胞瘤　E.良性成脂肪细胞瘤

12. 免疫组织化学可以表达 ALK 的肿瘤是(　　　)。

A.脂肪肉瘤　　　　　　　　B.腺泡状横纹肌肉瘤　　　　C.神经纤维瘤

D.纤维组织细胞瘤　　　　　E.原始神经外胚瘤

13. 不符合尤因肉瘤特点的是(　　　)。

A.可形成 Codman 三角　　　　　　　B.肿瘤坏死液化呈化脓样

C.肿瘤细胞为弥漫分布的小圆细胞　　D.瘤细胞间有花边状肿瘤性骨组织

E.瘤细胞 NSE(＋),Vimentin(＋)

知识拓展

　　徐峥主演的电影《我不是药神》,让更多人知道了一个神药"格列宁"。而现实生活中"格列宁"的原型靶向药"格列卫",与相对少见的胃肠道肿瘤——胃肠道间质瘤(GIST)也有关。受技术限制,人们一度认为它是平滑肌肿瘤或神经源性肿瘤。直到 1983 年 Mazur 等人在研究"胃平滑肌瘤"的时候发现,大多数肿瘤跟平滑肌细胞或者神经细胞在电子显微镜下看到的超微结构有较大区别,从而首次提出了"间质瘤"的概念以示区分。1998 年,日本学者 Hirota 发现 *c-Kit* 基因突变是导致这类肿瘤发生的重要原因之一,从而将 GIST 从以往的"平滑肌肿瘤""神经源性肿瘤"中区分出来。2002 年,特异性酪氨酸激酶抑制剂甲磺酸伊马替尼被 FDA 批准用于晚期 GIST 治疗,商品名叫格列卫。格列卫的出现,使得晚期间质瘤患者的平均中位生存时间大大延长,从 19 个月延长到 57 个月。此后又陆续有舒尼替尼、瑞戈非尼、达沙替尼等靶向药物上市,最近还有专门针对原发耐药基因突变(*PDGFRA D*842 位点突变)的 Avapritinib(商品名 Ayvakit)上市。伊马替尼是迄今为止最成功的肿瘤靶向治疗药物。当我们回望历史,看间质瘤的前世今生,我们就仿佛在观看一部浓缩的人类和疾病斗争的历史。无数人的努力,让我们从蒙昧无知到认识日渐精深,从束手无策到慢慢有药可治。展望未来,现代医学一定会为更多的人解除痛苦和疾病。

　　资料来源:张鹏.关于胃肠道间质瘤的前世今生[EB/OL].(2020-06-14)[2024-06-23].https://www.haodf.com/neirong/wenzhang/8603498562.html.

（苏海燕）

3.18答案

3.19 传染病与寄生虫疾病

【目的要求】

(1)掌握结核病的基本病变特点及其转归。

(2)掌握原发性肺结核与继发性肺结核的病变特征。

(3)熟悉肺外器官结核(肠、腹膜、肾、骨等)的病变特征。

(4)掌握伤寒、细菌性痢疾、阿米巴病、流脑、乙脑的病变特征,熟悉其临床病理联系。

(5)了解肝、肠血吸虫病的病理变化特征以及丝虫病的病变特点及其并发症。

(6)了解钩端螺旋体病、流行性出血热和艾滋病的主要病变特征。

(7)了解梅毒、麻风的基本病变。

【实验内容】

大体标本	组织切片	示教片
1. 肺原发复合征	1. 急性粟粒性肺结核	1. 干酪样肺炎
2. 粟粒性结核	2. 细菌性痢疾	2. 淋巴结结核
3. 局灶型肺结核	3. 流行性脑脊髓膜炎	3. 淋巴结结核纤维化
4. 浸润型肺结核	4. 流行性乙型脑炎	4. 肾结核
5. 干酪样肺炎		5. 肝结核
6. 慢性纤维空洞型肺结核		6. 肠伤寒
7. 结核球		7. 血吸虫性肝硬化
8. 硬化型肺结核		8. 肠血吸虫病
9. 肺外器官结核		9. 肠阿米巴病
10. 肠伤寒		10. 肺吸虫病
11. 细菌性痢疾		11. 瘤型麻风
12. 流行性脑脊髓膜炎		
13. 流行性乙型脑炎		
14. 结肠阿米巴病		
15. 阿米巴肝脓肿		
16. 结肠血吸虫病		
17. 血吸虫性肝硬化		
18. 丝虫病		
19. 梅毒性主动脉炎		

一、大体标本

1. 肺原发复合征(primary complex of lung)

病变特点为原发复合征,即肺原发病灶、结核性淋巴管炎和肺门淋巴结结核。

3.19 大体标本图

①肺原发病灶:肺中部(上叶下部或下叶上部)近肺膜处,见一圆形、直径约 1 cm 的原发病灶,色灰黄。

②结核性淋巴管炎:原发灶内结核分枝杆菌沿淋巴管蔓延引起结核性淋巴管炎(X 线片可见)。

③肺门淋巴结结核:肺门淋巴结肿大,切面灰黄,严重时多个淋巴结肿大甚至相互融合。

2. 粟粒性结核(acute miliary tuberculosis)

肺原发病灶或其他结核病灶中结核分枝杆菌经血道播散形成粟粒性肺结核或全身粟粒性结核。

(1)急性粟粒性肺结核(acute miliary tuberculosis of lung)

两肺表面及切面均可见弥漫但均匀分布、大小一致如粟粒大小、境界清楚、灰白带黄、圆形的粟粒大小的结节,质较硬。

(2)急性粟粒性肝结核(acute miliary tuberculosis of liver)

肝表面和切面可见大量散在、均匀分布、大小一致、境界清楚、灰白带黄、圆形的粟粒大小的结节状病灶。

(3)急性粟粒性脾结核(acute miliary tuberculosis of spleen)

脾表面和切面可见大量散在、均匀分布、大小一致、境界清楚、灰白带黄、圆形的粟粒大小的结节状病灶。

(4)急性粟粒性肾结核(acute miliary tuberculosis of kidney)

肾表面和切面可见大量散在、均匀分布、大小一致、境界清楚、灰白带黄、圆形的粟粒大小的结节状病灶。

3. 局灶型肺结核(focal pulmonary tuberculosis)

肺尖部见一圆形病灶,呈灰白色,界限较清楚。病灶可有干酪样坏死,有的已纤维化,甚至钙化。

4. 浸润型肺结核(infiltrating pulmonary tuberculosis)

肺上部(相当于锁骨以下区域)见一个浅黄色干酪样病灶,周围边界模糊,无明显纤维包膜。干酪样坏死物液化经支气管排出后可形成急性空洞。

5. 干酪样肺炎(caseous pneumonia)

病变肺肿大实变,其中散在大小不等灰黄色不规则干酪样坏死灶。部分区域已彼此融合成片,部分坏死物质液化排出,形成边缘不齐、形态不一的急性空洞。

根据病变大小,可有小叶性或大叶性干酪样肺炎之分,肉眼形态与细菌性小叶性或大叶性肺炎相似。

①大叶性干酪样肺炎:病变肺肿大,切面呈黄色干酪样,坏死物液化排出后可形成急性空洞。

②小叶性干酪样肺炎:病灶弥散分布于一叶肺或一侧叶,大小比较一致,色灰黄。

6. 慢性纤维空洞型肺结核(chronic fibrocaseous cavity tuberculosis)

肺切面可见一个或多个厚壁空洞,大小不一,形状不规则,空洞内壁有干酪样坏死物,外层为较厚的增生的纤维结缔组织。空洞附近肺组织有显著的纤维组织增生,胸膜增厚。有时在空洞肺下叶可见新旧病灶交织存在。

7. 结核球(pulmonary tuberculoma)

肺上叶可见球形干酪样病灶,直径大于 2 cm,边界清楚,切面灰白色,呈同心层状结构,中心为干酪样坏死,其外被肉芽组织及结缔组织包围。

8. 硬化型肺结核(chronic sclerosing tuberculosis)

肺体积变小,可见大片纤维化硬化病灶,或有厚壁空洞形成,质地变硬,同时有大量炭末沉着。

9. 肺外器官结核(extrapulmonary tuberculosis)

(1)肠结核(tuberculosis of intestine)

①溃疡型(type of ulceration):多发生在回盲部,黏膜面可见溃疡,其特点为环形或带状,其长轴与肠的长轴垂直,边缘参差不齐如鼠咬状,可深达肌层或浆膜层,底部有干酪样坏死物,愈合后易引起肠道狭窄。与溃疡对应的浆膜面可见串珠状排列的灰白色或灰黄色小结节。

②增生型(type of hyperplasia):肠壁因大量结核性肉芽组织和纤维组织增生而变厚变硬,临床上可引起肠梗阻或形成肿瘤样肿块(须与肠癌鉴别)。

(2)肾结核(tuberculosis of kidney)

肾脏体积增大,切面皮髓质分界不清,肾实质内有大小不一的干酪样坏死灶,将肾脏结构大部分破坏,部分坏死物质液化破溃入肾盂、肾盏而形成大小不等的空洞,空洞内可见干酪样坏死物。

🔔 思考:有何临床表现?

(3)肝结核(tuberculosis of liver)

肝脏体积增大,切面有大小不一、浅黄色的、周围边界清楚、明显纤维包膜的干酪样坏死灶。

(4)脊椎结核(tuberculosis of vertebral bodies)

椎体发生干酪样坏死并破坏椎间盘及相邻的椎体,椎体发生塌陷而成楔形,造成脊柱后凸畸形。周围软组织也有结核病变。

(5)淋巴结结核(tuberculosis lymph)

一组淋巴结肿大,互相粘连,切面淋巴结正常结构破坏,被干酪样坏死物质取代。

(6)结核性腹膜炎(tuberculous peritonitis)

腹膜上有多少不等的灰白色结节及大量纤维蛋白渗出,渗出物机化后可引起腹腔器官特别是肠管间、大网膜、肠系膜粘连。

🔔 思考:结核性腹膜炎患者可能会出现哪些临床症状?

(7)结核性脑膜炎(tuberculous meningitis)

脑底脑膜增厚,脑膜下脑组织结构不清,可见弥漫性黄白色渗出物,并有粟粒性大小结节形成。

10. 肠伤寒(typhoid fever of intestine)

①髓样肿胀期(stage of medullary swelling):黏膜表面集合淋巴结肿胀,形成卵圆形或圆形向肠腔突出,表面似脑髓有沟回状,凹凸不平。

②坏死期(stage of necrosis):肿胀淋巴组织中心发生坏死,坏死物质凝结成灰白色或黄绿色干燥的痂皮,呈堤状隆起。

③溃疡期(stage of ulceration):肿胀淋巴结坏死、脱落,形成圆形或卵圆形溃疡,溃疡长轴与肠长轴平行,底部粗糙。

④愈合期(stage of healing):坏死物质脱落,溃疡底部肉芽组织生长,将溃疡填平而愈合。

11. 细菌性痢疾(bacillary dysentery)

①急性期(acute stage):病变结肠黏膜皱襞消失,表面被覆一层灰黄色或灰褐色、干燥似糠皮状假膜,此膜由渗出的纤维蛋白、坏死组织、中性粒细胞、红细胞及细菌共同组成。有的区域假膜脱落形成大小不一、形状不规则的浅表性地图样溃疡。

②慢性期(chronic stage):肠管黏膜息肉样增生,肠壁增厚。

12. 流行性脑脊髓膜炎(epidemic cerebrospinal meningitis)

脑蛛网膜及软脑膜充满黄白色脓性渗出物,以血管周围较为明显,使脑沟变浅,内填脓性渗出物,沟回形态不清。软脑膜血管高度扩张、充血。

13. 流行性乙型脑炎(epidemic encephalitis B)

脑膜血管充血,脑水肿明显以至脑回变宽、脑沟变窄变浅。切面大脑皮质可见散在或成群、界清、粟粒大小的半透明脑软化灶。

🔔思考:患者可能出现哪些临床症状和后遗症?

14. 结肠阿米巴病(colon amoebiasis)

肠黏膜面见多个散在圆形或卵圆形微隆起中央溃疡的病灶,溃疡周围黏膜充血,溃疡面有灰黄色坏死物。切面呈底大、口小烧瓶状,边缘不整齐附有絮状坏死物,有的溃疡底互相融合沟通,形成隧道状变化。溃疡间黏膜相对正常。

15. 阿米巴肝脓肿(amoebic abscess of liver)

详见"2.7 炎症"。

16. 结肠血吸虫病(colon schistosomiasis)

肠壁弥漫性增厚变硬,部分黏膜增生呈棕褐色颗粒状隆起,甚至形成息肉(增生),此系黏膜及黏膜下层中陈旧性血吸虫卵沉着。部分黏膜皱襞萎缩变平,在增生和萎缩间有小溃疡(变质)。

17. 血吸虫性肝硬化(schistosomiasis cirrhosis of liver)

肝体积轻度缩小,变硬,表面被膜增厚,有纵横凹陷沟纹,将肝分割成大小不等区域而被称为"地图状分叶肝"。肝表面呈粗大结节状,切面肝组织被树枝状纤维组织分割成粗大的团块。有的见到门脉周围纤维组织明显增生,汇管区增宽呈树干树枝状分布,又称为"干线型肝硬化"。

18. 丝虫病(filariasis)

肉眼形态:下肢增粗,皮肤增厚、粗糙,皮皱加深,因形似橡皮而得名。

19. 梅毒性主动脉炎(syphilitic aortitis)

整个心脏肥大,心腔扩大,升主动脉增宽,内膜粗糙不平,并形成巨大的动脉瘤,动脉瘤体内有血栓形成。因升主动脉口径变大,致主动脉瓣关闭不全。

二、组织切片

1. 急性粟粒性肺结核(acute miliary tuberculosis of lung)

低倍镜观察:肺组织内可见多个大小不同的结核结节。结核结节由类上皮细胞、朗汉斯巨细胞、淋巴细胞和成纤维细胞组成,中央常为红染无结构颗粒状坏死灶。(图 3-19-1)。

3.19 组织切片图

高倍镜观察:类上皮细胞,呈梭形或多角形,胞质丰富染成淡伊红色,境界不清,核圆形或卵圆形,染色质少,核内可见 1~2 个核仁。朗汉斯巨细胞,体积大,胞质丰富,多核(十几个至几十个不等),排列于细胞质的周围,呈花环状或马蹄状(图 2-7-9)。

2. 细菌性痢疾(bacillary dysentery)

低倍镜观察:肠黏膜浅表部分变性、坏死或脱落,有的区域上面附有一层粉染的网状的纤维蛋白性渗出物(图 3-19-2)。

高倍镜观察:纤维蛋白性渗出物中网罗有中性粒细胞及坏死的肠黏膜上皮细胞,整个肠壁明显充血、水肿甚至出血,尤以黏膜及黏膜下层为重,并可见中性粒细胞及巨噬细胞浸润。

3. 流行性脑脊髓膜炎(epidemic cerebrospinal meningitis)

低倍镜观察:蛛网膜下腔间隙变大,充满大量脓性渗出物,其中有大量的炎细胞,大脑蛛网膜下腔内的血管高度扩张、充血,脑实质炎症反应不明显,无明显病变(图 3-19-3)。

高倍镜观察:渗出物以中性粒细胞为主,并有纤维蛋白及少量的淋巴细胞、巨噬细胞(图 3-19-4)。脑实质除有水肿和神经细胞变性外,无明显病变。

4. 流行性乙型脑炎(epidemic encephalitis B)

低倍镜观察:脑实质内可见血管袖套形成(图 3-19-5)和筛网状软化灶。

①筛状软化灶形成:脑实质可见到多个圆形的筛网状软化灶,呈淡染空网状结构(图 3-19-6)。

②胶质细胞结节:胶质细胞呈弥漫性增生或集中成团而形成结节(图 3-19-6)。

③淋巴细胞袖套反应:脑组织内血管高度扩张、充血,血管周围间隙变宽,淋巴细胞、巨噬细胞围绕血管周围形成袖套状浸润。

高倍镜观察:神经细胞变性、肿胀,尼氏小体消失,核偏位。

①神经细胞卫星现象:可见部分少突胶质细胞围绕神经细胞(图 3-19-7)。

②噬神经细胞现象:有的神经细胞胞质内可见小胶质细胞及中性粒细胞侵入(图 3-19-8)

三、示教片

1. 干酪样肺炎(caseous pneumonia)

镜下见部分肺泡腔中充满大量渗出物,主要为巨噬细胞、纤维蛋白和浆液等。部分肺组织广泛干酪样坏死,肺组织结构破坏,呈一片红染无结构的颗粒状物质。坏死物质边缘可见少数结核结节。

2. 淋巴结结核(tuberculosis of lymph node)

镜下可见淋巴结组织中有散在结节性病灶,即结核结节,较大者为多个结核结节相互融合而成。典型的结核结节中央有干酪样坏死、一个或多个朗汉斯巨细胞,周围为环形或放射状排列的类上皮细胞,外层为增生的成纤维细胞及淋巴细胞围绕。部分区域见片状或灶性红染颗粒状无结构物质,此为干酪样坏死。无结核病变区可见正常淋巴小结及窦、索结构。

3. 淋巴结结核纤维化(tuberculosis of lymph nodes with fibrosis)

可见大量结核结节,部分相互融合,部分纤维化,结节内朗汉斯巨细胞、类上皮细胞数量减少,体积变小,纤维细胞增多。

4. 肾结核(tuberculosis of kidney)

镜下肾组织内可见许多大小不等结核结节。

5. 肝结核(tuberculosis of liver)

肝间质内可见多个结核结节。

思考:肝结核的感染途径有哪些?

6. 肠伤寒(typhoid fever of intestine)

镜下见回肠黏膜及黏膜下淋巴滤泡高度肿胀,大量巨噬细胞增生。巨噬细胞呈圆形,胞质丰富,内可见吞噬细胞碎片、伤寒杆菌、红细胞、淋巴细胞,核圆浅染,特称为"伤寒细胞"(图3-19-9)。多数伤寒细胞聚集即形成伤寒小结。肠壁充血水肿。

7. 血吸虫性肝硬化(schistosomiasis cirrhosis of liver)

门管区及沿门静脉分支处纤维结缔组织高度增生,其中可见急性虫卵结节和慢性虫卵结节。血吸虫虫卵的特征:圆形、椭圆形或不规则形,卵壳呈金黄色,有折光性,有的可见虫胚,有的已钙化。门管区有胆管增生、慢性炎细胞浸润,增生的纤维结缔组织沿门静脉分支呈树枝状分布,肝小叶未遭受严重破坏,故不形成假小叶;肝细胞有变性、萎缩等改变。

急性虫卵结节:虫卵的周围有颗粒状坏死物和大量嗜酸性粒细胞浸润。

慢性虫卵结节:由虫卵、多核巨细胞、上皮样细胞及纤维细胞构成,最终发生纤维化及玻璃样变。

思考:怎样鉴别真、假结核结节?

8. 肠血吸虫病(intestinal schistosomiasis)

肠壁各层有成堆的虫卵沉着,尤以黏膜下层为主。虫卵沉积处有假结核结节形成,有的虫卵则已钙化,周围纤维结缔组织增生,有嗜酸性粒细胞及慢性炎细胞浸润。肠黏膜有坏死、溃疡及炎性息肉形成。

9. 肠阿米巴病(intestinal amoebiasis)

肠壁黏膜缺损形成有诊断意义的烧瓶状溃疡(口小底大),深达黏膜下层,溃疡处有较多红染无结构的坏死物。与正常组织交界处的坏死组织中可找到阿米巴滋养体,呈圆形,周围常有一空隙,体积为红细胞的 6~7 倍,核小而圆,胞质嗜碱,其中可见小空泡和红细胞、淋巴细胞。

10. 肺吸虫病(paragonimiasis)

皮下组织内有坏死。坏死组织及周边有上皮样细胞,中间有裂隙,即窦道。窦道周围和脂肪结缔组织内有大量嗜酸性粒细胞、少量浆细胞、淋巴细胞浸润。在坏死组织中及附近可见到浅红色、无结构、有折光性的菱形或多角形的夏科-莱登结晶(Charcot-Leyden Crystal,CLC),系嗜酸性粒细胞的嗜酸性颗粒互相融合而成。

11. 瘤型麻风(lepromatous leprosy)

镜下见到皮肤表皮萎缩、变薄,真皮乳头扁平,真皮与表皮间有一狭窄的无细胞浸润带。真皮内皮肤附件和血管内有多少不等的麻风肉芽肿形成。麻风细胞胞质呈空泡状(泡沫细胞),细胞界限不清,核大多位于中央,其由巨噬细胞吞噬麻风杆菌后演变而来。麻风肉芽肿主要由麻风细胞、巨噬细胞及少量淋巴细胞等组成。真皮内有纤维组织增生及少量淋巴细胞散在浸润,汗腺、毛囊部分萎缩。

【实验报告】

1. 绘图:急性粟粒性肺结核的组织切片。

2. 描述:肺原发复合征、慢性纤维空洞型肺结核、结核球、细菌性痢疾、肠结核、肠阿米巴病、肠伤寒和阿米巴肝脓肿的大体标本。

3. 列表比较原发性肺结核与继发性肺结核的区别。

4．列表比较流行性脑脊髓膜炎和流行性乙型脑炎的区别。

【临床病例讨论】

病案一

［病史摘要］

患者，女性，19 岁。

主诉：头痛 5 小时，呕吐、昏迷半小时。

现病史：5 小时前患者开始头痛，半小时前出现呕吐、全身酸痛、呼吸短促、昏迷。

体格检查：T 39.8 ℃、P 128 次/分。呼吸短促，昏迷，瞳孔散大，对光反射消失，膝反射消失。

辅助检查：WBC $43.0×10^9$/L，其中 N 92%、L 8%。

临床诊断：脑膜炎？

住院经过：入院后经抢救无效，于 2 小时后死亡。

［尸检摘要］

身高 156 cm，发育、营养良好。双侧瞳孔散大（直径 0.8 cm），双侧扁桃体大。右肺 500 g，左肺 460 g，双肺下叶散在实变。肝 1730 g，表面和切面呈红色与黄色相间。左肾 160 g，右肾 130 g，左肾皮质散在直径 0.2 cm 的黄白色、圆形病变。脑 1460 g，脑膜、脊膜血管扩张，左顶及右颞叶血管周围有黄白色的渗出物，脑底部有较多黄绿色液体。

光镜下：肺实变区以细支气管为中心，肺泡壁毛细血管扩张，肺泡腔内有淡红色物质填充，细支气管壁、肺泡壁和肺泡腔内中性粒细胞浸润。肝窦变窄，部分肝细胞质呈空泡状，并将细胞核挤向胞膜下，形似脂肪细胞。肾灶性区域肾小球和肾小管结构破坏、消失，代之以中性粒细胞。蛛网膜下腔血管扩张，大量蛋白渗出和中性粒细胞浸润，革兰氏染色查见革兰阳性球菌，部分神经细胞变性。

［分析与讨论］

（1）死者生前患有哪些疾病？其诊断依据是什么？

（2）死者的死亡原因是什么？

（3）死者所患疾病是怎样发生、发展的？

病案二

［病史摘要］

患儿，女性，6 岁。

主诉：高热、头痛、嗜睡 4 天，抽搐、不语 3 天，昏迷 1 小时。

现病史：患儿于入院前 4 天出现高热、头痛、嗜睡。3 天前开始抽搐、不语。3 小时前出现昏迷。

既往史：未注射过预防针。

体格检查：T 40.4 ℃、P 120 次/分、R 40 次/分、BP 14.4/8.8 kPa(108/66 mmHg)。呈昏迷状态，颈强直，对光反射迟钝，膝反射消失，布鲁金斯氏征（＋），凯尔尼格征（Kernigsign）（＋）。心、肺、腹（－）。

辅助检查：脑脊液中有 WBC $0.098×10^9$/L，其中 N 10%、L 90%，蛋白（－）。

入院经过：入院后经对症及支持治疗，无效，于入院 10 小时后死亡。

[尸检摘要]

身高 115 cm,发育、营养尚可,唇、指发绀。扁桃体大,有黄白色渗出物覆盖,镜下见中性粒细胞浸润;右肺 200 g,左肺 180 g,肺血管扩张充血,部分气管腔内有分泌物,支气管壁有中性粒细胞浸润,部分肺泡腔内有淡红色无结构的物质充填。肝 680 g,表面和切面呈红色与黄色相间,部分肝细胞胞质呈空泡状,并将细胞核挤压变形。小肠腔内有数十条蛔虫。脑 1450 g,脑及脊髓有弥散性胶质细胞增生及小结节形成,血管套现象,神经细胞变性及软化灶形成,脑组织的病毒分离阳性。

[分析与讨论]

(1)死者患有哪些疾病? 其诊断依据是什么?

(2)其死亡原因是什么?

病案三

[病史摘要]

患者,男,40岁,湘阴县人,农民。

主诉:腹部逐渐胀大两年,症状加重两个月,于 1990 年 2 月入院治疗。

现病史:十年前患者曾在滨湖区工作,下水打湖草后,双腿发痒,出现小红点,数天后消退,当时无明显不适。两个月后曾有畏寒,发热,伴腹痛、腹泻及脓血便,服药后消失。以后间歇腹泻一两天。两年前渐感腹胀、消瘦、贫血、劳动力减退。

既往史:无饮酒嗜好及慢性肝炎、黄疸病史。

体格检查:T 37.2 ℃、P 95 次/分、R 30 次/分、BP 16.0/10.7 kPa(120/80 mmHg)。慢性病容、贫血貌、消瘦、体重 45 kg、神清。腹部膨隆,腹围 100 cm,腹壁浅静脉怒张,有移动性浊音,脾在左肋缘下 4 指,肝触诊不满意。

辅助检查:血常规 RBC 3.06×10^{12}/L,Hb 80 g/L,WBC 4.2×10^9/L,N 70%,E 10%,L 20%,PLT 60×10^9/L。

粪便检查:未发现血吸虫卵。

乙状结肠镜检:肠黏膜有多个息肉及瘢痕。

住院经过:入院后经护肝治疗,给低盐饮食、利尿、抽腹水。5 天后,病人突然感觉心慌、头晕,手足冰凉,呕出鲜血 700 ml,经大量输血,止血后,病情好转。

[分析与讨论]

(1)根据病史,诊断什么病? 诊断依据有哪些?

(2)推测哪些脏器有何病变? 如何解释其体征及症状?

病案四

[病史摘要]

患者,男性,2岁半。

主诉:间歇性腹泻水样大便 40 余天。

现病史:患儿 40 天前开始腹泻,大便呈水样,7~8 次/天,无脓血,不发热。曾在当地诊所治疗,服黄色药片后好转。但几天后又同样腹泻。近些天来每天腹泻 10 次左右,大便有黏液,伴发热。

体格检查:T 39 ℃。营养不良、脱水貌,肝肿大于肋下 2 指触及。

辅助检查:大便糊状,呈绿色,黏液(++),脂肪球(+)。

培养有致病性大肠杆菌生长。

住院经过:入院后经抗生素及维生素等治疗,腹泻次数减少,体温下降。但全身状况仍很差,精神萎靡不振,食欲不佳。家长要求输血,在入院后 1 周给予输血,但输血后 30 分钟,患儿即周身出汗,脉搏细弱不易触及,心率速而不规律,心音低钝,两肺布满水泡音,呼吸急促、口唇发绀,抢救无效而死亡。

〔尸检摘要〕

肠管:小肠及大肠内充满淡黄色、稀糊状、未消化的内容物,有大量黏液。

镜检:肠黏膜充血、水肿,呈卡他性炎症。

肝脏:肝肿大,包膜紧张,切开时边缘外翻,切面呈淡黄色,质软,有油腻感。

镜检:肝细胞内充满大小不等的圆形空泡,核被挤向一边,呈扁梭形。

肾脏:肾肿大,包膜紧张,易于剥离,色泽变淡。浑浊无光泽。

镜检:近曲小管上皮细胞肿大,胞质内充满粉红染色的细小颗粒。

心脏:心肌色泽变淡。

镜检:心肌纤维细胞肿胀,部分肌纤维内可见圆形细小空泡。

肺脏:肿大,暗红色。

镜检:肺泡壁毛细血管和小静脉扩张、淤血,肺泡腔内有大量的粉红色均质状液体,较多的红细胞漏出。

〔分析与讨论〕

(1)分析患者死亡的原因。

(2)本例肝、肾、心发生了什么病变?

(3)导致肝、肾、心病变的原因是什么?

【复习和思考】

1. 试述结核病的基本病变及其发展和转归。

2. 在结核结节中可见哪些细胞? 各细胞成分有何形态特点? 如何排列? 属于何种病变性质?

3. 原发性肺结核与继发性肺结核有什么不同?

4. 继发性肺结核分为哪几型? 各型有哪些特点?

5. 菌痢的病变特征是什么? 临床上可出现什么症状? 与阿米巴痢疾有何区别?

6. 试述肠伤寒的病理变化,可有哪些并发症?

7. 请列表比较乙脑与流脑的区别。

8. 试述:肠结核、肠伤寒、菌痢、肠阿米巴病、肠血吸虫病等五种肠道疾病的病变部位、溃疡形态及组织学病变特点和并发症有何不同?

9. 阿米巴肝脓肿是如何形成的? 与一般细菌性肝脓肿有何区别? 可有哪些并发症?

10. 血吸虫卵能引起哪些病理变化? 为什么会引起血吸虫性肝硬化? 它引起门脉高压的原因是什么? 与门脉性肝硬化在形态变化和发病机制方面有何不同。

11. 试述麻风的主要类型及病变特征。

12. 名词解释:原发复合征、结核球、结核结节、原发性肺结核、继发性肺结核、冷脓肿、伤寒小结、中毒性细菌性痢疾、沃-弗(Waterhouse-Friderichsen)综合征、卫星现象、软化灶、噬神经细胞现象、血管袖套。

【选择题】

1. 结核病的特征性病变是(　　　　)。

A.浆液渗出　　　　　　　B.纤维蛋白渗出　　　　　　　C.纤维蛋白样坏死

D.慢性炎细胞浸润　　　　E.结核结节

2. 关于结核病的病变,下列哪项说法不正确?(   )

A.机体免疫力强时,病变以渗出为主   B.细菌菌量多、毒力强时,病变以坏死为主

C.变态反应强时,病变以坏死为主   D.结核病早期,可发生渗出为主的病变

E.感染的细菌数量少、毒力较低时,病变常以增生为主

3. 典型结核结节的中心部分应该看到(   )。

A.渗出的大量血浆   B.变性、坏死的中性粒细胞

C.干酪样坏死   D.类上皮细胞

E.朗汉斯巨细胞

4. 结核病可认为完全愈合的变化为(   )。

A.形成空洞   B.纤维化   C.钙化

D.纤维包裹   E.溶解播散

5. 原发性肺结核原发病灶多位于(   )。

A.肺尖部   B.肺门部   C.肺下叶近膈面处

D.肺上叶下部和下叶上部、近胸膜处   E.肺底

6. 关于结核病引起的干酪性坏死,下列哪项是错误的?(   )

A.坏死组织呈淡黄色,均匀细腻   B.镜下呈无定形的红染颗粒状物质

C.不发生液化   D.可发生钙化

E.多由结核菌引起

7. 伤寒小结由下列何种细胞组成?(   )

A.类上皮细胞   B.多核巨细胞   C.淋巴细胞

D.浆细胞   E.巨噬细胞

8. 流行性脑脊髓膜炎脑炎期的病变特点是(   )。

A.病变早期有中性粒细胞浸润及大量纤维蛋白渗出

B.早期发生脑室阻塞

C.病变以软脑膜为主

D.无脑实质炎症

E.病变处见大量单核细胞浸润

9. 伤寒病理变化的主要特征是(   )。

A.肠道发生溃疡   B.脾肿大   C.胆囊炎

D.全身单核巨噬细胞系统增生   E.腹直肌发生蜡样变性

10. 结核球是指(   )。

A.直径小于 2 cm 的干酪样坏死灶   B.状似大叶性肺炎的干酪样坏死灶

C.孤立性的境界不清楚的干酪样坏死灶   D.无纤维包裹的干酪样坏死灶

E.直径 2~5 cm,有纤维包裹的、孤立的、境界分明的干酪样坏死灶

11. 一病人患病已 3 周,有持续性高热,心率过缓,腹胀,腹泻。因中毒性休克死亡,尸检发现弥漫性腹膜炎,回肠孤立和集合淋巴小结肿胀,坏死和溃疡形成,并有穿孔,脾大,应考虑(   )。

A.细菌性痢疾   B.肠结核   C.恶性淋巴瘤

D.伤寒   E.所谓恶性组织细胞增生症

12. 继发性肺结核的结核分枝杆菌在肺内蔓延主要通过(   )。

A.淋巴道播散   B.直接蔓延   C.血道播散

D.受累的支气管播散   E.吞入带菌痰液

13. 急性细菌性痢疾的典型肠病变表现为(   )。

A.变质性炎   B.浆液性炎   C.化脓性炎

D.假膜性炎   E.卡他性炎

14. 下列哪项不是乙脑的病理特点?(　　)

A.中枢神经系统小血管内皮细胞肿胀,坏死,脱落

B.神经细胞变性与坏死

C.胶质细胞增生和炎细胞浸润

D.神经组织出现局灶性坏死,形成软化灶

E.大脑两半球表面及颅底的软脑膜充血,浆液性及纤维蛋白性渗出

15. 乙脑的病变最严重的部分是(　　)。

A.大脑皮质   B.脊髓   C.间脑

D.中脑   E.大脑皮质、间脑和中脑

知识拓展

据 20 世纪 50 年代初的统计,全国血吸虫病疫区多达 12 个省(市、自治区),面积为 200 多万平方公里,受此病威胁的人口有 1 亿多,1200 万人感染此病,其中许多人丧失了劳动力。苏德隆教授遍览西方有关血吸虫病的文献,于 1950 年发表《近年日本血吸虫病研究之进展》一文,这对此后他个人及我国的血吸虫病研究方向起了重要的作用。苏德隆长期奋战在抗疫第一线,把广阔的农村看成是一个"天然实验室",探寻省钱又有效的灭螺方法(钉螺是血吸虫感染的中间宿主)。苏德隆建议开展大规模的卫生教育宣传运动,采取他发明的储粪尿灭虫卵运动。他还提倡在农村尽可能改用井水,将阻断农民在生产、生活中接触疫水的感染途径也列为预防血吸虫病的工作之一。1965 年,苏德隆提出了"毁其居,灭其族,防止其流入"的灭螺方针,在当地党委领导下发动群众义务劳动。在几个月的时间里,仅花费一万多元,便消灭了钉螺。"文革"期间,苏德隆克服了精神和肉体上的折磨,偷偷做实验,完成了氯硝柳胺防御血吸尾蚴的研究,并以此完成了造价低廉的"防蚴衣""防蚴笔"两项发明。1975 年,他的发明通过鉴定并被推广应用,还被带到非洲,受到援非水利建设者的欢迎。1978 年,此项发明荣获全国医药卫生科学大会奖及上海市重大科研成果奖。苏德隆为上海第一医学院应届毕业生纪念簿题词:"为了人民的利益,甘愿献出自己的一切。"这是苏德隆一生的真实写照,他用生命践行了这一誓言。1985 年 11 月,上海市宣布消灭血吸虫病,为表彰苏德隆在血防战线上的贡献,追授他血防战线先进工作者称号并记大功。2018 年 11 月 9 日,中华预防医学会追授苏德隆教授"全国血防先驱"称号。

资料来源:追忆"中国血防先驱"苏德隆:历尽千帆,归来仍是少年[EB/OL].(2023-08-24)[2024-03-25].https://www.sh93.gov.cn/detailpage/rwxy-51fb74ef-ef71-4a06-98cc-9d425da561ae.html;新中国成立 70 周年,中国疾控人默默奉献的诗篇![EB/OL].(2019-09-30)[2024-03-26].https://www.sohu.com/a/344508775_120206672.

(陈淑敏)

3.19 答案

第四篇　人体胚胎学总论

4.1　人体胚胎发生

【目的要求】

(1)了解受精、卵裂及胚泡的形成过程。

(2)掌握胚泡的结构特点。

(3)熟悉蜕膜的区分。

(4)熟悉 2 周胚盘和 3 周胚盘的结构。

(5)了解外胚层、中胚层和内胚层的早期分化。

【实验材料】

①桑葚胚模型;②胚泡模型;③胎膜与蜕膜模型,植入系列模型;④内、外胚层形成模型和中胚层形成模型;⑤神经管及体节形成模型;⑥胚盘模型;⑦第 28 天胚盘模型;⑧胎盘标本。

【实验内容】

1. 受精、卵裂、胚泡的形成与植入(第 1 周)

(1)卵裂:取桑葚胚模型观察卵裂球的形态、数量,并比较卵裂球的大小。

(2)胚泡:取胚泡剖面标本观察,胚泡壁,即滋养层,滋养层所围成的空腔,即胚泡腔,内细胞群位于胚泡腔一侧,一端与滋养层相连。

(3)植入:取植入系列模型或图片,观察胚泡植入的过程。受精后 6～7 天,胚泡内细胞群侧的滋养层先与子宫内膜接触,将其溶解,并逐渐埋入子宫内膜,滋养层细胞在植入过程中,增殖分化为外层的合体滋养层和内层的细胞滋养层。

(4)蜕膜:取妊娠子宫剖面模型,观察子宫内膜与胚胎的关系。

①基蜕膜:为位于胚胎植入处深处的蜕膜。

②包蜕膜:为覆盖于胚胎表面的子宫内膜,包蜕膜与基蜕膜共同包围着胚胎。

③壁蜕膜:系指基蜕膜和包蜕膜以外的子宫内膜。

2. 胚层的形成与胚盘(第 2～3 周)

(1)二胚层的形成:取第 2 周的胚盘模型观察下列结构。

①绒毛膜:由胚泡的滋养层发育形成绒毛膜。

②羊膜腔与卵黄囊：在绒毛膜的内面，相当于内细胞群的部位，有两个小腔。靠近绒毛膜的小腔，为羊膜腔(外胚层背侧)。另一个位于内胚层的腹侧，为卵黄囊。

③内胚层和外胚层：卵黄囊的顶，为内胚层，羊膜腔的底，为外胚层。内、外胚层相贴形成圆盘状的胚胎。

④胚外中胚层和胚外体腔：胚外中胚层衬在绒毛膜的内面及羊膜和卵黄囊的外面，胚外中胚层所围成的腔隙，叫胚外体腔，连于胚盘和绒毛膜之间的胚外中胚层，叫体蒂。

(2)三胚层的形成：取第3周不同发育阶段的胚胎模型观察。

①原条、原结和脊索：在胚盘背面的正中线上，有一条索状结构，叫原条，原条所在的部位，是胚盘的尾侧。原条的头端有一条结节状隆起，即原结。自原结向头端沿正中线伸向内、外胚层之间的条索状结构，即脊索。

②口咽膜和泄殖腔膜：在脊索的头侧有一小区，是由内胚层和外胚层相贴形成的薄膜，即口咽膜。在原条的尾侧也有一小区，也是由内胚层和外胚层相贴形成的薄膜，称泄殖腔膜。

③体蒂：为连于胚盘尾端与滋养层之间的胚外中胚层。

3. 三胚层的早期分化

(1)神经管和体节的形成：观察第3周末的胚胎模型，在外胚层的中央有一条纵贯胚盘全长的纵沟，叫神经沟。沟的两侧隆起，即是神经褶，胚盘头端神经褶较高，神经沟宽大，将来发育为脑，胚盘尾端的神经褶较低，神经沟狭小，是脊髓的原基。在胚盘的中份，两侧神经褶首先愈合形成神经管，并向头、尾两端延伸。观察第4周末的胚胎模型，可见两侧的神经褶已完全闭合成神经管。

在神经管开始形成的同时，在神经管的两侧，出现分节状的隆起，称体节。体节是由于中胚层增生、加厚而形成的。

(2)内胚层的早期分化：观察第4周末的胚盘纵切面模型，卵黄囊的顶部已被包入胚体内，形成原始消化管，其余部分位于胚体的腹侧，称卵黄囊。

原始消化管可分为三部分：与卵黄囊相连的部分为中肠，中肠尾侧和头侧的部分分别称后肠和前肠。

(3)中胚层的早期分化：观察第4周末的胚胎横切面模型，位于神经管和脊索两侧，呈分节状隆起膨大的为体节，为形成脊柱、肌肉及真皮的原基。体节的腹侧为间介中胚层，是泌尿生殖系统的原基。间介中胚层腹外侧为侧中胚层，侧中胚层内有一小腔隙，即胚内体腔。后者将侧中胚层分为两部分，与外胚层相贴的叫体壁中胚层，与内胚层相贴的叫脏壁中胚层。

【复习和思考】

1. 简述受精的定义、时间、部位、条件和意义。

2. 胚泡由几个部分构成？它们将演变成何结构？

3. 试述植入的定义、时间、部位及条件。

4. 简述外胚层、中胚层、内胚层的早期分化。

5. 蜕膜的分部及其演变。

6. 名词解释：精子获能、受精、植入。

【选择题】

1. 排卵后,卵子受精能力可以维持(　　　)。

A.6～12 小时 　　　　　　　B.12～24 小时 　　　　　　　C.36～48 小时

D.48～60 小时 　　　　　　　E.60～72 小时

2. 精子获能是在(　　　)。

A.生精小管内 　　　　　　　B.睾丸网内 　　　　　　　C.附睾管内

D.精液内 　　　　　　　　　E.女性生殖管道

3. 可发育成绒毛膜的结构是(　　　)。

A.滋养层 　　　　　　　　　B.内细胞群 　　　　　　　C.胚盘

D.体蒂 　　　　　　　　　　E.脊索

4. 胚泡中将发育成胚体的结构是(　　　)。

A.滋养层 　　　　　　　　　B.极端滋养层 　　　　　　　C.内细胞群

D.胚泡腔 　　　　　　　　　E.整个胚泡

5. 宫外孕常发生在(　　　)。

A.腹腔 　　　　　　　　　　B.卵巢 　　　　　　　　　C.直肠子宫陷窝

D.输卵管 　　　　　　　　　E.肠系膜

6. 前置胎盘是由于胚泡植入在(　　　)。

A.子宫后壁 　　　　　　　　B.子宫颈管 　　　　　　　C.子宫底部

D.子宫前壁 　　　　　　　　E.近子宫颈管内口

7. 可分化形成表皮的结构是(　　　)。

A.外胚层 　　　　　　　　　B.胚内中胚层 　　　　　　　C.内胚层

D.胚外中胚层 　　　　　　　E.滋养层

8. 可分化形成胃肠上皮的结构是(　　　)。

A.外胚层 　　　　　　　　　B.胚内中胚层 　　　　　　　C.内胚层

D.胚外中胚层 　　　　　　　E.滋养层

9. 可分化形成脑和脊髓的是(　　　)。

A.胚内中胚层 　　　　　　　B.外胚层 　　　　　　　C.内胚层

D.胚外中胚层 　　　　　　　E.滋养层

知识拓展

　　童第周(1902—1979)，浙江人，生物学家、教育家、社会活动家，中国科学院院士。中国实验胚胎学的主要创始人，开创了中国"克隆"技术之先河，被誉为"中国克隆之父"。

　　童第周执着于实验胚胎学研究50余年，长期研究卵子分化、受精，早期胚胎分化和调整，进行胚胎细胞分离、切割、移植、重组等实验。晚年从事核质关系、核移植、细胞融合等研究，他的杰出成就和重要发现受到国内外科学界的重视。

　　童第周在留学回国后，在艰难的条件下数十年如一日孜孜不倦地钻研学问，教书诲人，实验研究，开拓创业，为我国解剖学、组织学与胚胎学学科的发展作出了历史性的贡献。

　　资料来源：王渝生.中国实验胚胎学创始人开创人工培育新物种历史 中国当之无愧克隆之父树世界生物学界时代丰碑[J].中国科技教育,2022(5):76-77.

（黄建斌、王燕）

4.1答案

4.2 胎儿的附属结构

【目的要求】

(1)熟悉胎膜的组成。

(2)掌握胎盘和脐带的形态结构特点。

【实验材料】

妊娠 3 个月子宫纵剖面模型,胚胎系列模型,胎儿、新鲜胎盘和脐带标本。

【实验内容】

取妊娠 3 个月子宫纵剖面及胚胎系列模型,胎儿、新鲜胎盘和脐带标本进行下列观察。

1. 胎膜

(1)绒毛膜:包在胚体最外面,其外面的树枝状突起,叫绒毛。靠近基蜕膜部分,绒毛长而密集,故称丛密绒毛膜,属于胎盘的胎儿部分。面向包蜕膜的部分,绒毛因随胚胎发育与包蜕膜相贴而逐渐退化,又称平滑绒毛膜。

(2)羊膜:衬在胚外中胚层内面,并包被于脐带的表面。羊膜所围的腔为羊膜腔。

(3)卵黄囊:位于胚体腹侧面,在脐带形成时包入脐带内,以后闭锁,为卵黄囊。

(4)尿囊:在卵黄囊尾侧由内胚层突入体蒂内的小囊,随着胚胎的发育,尿囊近侧演变为膀胱,远侧部被包入脐带内,最后闭锁、退化。尿囊表面的胚外中胚层,形成一对尿囊动脉和一对尿囊静脉,包裹在脐带内,后改称为脐动脉和脐静脉。

2. 胎盘

由胎儿丛密绒毛膜和母体的基蜕膜构成。

4.2 胎盘彩图

观察足月分娩的新鲜胎盘标本,可见其呈圆盘状,直径 15～20 cm,厚2.5～3.0 cm,重约 500 g。胎盘的一面光滑,覆有羊膜,为胎儿面,中央连于脐带,透过羊膜可以看到以脐带为中心,呈放射状排列的血管。另一面粗糙不平,为母体面。此面有许多不规则的浅沟,把母体面分为 15～20 个大小不等的胎盘小叶。观察胎盘周缘附着结构,从胎盘的母体面向胎儿面依次为:壁蜕膜、包蜕膜、平滑绒毛膜和羊膜。其中壁蜕膜和包蜕膜已融合在一起,羊膜光滑呈半透明状,可以撕开,并能与平滑绒毛膜分开。

3. 脐带

观察足月分娩的新鲜胎盘标本,可见脐带连于胎盘的胎儿面上。一般位于胎盘胎儿面的中部,有的位于胎盘胎儿面的一侧。足月胎儿的脐带一般长约 50～60 cm,直径 1.5～2 cm。表面有一层光滑的羊膜被覆。观察脐带的横切面,可见半透明胶状的黏液性结缔组织,两条脐动脉和一条脐静脉存在其中。管腔较小、管壁较厚的为脐动脉,管腔较大、管壁较薄的为脐静脉。

【复习和思考】

1. 滋养层怎样演变为绒毛膜？绒毛膜的分类有哪些？分别有何功能？

2. 试述胎盘屏障的定义、构成及胎盘的功能。简述胎盘的血液循环途径。

3. 试述新鲜胎盘的形态结构（外形、直径、厚度、重量、两面的形态及胎盘周缘附着结构）。

4. 试述新鲜脐带的形态结构（外形、长度、直径、构造）。

5. 名词解释：胎盘屏障。

【选择题】

1. 胎膜包括(　　　)。

A.绒毛膜、羊膜、卵黄囊、尿囊、体蒂　　　　B.绒毛膜、羊膜、卵黄囊、胎盘、脐带

C.绒毛膜、羊膜、卵黄囊、尿囊、胎盘　　　　D.绒毛膜、羊膜、卵黄囊、尿囊、脐带

E.绒毛膜、羊膜、胎盘、尿囊、脐带

2. 组成胎盘的结构为(　　　)。

A.丛密绒毛膜和基蜕膜　　　　　　　　B.丛密绒毛膜和壁蜕膜

C.丛密绒毛膜和包蜕膜　　　　　　　　D.平滑绒毛膜和基蜕膜

E.平滑绒毛膜和包蜕膜

3. 临床上常作为早孕诊断指标的激素是(　　　)。

A.雌激素　　　　　　　　B.孕激素　　　　　　　　C.绒毛膜促性腺激素

D.绒毛膜促乳腺生长激素　　E.催乳激素

4. 关于胎儿血与母体血的叙述错误的是(　　　)。

A.胎盘内有母体和胎儿两套血液循环，它们互不相通

B.胎盘内有母体血和胎儿血，它们互相连通

C.绒毛膜内的血液均为胎儿的血

D.绒毛间隙内的血来自母体血

E.丛密绒毛膜内的血管与脐带的血管互相连通

5. 关于羊水的描述错误的是(　　　)。

A.羊水位于羊膜腔内　　　　　　　　B.羊水主要由羊膜上皮分泌

C.足月胎儿的正常羊水量为 500～1000 mL　D.胎儿可吞咽少量羊水

E.羊水有保护胚胎的作用

知识拓展

　　约翰·伯特兰·格登爵士,1933年10月2日出生,是一位英国发育生物学家。他主要以在细胞核移植与克隆方面的先驱性研究而知名。2012年荣获诺贝尔生理学或医学奖。

　　一直以来,人体干细胞都被认为是单向地从不成熟细胞发展为专门的成熟细胞,生长过程不可逆转。然而,格登和山中伸弥教授发现,成熟的专门的细胞可以重新编程,成为未成熟的细胞,并进而发育成人体的所有组织。1958年,格登将非洲爪蟾蝌蚪的肠上皮细胞核移入去核的卵母细胞中,成功获得了非洲爪蟾的幼体。这是史上第一例体细胞核移植动物。在此基础上,1996年英国科学家维尔穆特培育出了克隆羊"多莉"并广为人知。2006年,山中伸弥等科学家把4个转录因子通过逆转录病毒载体转入小鼠的成纤维细胞,使其变成多功能干细胞(iPScell)。两位科学家的发现彻底改变了人们对细胞和器官生长的理解。通过对人体细胞的重新编程,能够再生人体器官。

　　然而约翰·格登15岁在伊顿公学读书期间,其生物学成绩竟在全年级250名学生中排在最后一名,被同学讥笑为"科学蠢材"。他的其他理科成绩也都排名靠后。老师评价他根本不可能成为专家。虽然成绩差、不被老师和学校看好,但格登仍然非常坚持自己的想法,在科研生涯中,他一直兢兢业业,今天他已成为公认的同时代最聪明的人之一。约翰·伯特兰·格登这种坚持理想,为理想坚持不懈的精神值得我们学习。

　　资料来源:奇云,李大可.让成熟的细胞重新"编程":2012年诺贝尔生理学或医学奖得主约翰·格登的成长之路[J].生物进化,2012(4):49-54.

（黄建斌、王燕）

4.2答案

参考文献

［1］GOLDBLUM J R，FOLPE A. Enzinger and Weiss's soft tissue tumors［M］. Amsterdam：Elsevier，2020.

［2］步宏，李一雷.病理学［M］.9 版.北京：人民卫生出版社，2018.

［3］步宏，梁智勇，高鹏.病理学进展（2020）［M］.北京：中华医学电子音像出版社，2021.

［4］陈杰，步宏.临床病理学［M］.北京：人民卫生出版社，2017.

［5］崔秀娟，等.病理解剖学彩色图谱［M］.上海：上海科学技术出版社，2002.

［6］刘彤华.刘彤华诊断病理学［M］.4 版.北京：人民卫生出版社，2019.

［7］罗殿中.病理学实习指导［M］.北京：科学出版社，2018.

［8］高莹莹.p16/Ki-67 双染检测助力宫颈癌前病变诊断［J］.诊断病理学杂志，2016，23（8）：641.

［9］王坚，朱雄增.软组织肿瘤病理学［M］.2 版.北京：人民卫生出版社，2017.

［10］文剑明，李智.中枢神经系统肿瘤图谱［M］.江苏：东南大学出版社，2012.

［11］张建国，赵晶，李远航，等.STAT3、p-STAT3 与 Survivin 在胃癌及其癌前病变组织中的表达及意义［J］.中国医科大学学报，2009，38（12）：907-912.

附录 I　　临床病理工作简介

临床病理包括病理尸体剖检（autopsy，简称尸检）、活体组织检查（biopsy，简称活检）、细胞学检查（cytology）、免疫组织化学（immunohistochemistry，简称免疫组织化学）和分子病理学（molecular pathology）五部分，现分别简述如下。

一、病理尸体剖检

病理尸体剖检是病理学研究和诊断的重要方法之一。尸体剖检通常是对意外死亡或原因不明的死亡者的遗体进行解剖学检查，目的是查明死亡原因、明确诊断、验证临床诊断，总结经验教训，提高临床诊疗水平。对于解决临床诊疗上的疑难问题，尸体剖验是其他临床检测手段无法替代的。该项工作目前已成为各大医院病理科和医学院校解剖和病理教研室常规工作的一部分。

1. 病理尸体剖检的意义

（1）确诊患者所患主要疾病，判断死亡原因，帮助临床医生总结经验教训，提高诊断和治疗水平，促进医学科学的发展

疾病的发生发展是一个错综复杂、千变万化的过程。由于疾病种类繁多，且由于个体差异，即使是同一种疾病发生在不同人的身上病变表现也不尽相同，尤其是近年随着疾病谱的变化，一些新的病种在不断地产生。因此，在临床工作中，经常会遇到一些疑难病例，尤其是一些不明死因的病例为临床工作提出了许多待解决的疑难问题。目前为止，想明确患者的死亡原因、探讨导致患者死亡的疾病的本质、验证临床诊断的正确性，最好的一个办法就是通过尸体解剖检查。通过医学工作者亲自用肉眼和显微镜对可疑的病变组织和器官进行观察，综合分析，解释其发病机制，找出死亡原因，作出病理诊断；最后病理工作者与临床医生举行临床病理讨论会，依据病理尸检发现的病变来分析临床症状，用病理诊断和临床诊断进行对照，不断总结经验教训、提高医疗诊断和治疗水平。临床医疗实践证明，一个医院的诊断、治疗水平的高低往往与一个医院的尸检率的高低相平行。

（2）通过尸检可培养和提高病理工作者的病理理论水平和诊断能力

病理学是一门实践性较强的学科。病理解剖学技术是病理学研究的重要方法之一，病理工作者只有亲自做尸体解剖，才能掌握第一手病理资料，只有在病理尸检中通过对较新鲜病变进行肉眼观察和亲自取材的组织进行镜下观察、确诊，才可以不断提高病理理论水平和实际诊断能力。

病理尸体剖检可以为病理学教学提供大量的标本和教学资料。通过尸体剖检获取病变的器官或组织，并将其制成大体病理标本、镜下病理组织学切片，供教师和学生观察和研究。将被剖检死者的临床和病理资料综合起来，形成一个个病例，供学生做病例分析、病例讨论，进一步强化理论知识。可见，尸体剖检是提高病理学教学质量的一个必不可少的重要手段。因此，

为了不断提高病理学教学质量,必须大力开展病理尸检工作。

病理尸检还是解决医疗纠纷和法医学问题的重要手段;通过病理尸检还能发现各种畸形或后天发育不正常的情况,这些为医学研究不断提出重要的、新的课题,因而能进一步促进解剖学和组织胚胎学的发展。

(3)为教学和科研积累资料,提供教学标本

人类医学研究最重要的一个资料来源就是人体材料,人体材料才是人类医学研究最恰当的材料,并且有些疾病仅发生于人类。人体材料中最多的是活体组织检查标本和通过尸检所获取的尸体标本。将这些标本用特殊的方法留存起来,随着病理学的科学研究、检测手段的不断发展,这些人体材料又可用于病理回顾性诊断和研究,如肿瘤的回顾性调查、肿瘤的免疫组织化学、分子病理学的研究等,一些当时无法诊断清楚的疑难病症的研究等。

(4)发现和确诊某些传染病、地方病、流行病和新的疾病

尸检在临床、教学和科研工作中均有重要意义。随着医学科学技术的发展,临床诊断水平的提高,尸检呈逐年下降的态势。新技术的应用,虽然解决了一些过去所存在的问题,但又带来了一些新的问题,从各年代的临床误诊率并未下降来看,新技术的应用并不能替代病理解剖。同时随着环境的变化,一些疾病消灭了,又有新的疾病发生,也需要通过尸检来证实。因此,每一位临床医生,均应积极争取对死者进行尸检。

2. 病理尸体剖检方法和步骤

(1)尸检前的准备工作

临床医师在提出尸检并征得死者家属或其所在单位同意后,应详细填写申请单,送达病理科。申请单内容包括:死者病史、体格检查、实验室检查结果、临床诊断、治疗经过、死亡情况、临床医生对尸检的要求和需要解决的问题及尸检后尸体的处理方式。此外,申请单上应有死者家属或所在单位的签字盖章。

病理医师在尸检前应仔细阅读尸检申请单,了解死者所患疾病的发生发展过程、临床医生的要求,以明确尸检时应重点检查的部位和器官。若申请单填写过简,应在尸检前询问临床医师,或借阅临床病历。

尸体剖检一般在病人死亡后 3～24 h 内进行,不宜过迟,否则会因死后组织自溶和腐败而造成检查和诊断上的困难。

病理尸检要在一定的场所进行并且要有一定的设施,要事先检查剖检器械是否完备。

(2)尸体剖检用具

脏器刀、解剖刀、脑刀、解剖剪、肠剪、软骨剪、镊子(有齿、无齿)、血管钳、探针、脊椎锯、丁字凿及金属锤、大弯针及白线、量筒、铜匙、铜尺、脏器解剖台、磅秤(量大脏器用)、平秤(量小脏器用)、体重秤、酒精灯、橡皮头吸管、搪瓷盘等。

(3)剖检注意事项

①剖检所用的器械、器具和工作衣等,用后必须彻底消毒。锐利器械必须保持锋利。各类器具等应分类整齐地摆放在器械柜内,以便随时取用。剖检时所用的器具应随时用水洗涤,以保持清洁,不可沾有脓血污迹。

②解剖室应经常保持清洁。

③剖检时,尸体外表应清洁,如皮肤上有污迹和血迹,应用水擦拭干净。应尽可能地避免将脓血、粪便或污水等溅至地面,以免导致疾病传染。

④执行剖检人员应戴乳胶手套。

⑤剖开脏器时,持刀手需稳定,肩关节要多用力,腕关节保持稳定。执刀切脏器时,平均用力往后拖拉,尽量一刀切开。

⑥第一切面应在暴露该脏器最广阔部位;在未仔细检查一个脏器与其他脏器间的关系前,不应盲目切取该脏器;各脏器在未剖开前先称其重量,观察其形态与色泽,测其大小。

⑦检查出的各种结石应保存在干燥、洁净的容器内。

⑧剖检者如在工作时不慎割破皮肤,必须认真清洗创面,必要时应按外科扩创处理。

⑨剖检完毕后,因部分脏器取出,胸腹腔宜用吸水的废纸等充填,使尸体恢复原状,仔细地缝合切口,保持尸体外表的完整。

⑩及时、正确地向病理尸检申请单位发出病理尸检诊断报告。

3. 剖检方法和步骤

执行病理尸检时虽然可以根据不同病例的特点,依不同的要求,根据其具体情况,解剖步骤有所不同,但一般必须按常规的剖检方法和步骤进行,使剖检工作有条不紊,井然有序。

尸检可分为局部尸检和全身尸检,前者是对尸体某一部位进行剖检,如颅脑、胸腔或腹腔;后者,是对身体各组织和器官做全面检查,这种方法最常用,其操作步骤为:

(1)体表检查

①确定尸体的各种生命体征(呼吸、心跳和神经系统功能)是否消失,只有生命体征消失,才能进行尸检。

②观察死亡征象:尸冷、尸僵和尸斑。

③详细检查体表:包括测量身长、体重,检查死者发育、营养状况,有无畸形和外伤,皮肤色泽,有无皮下出血、水肿、褥疮,检查头部器官及浅表淋巴结。如严重外伤时在体表所造成的伤害,尤应仔细观察清楚,并做详细记录。注意五官及颈部的检查。

(2)内脏器官检查

①根据需要做适当的皮肤切口,检查皮下组织。胸腹壁切口做 T 形弧线或 Y 形切口,检查皮下组织是否正常。

②按常规打开胸腔、腹腔、颅腔及椎管。

③检查该部位的脏器位置有无异常,体腔内有无液体、炎性渗出物及肿瘤灶等。

④按常规取出各脏器,观察脏器的形态、色泽、质地,测量其大小,称重,按常规方法剖开、取材,并立即固定所留存的器官组织。

(3)切取组织块,制作组织切片,进行光镜检查。

4. 尸检记录和方法

(1)肉眼检查记录:在尸检后 24 小时内完成脏器的大体检查记录,作出初步的肉眼诊断,并报告临床。

(2)组织切片检查记录:观察和记录每张组织切片的病变。

5. 书写尸检报告

根据各器官的肉眼和组织学改变,进行全面综合分析,找出主要、次要病变,原发和继发病变,然后按其主、次,原发和继发,将病变加以排列,确定死者所患的主要疾病,最后书写尸检报告。

尸检报告包括病理解剖诊断、死因、小结和讨论。书写病理解剖诊断时,要先书写主要的,后写次要的,最后为与主要疾病无关的。小结和讨论包括主要疾病、各种病变的相互关系和死因。

二、活体组织检查

活体组织检查是指用手术切取、钳取(包括各种内镜)或细针穿刺和搔刮等方法取出患者病变部位的组织进行病理检查的方法。活体组织检查准确、可靠,尤其在早期发现肿瘤、确定其性质和类型方面具有重要意义,在临床工作中相当重要。

1. 活体组织检查的意义

(1)协助临床对病变作出诊断或为疾病诊断提供线索。

(2)了解病变性质、发展趋势,判断疾病的预后。

(3)验证及观察药物疗效,为临床用药提供参考依据。

(4)参与临床科研,发现新的疾病或新的类型,为临床科研提供病理组织学依据。

2. 活检组织的采取方法

手术切取、切除,搔刮,内镜钳取及穿刺针吸。

(1)手术摘除的器官、组织,如阑尾、甲状腺、胆囊、淋巴结等。

(2)穿刺抽取组织,如肝、肾、淋巴结的穿刺组织。

(3)自病变部位切取的小块组织,包括用胃镜、支气管镜等内镜钳取的病变组织。

3. 活检组织的送检及注意事项

(1)标本取材时首先应对标本进行观察

①标本的解剖部位、颜色、体积、质地,有无肿块:肿块是否有包膜;包膜是否完整;附带组织如皮肤、淋巴结等的形态变化。

②标本能作切面者应切开,观察切面的颜色、质地,有无出血、坏死,结节,囊腔。观察囊腔内有无内容物,内容物的性状。

③食管、阑尾等应测量其长度,观察其浆膜、黏膜的颜色,有无粘连等。

(2)送检过程的注意事项

①为了防止组织发生自溶与腐败,标本取材后应及时固定。标本固定最好用 10 ％的甲醛(福尔马林),固定液的量应为送检标本体积的 5 倍以上。

②盛装标本的容器应足够大,宜于保持标本原形,口宜大,利于标本装入和取出。容器外应贴标签注明:患者姓名、性别、标本名称、住院号、病床号等项。送检标本多时,一定注意不要将标本弄混。

③临床医师应认真清楚填写申请单的每一项内容,按要求逐项认真填写病理送检申请单。因所列各项对于作出正确的病理诊断均有重要意义,申请单应随同所取组织送达病理科。

(3)关于手术切取组织应注意以下几点

①取材部位要准确,在病变与正常组织的交界处取材,要求取到病变组织及周围少许正常组织,其大小一般以 1.5 cm×1.5 cm×0.2 cm 为宜。

②忌在坏死和感染明显区取材。

③多灶性病变要分别取材。

④取材应有一定的深度,要求与病灶深度平行的垂直切取,胃黏膜活检应包括黏膜肌层。

⑤有腔标本应取管壁的各层;有被膜的标本取材时应尽量采取;淋巴结等附属组织均应取材以备镜下观察。

⑥切取或钳取组织时应避免挤压,避免使用齿镊,以免组织变形而影响诊断。

⑦活体组织直径小于 0.5 cm 者,必须用透明纸或纱布包好,以免遗失。

⑧含骨组织应先进行脱钙处理后取材。

⑨应标明有特殊要求的部位。

(4)所取标本应及时用 10％中性甲醛溶液充分固定(标本和固定液的比例为 1∶5 以上),容器上应标明病人姓名、住院号、病房、床号等,以免搞错标本,不同部位的标本应分别固定和标明(如胃窦部、胃体部)。

4.活检组织的检查方法

(1)肉眼检查

①病理医师应查对病人姓名、病理编号和送检组织是否相符,若有差错要及时询问临床医师及其他有关人员。

②观察和记录标本的大小、形状、表面及切面特点,发现病变时,详细观察和记录病变特点,并切取组织块制作组织切片。

(2)组织学检查

组织学检查是最重要的检查方法,病理医师根据组织学检查结果作出诊断。根据不同目的分别制作石蜡组织切片、冷冻组织切片进行检查。

①石蜡组织切片:石蜡组织切片是最常用的组织切片制作方法,用于常规病理诊断。其制作步骤是将切取的组织块,经固定、脱水、浸蜡,制成蜡块和切片,再经苏木素-伊红(HE)染色而成。此法的优点是组织切片质量较好,观察全面,诊断准确率高。

②冷冻组织切片:冷冻组织切片用于手术过程中的病理诊断,手术医生在了解病变性质后,确定手术方式和手术范围。其方法是首先对手术中所取组织进行肉眼观察记录,再切取组织块置恒冷组织切片机中,待组织冷冻变硬后切片、HE 染色。其优点是制片时间短,在手术中即可获得病理诊断;不足之处是组织细胞形态不如石蜡组织切片清晰,给诊断带来一定困难,对病理医师的诊断水平和经验要求高。对一些疑难病变,冷冻组织切片诊断确有困难者,待石蜡组织切片后再行诊断。

③其他:根据病变情况有时尚需做电镜观察、特殊染色或免疫组织化学以助诊断。

5.活体组织检查的病理诊断

病理医师根据肉眼和光镜观察所见作出病理诊断。病理诊断包括病变部位(组织/器官)、病变名称(疾病名称),如胃窦小弯慢性浅表性胃炎(轻度)。但由于多种因素的影响,不能作出肯定诊断时,常采用"考虑为……""多系……""倾向于……",如慢性子宫颈炎、黏膜上皮重度不典型增生,考虑有灶性恶变;或用描述性诊断,如胃黏膜组织有淋巴细胞和浆细胞浸润,未见溃疡改变,若送检组织太小或挤压过重则不能诊断。

三、细胞学检查

细胞学检查亦称诊断细胞学,是诊断病理学的重要组成部分,分为脱落细胞学(exfoliative cytology)和细针吸取细胞学(fine-needle aspiration cytology)两部分。细胞学检查主要是对人体病变部位脱落、刮取及穿刺吸取的细胞形态和性质进行观察,从而对某些疾病作出诊断的一门学科,主要应用于肿瘤脱落细胞的诊断,特别是肿瘤的普查。

1. 细胞学检查的意义

(1)阳性率高

如食管癌细胞学检查诊断阳性率高达90%以上。

(2)适用于防癌普查

因其制作简便,不需外科手术,故其最大用途是大规模社区的防癌普查,以期达到"早期发现、早期诊断、早期治疗"的目的。

(3)设备简单,易于操作,易于推广

设备简单、容易掌握、操作方便且安全,被检查者痛苦小,费用低,适合各级医疗单位普遍开展。

2. 细胞学检查适用的范围

(1)机体上皮表面的肿瘤组织脱落细胞,如食管脱落细胞、女性生殖道的脱落细胞、泌尿道的脱落细胞。

(2)穿刺抽吸肿瘤组织。

(3)肿瘤细胞染色体的异常改变。

3. 脱落细胞检查的原理

癌细胞与正常细胞一样,有不断脱落的现象,但是瘤细胞生长迅速,细胞之间的黏合力较低,所以癌细胞的脱落较正常细胞快。又因癌组织表面常由于供血不足,易发生坏死与脱落,所以含有这种脱落细胞的体液或分泌物作涂片检查,易找到癌细胞。

4. 脱落细胞学检查的优点

(1)涂片制作简便。

(2)不需作外科手术,并可多次重复检查。

(3)脱落细胞代表着广泛区域肿瘤的情况。

5. 细胞学检查标本的采集方法

(1)标本的采集原则

①正确选择采集部位。

②液体标本应离心后收集沉淀物涂片,如胸腔积液、腹腔积液、尿液等。

③采集的标本应新鲜。标本采集后应立即涂片、吹干、固定。

(2)几种常用的细胞学检查标本采集方法

①浅表肿瘤涂片或刮片法

适用于浅表肿瘤的细胞学诊断,如子宫颈癌表层细胞的涂片或刮片。

②深部肿瘤自然分泌液涂片

适用于深部有腔的与外部相通器官恶性肿瘤的检查与诊断,如痰液、尿液涂片用于肺癌和膀胱癌的诊断。

③深部肿瘤穿刺物涂片

适用于位于人体深部,又无自然管道与外界相通器官的肿瘤的诊断。目前较受欢迎的是细针吸取活检,因针细,对组织的损失破坏作用小,吸出的细胞是存活的,因此诊断的阳性率高。

④其他脱落细胞检查方法

如食管拉网的摩擦涂片、胃加压冲洗法、各种内窥镜毛刷涂片、印片法等,可诊断相应部位的肿瘤。

6. 细胞学涂片的常规制作方法

（1）制片过程

包括将病变部位刮取的细胞、穿刺物、胸腹水和尿液的离心沉淀物、乳头溢液、痰液及其他方法所取得的细胞制成涂片，吹干，固定，HE 染色，封固等步骤（采集标本→涂片→吹干→固定→染色→封固）。

用于脱落细胞学检查常用的染色方法是 HE 染色法（苏木素-伊红染色法）、巴氏染色法。涂片固定多用等量乙醚乙醇固定液固定。

（2）涂片注意事项

①涂片时操作要轻柔，以免损坏细胞。

②涂片厚薄要适当。

③涂片后要及时固定，以防细胞发生自溶和变性。

7. 观察和诊断

细胞学的观察以低倍镜观察为主，结合高倍镜观察进行诊断。观察要全面仔细，以免漏诊。

8. 细胞学检查报告

细胞学检查结果分为阴性（无癌细胞）、核异质（异型细胞）、可疑癌细胞及阳性（查见癌细胞）。

在阳性涂片，大部分可确定癌组织类型，可不再做活检。若为可疑或癌细胞数量很少时，应再做活检或术中冷冻组织切片来确诊，切不可只依据少数的阳性细胞来确定治疗方法或手术切除范围。

9. 细胞学诊断应注意的问题

（1）应了解该组织正常脱落细胞的情况及脱落细胞的形态，了解该组织在异常情况下脱落细胞的形态，了解恶性肿瘤的细胞学特征。

（2）因涂片范围大，癌细胞的分布很分散，因此应首先以低倍镜观察为主，当发现异型细胞时，再用高倍镜仔细观察。

（3）按顺序观察整个涂片，避免漏视某一区域，发生漏诊。

（4）脱落细胞学检查有一定的局限性，会有一定数量的误诊率，其中大部分为假阴性（即癌肿病人未能找到癌细胞）。

（5）对于脱落细胞阳性的诊断（即找到癌细胞）需要加以分析，部分病例如果证据不充分，还有待活组织检查或手术探查证实后才可行外科根治手术。

四、免疫组织化学

免疫组织化学是利用抗原与抗体特异性结合的原理，通过化学反应使标记抗体的显色剂（荧光素、酶、金属离子、同位素）显色来确定组织细胞内抗原（多肽和蛋白质），对其进行定位、定性及定量的研究。该方法目前已广泛运用于肿瘤病理诊断与鉴别诊断，同时，在临床上对肿瘤的预后判断和治疗方案提供一定参考价值。

1. 免疫组织化学的原理

免疫组织化学通过抗原与抗体特异性化学反应使标记于特异性抗体上的显示剂，如荧光素、酶、金属离子、同位素等,显示一定的颜色,并借助显微镜、荧光显微镜、电子显微镜观察其颜色变化,在抗原抗体结合部位确立组织、细胞结构的一门新兴组化技术。

2. 免疫组织化学的特点

(1)特异性强

免疫组织化学的基本原理是抗原与抗体的"一对一"的特异结合,如角化蛋白(keratin)显示上皮成分、LCA 显示淋巴细胞成分。

(2)敏感性高

在应用免疫组织化学的起始阶段,由于技术上的限制,只有直接法、间接法等敏感性不高的技术,那时的抗体只能稀释几倍、几十倍。现在由于 ABC 法或 SP 法的出现,抗体稀释上千倍、上万倍甚至上亿倍仍可在组织细胞中与抗原结合,这样高敏感性的抗体抗原反应,使免疫组织化学的方法越来越方便地应用于常规诊断工作。

(3)定位准确,形态与功能相结合

虽然聚合酶反应(PCR)方法已经广泛地应用于疾病的诊断,但由于不能在组织和细胞内进行明确的定位而限制了 PCR 在病理组织学上的应用。免疫组织化学可在组织和细胞中进行抗原的准确定位,可以对不同抗原在同一组织或细胞中进行定位观察,进行形态与功能相结合的研究,这对于病理学的深入研究是十分有意义的。

3. 免疫组织化学的技术方法

(1)免疫荧光组织化学技术

免疫荧光组化技术的基本原理是将已知的抗体或抗原分子标记上荧光素,当与其相对应的抗原或抗体起反应时,在形成的复合物上就带有一定量的荧光素,在荧光显微镜下就可以看见发出荧光的抗原抗体结合部位,检测出抗原或抗体。优点:方法简便、特异性高,非特异性荧光染色少。缺点:必须有荧光显微镜;荧光强度随时间的推迟而逐渐消退,切片不能长期保存;阳性部分定位不准确等。

(2)免疫酶组织化学技术

免疫酶组化技术是借助酶组织细胞化学的手段检测抗原(或抗体)在组织细胞内存在部位的一门新技术,是在免疫荧光组化技术的基础上发展起来的。将酶以共价键的形式结合在抗体上,制成酶标抗体,再借助酶对底物的特异催化作用,生成有色的不溶性产物或具有一定电子密度的颗粒,于光镜或电镜下进行观察,以对细胞表面或细胞内部各种抗原或抗体成分进行定位。用于免疫酶组化技术标记的酶有:辣根过氧化物酶(HRP)、碱性磷酸酶(AKP)、葡萄糖氧化酶(GOD)等。优点:切片能长期保存、反复观察,适于镜下半定量分析。缺点:酶与抗体形成的共价键,可损害抗体和酶的活性;易产生非特异染色。

①直接法

用酶标记的特异性抗体直接与标本中的相应抗原反应结合,再与酶的底物作用产生有色的产物,沉积在抗原抗体反应的部位,即可对抗原进行定性、定位以至定量研究。优点:简便、快速、特异性强,非特异性背景反应低。缺点:每种抗原必须分别用其抗体的酶标记物,且敏感性低。

②间接法

先用未标记的特异性抗体(一抗)与标本中相应抗原反应,再用酶标记的抗特异性抗体(二抗)与结合在抗原上的一抗(即特异性抗体)反应,形成抗原-抗体酶标抗体复合物,最后通过酶的底物显色。优点:用一种酶标抗体就可与多种特异性一抗配合而检查多种抗原,而且敏感性也优于直接法。

③酶桥法

酶桥法的建立是免疫酶法重大改进的标志。应用化学交联法将酶与抗体分子结合的技术改进为用酶和酶抗体免疫反应而结合的方法,避免了由于化学反应过程中对酶活性和抗体效价的不良影响。优点:任何抗体均未被酶标记。酶是通过免疫学原理与酶抗体结合的。避免了共价连接对抗体和酶活性的损害,提高了方法的敏感性,而且节省一抗的用量。缺点:抗酶抗体不易纯化。

④PAP法

PAP法的基本原理是特异性抗体(一抗)与组织中的抗原结合后,将桥抗体(二抗)结合其上,桥抗体再与酶及其抗体制成的复合物(PAP)连接起来,最后经过底物的呈色反应将抗原显示出来。PAP法具有抗体活性高、灵敏度高、背景染色低的特点。特别是近几年,由于PAP试剂盒的商品化,PAP法在科研和临床病理诊断中有着广阔的应用前景。

⑤APAAP法

碱性磷酸酶抗碱性磷酸酶(Alkaline phosphatase antialkaline phosphatase,APAAP)法是Mason和Moir(1983)等在PAP法的基础上,用AKP替代HRP而建立的一种方法,都属于未标记抗体桥联法。优点:在内源性的过氧化物酶较高的组织中进行免疫组织化学染色时,APAAP法较PAP法具有更多的优势,仅需稍加处理就能消除内源性酶的干扰,而PAP法则困难较大;敏感性与PAP法大致相似;在血、骨髓、脱落细胞涂片的免疫细胞化学染色上具有PAP法不能替代的优势;反应稳定,着色清楚,背景淡。

(3)亲和免疫组织化学技术

亲和免疫组织化学技术是利用两种物质之间的高度亲和特性,将酶、荧光素等标记物与亲和物质连接,对抗原或其他靶物质进行定位和定量的方法。亲和免疫组织化学技术的发展使免疫组织化学反应的灵敏度得到进一步提高,非特异反应大为降低,实用性更强。目前被发现的有高度亲和能力的物质有抗生物素-生物素、植物凝集素与糖类、葡萄球菌A蛋白与IgG、激素与受体等。

①ABC技术

生物素即维生素H,是一种小分子的维生素。抗生物素又称为亲和素或卵白素,是一种碱性蛋白,属于糖蛋白。抗生物素与生物素具有极高的亲和力。利用上述特性,可以建立抗生物素-生物素免疫染色系统。

ABC技术的原理是先将生物素与HRP结合,形成生物素化的HRP,再与卵白素按一定比例混合,即形成ABC复合物。然后,将生物素化的二抗与特异性一抗结合,再与ABC复合物连接,形成抗原-特异性抗体-生物素化二抗-ABC复合物,最后进行显色反应定位。优点:敏感性高,特异性强,方法简便,应用广泛。

②链霉菌抗生物素蛋白-过氧化物酶连接法(SP法)

SP法又称为标记的链霉卵白素-生物素(LSAB)法。其染色原理和操作步骤与ABC技术相同,只是用链霉菌抗生物素蛋白代替了ABC复合物中的抗生物素,即将生物素化的HRP和链霉菌抗生物素蛋白混合,形成SP复合物,再用生物素化的二抗将特异性一抗和SP复合物连接起来,最后用底物显色剂显色,从而显示抗原的位置。

③葡萄球菌A蛋白(SPA)免疫酶法

SPA能与某些哺乳动物IgG的Fc段非特异性结合,也能与人的IgG1、IgG2和IgG4结合。另外,酶、荧光素、胶体金等可以标记在SPA上,使之成为免疫组织化学中有用的工具。如

SPA 可用在 PAP 法中代替桥抗体;标记 SPA 可直接检测组织细胞内的 IgG 成分或免疫复合物。SPA 免疫酶法具有操作简便、染色时间短、灵敏度高和背景着色浅的优点。

4. 免疫组织化学的抗体选择

(1)一线抗体

CK(癌)、vimentin(肉瘤)、desmin(肌源性肉瘤)、GFAP(胶质瘤)、LCA(恶性淋巴瘤)、S100 等。

(2)二线抗体

CK 系列;CD 系列;特异性抗体(激素、CEA、AFP、PSA 等);Actin;第Ⅷ因子;HMB45;肿瘤预后标记;耐药基因。

(3)三线抗体

一些特殊用途的抗体,平时应用较少。

5. 免疫组织化学在肿瘤中的意义

(1)免疫组织化学诊断已成为肿瘤病理诊断的一个重要组成部分

自 1975 年单克隆抗体的问世,免疫组织化学技术开创了肿瘤病理诊断的新前景,使人们大大加深了对肿瘤的本质认识。它经历了从冰冻切片到常规石蜡切片,从免疫荧光到免疫酶标等一系列技术的完善,使免疫组织化学从研究应用扩展到常规病理诊断实验室之中。在帮助病理诊断上起到了以往其他辅助手段(如组织化学、组织培养、形态测量等)都无法达到的诊断指导作用(对未分化或低分化肿瘤的鉴别诊断准确率达 50%～75%)。

(2)免疫组织化学使肿瘤病理由"艺术"的诊断转变为"科学"的诊断

随着免疫组织化学技术不断完善,免疫组织化学试剂品种不断增多,免疫组织化学已成为肿瘤病理诊断的一个重要组成部分,现已成为鉴别肿瘤、确诊肿瘤类型和研究肿瘤来源及其生长规律的重要手段。其优点是,可以在原位观察抗原物质是否存在及存在部位、含量等,把形态变化与分子水平的功能、代谢结合起来,在显微镜下直接观察。

6. 免疫组织化学在肿瘤诊断中的应用

(1)病理诊断,特别是对肿瘤进行诊断与鉴别诊断

①对肿瘤的组织起源进行诊断与鉴别诊断

角蛋白抗体(CK)——癌;波形蛋白抗体(vimentin)——肉瘤;S100 蛋白——恶性黑色素瘤;LCA(白细胞共同抗原)——淋巴造血系统肿瘤。

HMB45、Melan-A、S100 的免疫组织化学技术可以很容易帮助病理医师确定诊断形态不典型又无色素的恶性黑色素瘤。子宫内膜黏液性腺癌如果 vimentin 阳性而 CEA 阴性,倾向于子宫内膜来源,反之则倾向于子宫颈来源。硬化型和纤维板层型肝细胞性肝癌应与胆管细胞癌或混合型癌鉴别,肝细胞性肝癌表达 AFP、CK8/18,胆管细胞癌表达 CK9/19。

此外,还可以研究组织起源不明的肿瘤的免疫组织化学特点,帮助诊断和鉴别诊断。

②肿瘤良恶性的诊断

如滤泡中心 Bcl-2(－):考虑为 B 细胞反应性增生性病变。Bcl-2(＋):考虑为滤泡性淋巴瘤。P504S(＋):考虑前列腺癌。

肿瘤细胞增生是否活跃直接影响着临床治疗与预后。传统上判断一个肿瘤是否生长活跃是靠病理组织学观察细胞分裂象的多少来决定的,但由于计数不准确以及影响因素太多而临床应用价值有限。免疫组织化学法对瘤细胞增生抗原进行定位定量最为简便、可靠,主要是通

过 Ki-67、PCNA(增殖细胞核抗原)的单克隆抗体来实现的。

免疫组织化学还可以对分化程度进行判断。CEA(癌胚抗原)可作为上皮性肿瘤的标记物,有三种表达类型:胞膜或腔面型、膜浆型。

③发现微小转移灶

用常规病理组织学方法要在一个组织中认出单个转移性肿瘤细胞或几个细胞是不可能的,而采用免疫组织化学方法则十分有助于微小转移灶的发现。如对一组常规病理切片证实为阴性的乳腺癌淋巴结运用免疫组织化学检查,发现 25%的病人已具有淋巴结转移,这对于进一步的治疗和预后都十分有意义。同样,在对骨髓的免疫组织化学检查中发现,用常规方法认为无骨髓受累的乳腺癌病人中有 21%发现了骨髓中的转移灶。这种微小转移灶的发现,为临床治疗提供了可靠的依据。

④判断转移性癌的原发灶

器官特异性标记物有助于判断转移性癌的原发灶。比如甲状腺球蛋白(Tg)/降钙素(CT)→甲状腺;PSA/PSAP→前列腺;表面活性物质→肺;BRST-2/GCDFP-15→乳腺;HER-PARI、AFP→肝;CA125→女性生殖道。

不同分子量 CK:CK7 胃肠道外大多数腺癌均为阳性表达;CK20 仅胃肠道和女性生殖腺癌、黏液腺癌为阳性表达。

⑤免疫组织化学在肿瘤分类与免疫分型上的运用

软组织肿瘤分类:软组织肿瘤因其种类多、组织形态相像,有时难以区分其组织来源,应用多种标志进行免疫组织化学研究对软组织肿瘤的诊断是不可缺少的。如各型横纹肌肉瘤常常不同程度地表达结蛋白(desmin)、MyoD1、myogenin,上皮样肉瘤常常表达角蛋白和 CD34。

淋巴瘤的免疫分型:各型淋巴瘤的诊断更是随着免疫组织化学技术的发展而不断改进分类,常用的 B 淋巴细胞标志物包括 CD19、CD20、CD79a、PAX5 等,而常用的 T 淋巴细胞标志物包括 CD2、CD3、CD7 等。如阳性表达 CD20、CD23 和 CD5 有助于小 B 细胞淋巴瘤/白血病的诊断。

生殖细胞肿瘤鉴别和分类:无性细胞瘤免疫组织化学示 PLAP、CD117、D2-40、SALL4、OCT3/4 强阳性,不表达 CD30;胚胎性癌 CD30 阳性可鉴别。

激素类细胞的定性和定位:以进一步明确内分泌细胞的类型和功能状态。

⑥在肿瘤分期上的运用

采用层粘连蛋白和Ⅳ型胶原的单克隆抗体可以清楚地显示基底膜的主要成分。一旦证实上皮性癌突破了基底膜,就不是原位癌,而是浸润癌了,其预后意义是不同的。已有对乳腺癌、大肠癌、子宫颈癌、胰腺癌、肺癌、膀胱癌、前列腺癌等肿瘤应用免疫组织化学研究基底膜的报道。

采用第八因子相关蛋白、UEA 凝集素等显示血管和淋巴管内皮细胞的免疫组织化学方法则可清楚地显示肿瘤对血管或淋巴管的浸润情况。对许多肿瘤的良恶性鉴别以及有无血管或淋巴管的浸润,这是主要的鉴别依据,同时也有治疗及预后意义。

⑦研究某些病原体与炎症或肿瘤的关系

如巨细胞病毒感染引起肝炎表现,免疫组织化学可以清楚显示巨细胞病毒;如乙型肝炎病毒与肝癌的关系。

⑧研究和寻找癌前病变的标记物

临床上采用免疫组织化学双染技术在宫颈上皮细胞或组织中检测 p16 和 Ki-67,以辅助诊断子宫颈癌前病变;STAT3、p-STAT3、Survivin 蛋白在肠上皮化生、异型增生等病变中异常表达可能有助于辅助诊断胃癌及其癌前病变。

（2）探讨疾病的发病机制

例如滤泡性淋巴瘤 t(14;18)所引起的 Bcl-2 在肿瘤性滤泡中高表达可以通过免疫组织化学染色显示细胞核呈阳性;ALK 免疫组织化学染色阳性,提示该间变性大细胞淋巴瘤存在着由 t(2;5)引起的 *NPM-ALK* 融合基因;琥珀酸脱氢酶 B 免疫组织化学阴性的胃肠间质瘤无 *c-Kit* 和 *PDGFRA* 突变,其生物学特性也和具有 *c-Kit* 或 *PDGFRA* 突变的胃肠间质瘤有较大区别。

（3）预后判断

许多免疫组织化学标志物有预后判断意义。例如乳腺癌 HER2 强阳性(3＋),提示肿瘤的预后差、发生转移的概率大;乳腺癌雌激素受体阳性一般预后优于雌激素受体阴性者;ALK 阳性的间变性大细胞淋巴瘤预后优于 ALK 阴性者;Ki-67 标记率高,往往预示着增生活跃,因而成为胃肠胰神经内分泌肿瘤分级的重要标志物;对于淋巴瘤也一样,Ki-67 高标记率的淋巴母细胞淋巴瘤、间变性大细胞淋巴瘤、弥漫性大 B 细胞淋巴瘤、NK/T 细胞淋巴瘤、Burkitt 淋巴瘤,其生物学行为均呈侵袭性;IDH1 阳性的胶质瘤预后好。

（4）治疗预测

以人源化单克隆抗体和酪氨酸激酶抑制剂为代表的肿瘤靶向药物治疗,虽然许多情况下需要分子病理学方法检测相应基因改变,但不少情况下可借助免疫组织化学进行靶向病理诊断。胃癌和乳腺癌 HER2 检测常常应用免疫组织化学和荧光原位杂交(fluorescence in situ hybridization,FISH)两种方法,但一线方法是免疫组织化学。只要 HER2 免疫组织化学强阳性(3＋),便提示临床适宜使用曲妥珠单抗治疗,无须再做 FISH 检测 *HER2* 基因;结直肠癌错配修复基因免疫组织化学检测对 5-FU 的应用有指导意义;识别 EGFR 和 ALK 特定突变的抗体可以用于初筛鉴定其突变。雌激素受体(ER)或孕激素受体(PR)阳性的乳腺癌预后优于阴性者,而且阳性者对内分泌治疗反应好、无瘤生存期延长。相似的结果也见于子宫内膜癌和卵巢癌。

7. 免疫组织化学应用中的注意事项

（1）免疫组织化学结果的判断原则

①必须设对照。

②抗原表达必须在特定部位。

③阴性结果不能视为抗原不表达。

④免疫组织化学与 HE 切片诊断应以 HE 切片诊断为准。

（2）对假阴性和假阳性的认识

假阴性的原因主要是:

①抗体已失活或浓度不当或抗体本身达不到应有的敏感度,不论是自产抗体、国外赠送的抗体还是商品化了的抗体,都会有抗体不能显示相应抗原的现象。

②抗原丢失或减弱,当标本处理不当时更容易出现,如固定不良、过高。(注:10％中性缓冲甲醛作为常规固定剂,可使大多数抗原保护,对免疫组织化学技术和原位杂交技术有利。)

③操作步骤不当,即纯技术上的失误,如反应时间不够或过久、洗脱不够等。

假阳性的原因有:

①抗体与多种抗原有交叉反应。

②抗体与组织中某些成分的非特异性结合。

③内源性酶的显色。

④肿瘤或病变中有其他组织残留,尤其是肿瘤中残余极少的正常组织,而正常组织此时又

有一定程度的增生或萎缩时,易将其误认为肿瘤成分。

⑤抗原的弥散或被瘤细胞吞噬而使抗原在不该出现的部位出现,如霍奇金淋巴瘤 RS 细胞中的免疫球蛋白。

⑥异位抗原的表达,对于这一点目前还存在争论。如浆细胞有的表达角蛋白,到底是异位抗原表达还是交叉反应尚未肯定。

(3)抗原的"例外"表达

目前免疫组织化学所用抗体大多数为商品化的单克隆抗体,从理论上说一种抗体只能与其相应的一种抗原起免疫反应。如 keratin,开始应用时曾认为只标记上皮细胞中的角蛋白,因而具有无可非议的鉴别诊断作用。但近几年来陆续发现 keratin 也可表达于非上皮性组织和肿瘤。反之,波形蛋白(vimentin)亦见于多种上皮组织和肿瘤,如肾癌、乳腺癌、肺癌等。目前多用细胞分化的不同阶段其抗原性有相应变更来解释这些抗原的"例外"表达。

(4)抗原的联合表达

在免疫组织化学诊断工作中还应注意一些肿瘤和正常组织细胞存在着抗原的联合表达的问题,即一种细胞表达多种抗原。因此,仅一种抗体的检测阳性是不够的,而要应用一组抗体去检测才可能弄清问题。如肺癌可同时表达 keratin、vimentin 抗原,如果形态上分化差仅 vimentin 显示阳性,就有可能误解为肉瘤,如果仅做 desmin 显示阳性,又可能误解为肌源性肿瘤。还有横纹肌肉瘤可同时表达 keratin、vimentin 和 desmin,如果仅 keratin 显示阳性,可能会误解为癌。

(5)应用"反证法"确保免疫组织化学检查在病理诊断中的准确性

一例未分化肿瘤,其原发部位及组织来源都不清楚时,根据 HE 切片怀疑恶性黑色素瘤,如果仅做 S100 染色,结果阳性,病理报告为黑色瘤,这样做是免疫组织化学的大忌,非出错误诊断不可。而采用"反证法",即选用黑色瘤可以表达阳性的一组抗体(S100、HMB45、vimentin、NSE、Leu-7、Leu-M1)和黑色瘤不表达的一组抗体(keratin、LCA、desmin、Synaptophysin),才能保证诊断的准确性。

五、分子病理学技术

分子病理学是传统病理学与分子生物学、生物化学、蛋白质组学、遗传学交叉融合形成的一个新的病理分支学科,主要通过检测器官、组织或体液中分子的变化来研究和诊断疾病。分子病理学将分子变化与组织及细胞形态相结合,不仅使病理诊断更为精确,还可用于疾病分子分型、疾病治疗效果和预后的评估,以及疾病易感个体筛查。

分子病理学技术常用原位杂交(in situ hybridization,ISH)技术、测序技术、聚合酶链反应技术(polymerase chain reaction,PCR)等。

1. 原位杂交

核酸分子杂交(简称杂交,hybridization)是核酸研究中一项最基本的实验技术,即互补的核苷酸序列通过 Watson-Crick 碱基配对原则形成稳定的互补双链分子的过程。原位杂交是在组织切片、细胞涂片或印片上原位检测某种 DNA 或 RNA 序列的一项技术。原位杂交是指将特定标记的已知核苷酸序列作为探针,与细胞或组织切片中核酸靶序列按碱基互补配对原则进行杂交,在光镜或电镜下观察目的核酸的存在及定位的过程,主要用于检测染色体数量异常、染色体易位、基因扩增与缺失、特定靶基因在染色体上的定位以及感染组织中病毒 DNA/RNA 的检测和定位等。

（1）基本原理

核酸分子杂交的基本原理是利用核酸分子（DNA，RNA）的碱基对形成氢键的互补性（A＝T，A＝U，C＝G），用带有标记物的核酸探针去检测与之碱基互补的靶核酸，这与免疫学中抗原抗体的反应相似。

DNA 螺旋双链分子在碱性条件下加热至 100 ℃（95～100 ℃）或加变性剂时，其双链间互补碱基的氢链解开而成为单链，此过程称为变性。这两条互补的核酸单链在一定离子浓度和逐渐降温时，其互补碱基间的氢链又可再连接而成双链核酸分子，此过程称为退火或复性。在退火或复性过程中，如果加入外源且序列互补的单链 DNA 或 RNA 片段，则也可与原来解开的一条单链互补连接而成异质双链核酸分子。这一合成异质双链核酸分子的过程就称为核酸杂交或核酸分子杂交。如在加入的单链 DNA 或 RNA 片段上加以标记作为探针，则可显示出核酸杂交所形成的杂交子而检出与探针互补的核酸。

原位杂交不需要经过核酸提取的步骤，而是在组织细胞原位进行的核酸杂交。在此基础上，在光学显微镜或电子显微镜下观察杂交信号。

（2）原位杂交技术的基本步骤

原位杂交技术的基本步骤：①制备和标记探针；②准备待检杂交样本；③原位杂交；④信号处理及观察记录。特异性探针的制备和标记是分子杂交成功的前提，目前应用的探针标记物多为非放射性物质，如荧光素、地高辛、生物素等。探针标记的方法可分为直接标记法和间接标记法。直接标记法是通过荧光素直接与探针核苷或磷酸戊糖骨架共价结合，或在缺口平移法标记探针的过程中掺入荧光素-核苷三磷酸标记探针。这种方法的优点是快速简洁，探针杂交后经过简单冲洗就可镜检，暗视野下观察时荧光背景干扰少，探针标记种数不受高亲和力配基能力限制；缺点是杂交信号较弱，而且不能进一步放大。当靶序列较长时（＞100 kb），检测信号比较稳定可靠。间接标记法是先在 DNA 探针上连接一种半抗原（如常在 dUTP 上标记生物素或地高辛），然后通过能同半抗原特异结合的标记蛋白对目标核酸分子进行检测。

原位杂交技术的关键步骤是组织切片的消化预处理和杂交前的预变性。利用蛋白酶对组织细胞中的蛋白质分子进行消化分解，可以解除蛋白质与核酸的结合与交联，使细胞中的核酸分子得以充分暴露，杂交前预变性可以促进 DNA 变性和双链解离，使探针和靶基因分子充分线性化，保证杂交过程中两者之间的快速识别和互补结合。过度或不充分的消化和预变性，会造成杂交信号的削弱甚至丢失，导致杂交失败或假阳性结果。

（3）原位杂交技术的分类

根据探针标记染料的不同，常用的有荧光原位杂交和显色原位杂交。

①荧光原位杂交

荧光原位杂交（fluorescence in situ hybridization，FISH）的基本原理是将荧光素标记的核酸探针在变性后与已变性的靶核酸在退火温度下复性，通过荧光显微镜原位观察荧光信号并进行分析，具有快速、安全、灵敏度高的优势。DNA 荧光标记探针是其中最常用的一类核酸探针。利用此探针可对组织、细胞或染色体中的 DNA 进行基因水平的分析，在间期核和染色体水平上发现染色体异常，如三体病、基因扩增、基因易位等。

荧光标记探针不会对环境构成污染，灵敏度能得到保障，可同时使用多个探针，因而可进行多色观察分析，缩短因单个探针分开使用导致的周期过程和技术障碍。缺点是商品化探针价格昂贵，需配备专用的荧光显微镜，杂交片需低温避光保存，难以作为医疗和病理档案长期保存或用于会诊。

②显色原位杂交

显色原位杂交(chromogenic in situ hybridization,CISH)是使用地高辛、生物素等半抗原标记探针,与待测样本目标核酸序列杂交后,采用与免疫组织化学相同的抗原抗体结合信号放大显色系统进行显色,进而在光学显微镜下观察,其操作步骤繁多,但价格低、染色信号可长期保存。与 FISH 比较,CISH 对 *HER2* 基因扩增检测的敏感性 97.5%、特异性 94%、一致性 94.8%,CISH 对低拷贝数基因扩增的检测敏感性略低。

(4)原位杂交技术的特点

①特异性强、灵敏度高,同时又具有组织细胞化学染色的可见性。

②既可用新鲜组织,也可用石蜡包埋组织做回顾性研究。

③所需样本量少,可用活组织细针穿刺和细胞涂片。

④应用范围广泛,可对癌基因、病毒基因 DNA、RNA 等特定基因的表达进行定位、定性、定量研究。

(5)原位杂交应用注意事项

由于手指皮肤及实验用玻璃器皿上均可能有 RNA 酶,为防止其影响结果,操作时要戴手套,玻璃器皿应高压消毒。试剂、药勺要高压灭菌或过滤除菌。进行 RNA 检测时,要用 DEPC 处理水。为了防止脱片发生,对石蜡切片可采用多聚赖氨酸液、铬矾-明胶液或一种新的黏附剂 APES 等预先涂抹在玻片上以防止脱片。

2. 核酸提取和聚合酶链反应技术

核酸的提取是指从组织和细胞中提取核酸(DNA 或 RNA),是核酸扩增反应的首要环节。无论是手工操作还是使用自动化核酸提取仪,其原理都是在液相反应体系中,经由细胞裂解、核酸释放和分离纯化三个步骤,最终得到含有 DNA 或 RNA 的溶液。分光光度计常常用于提取核酸的质量评估,通过在 260 mm 处的吸光度值(OD)可以换算出核酸溶液中的 DNA 或 RNA 浓度(以 ng/μl 为单位),还可以通过 OD_{260}/OD_{280} 比值评价核酸的纯度,最佳范围为 1.8~2.0,比值超出该范围则提示核酸溶液内混有蛋白质等杂质分子,会抑制后续的 PCR 扩增反应,必要时应重复纯化过程。核酸的存储应遵循低温(−20~4 ℃)和避免反复冻融的原则,RNA 溶液应置于−80 ℃长期贮存。

聚合酶链反应是通过模拟 DNA 的体内复制过程,对特定的 DNA 片段在体外进行快速扩增的方法。利用人工合成的引物和聚合酶,在数小时内可使几个拷贝的模板序列甚至一个 DNA 分子扩增 10^7~10^8 倍,已广泛应用到分子生物学研究的各个领域。

(1)聚合酶链反应技术的基本原理

PCR 主要由高温变性、低温退火和适温延伸三个步骤反复的热循环构成:在高温(95 ℃)下,待扩增的靶 DNA 双链受热变性成为两条单链 DNA 模板;而后在退火温度(一般 50~65 ℃)下,两条人工合成的寡核苷酸引物与互补的单链 DNA 模板结合,形成部分双链;DNA 聚合酶(*Taq* 酶)在最适宜的延伸温度(72 ℃)下,以引物的 3′ 端为合成的起点,以四种单核苷酸(dNTP)为原料,沿 DNA 模板以 5′→3′ 方向延伸,合成 DNA 新链。这样,每一条双链的 DNA 模板经过一次变性、退火、延伸三个步骤的热循环后就成了两条双链 DNA 分子。如此反复进行,每一次循环所产生的 DNA 分子均能成为下一次循环的模板,每一次循环都使两条引物间的 DNA 特异区拷贝数增加一倍(如果扩增效率为 100%),PCR 产物以 2^n 的指数级迅速扩增,经过 25~30 个循环后,理论上可使基因扩增 10^9 倍以上,排除反应成分的消耗,实际可达 10^6~10^7 倍。

（2）PCR 反应体系

扩增反应在薄壁 PCR 反应管中进行,其中的液相反应体系应包含以下基本成分:

①适宜的反应缓冲液:提供 PCR 反应需要的液相体系及适当的 pH 和 Mg^{2+},适当的 Mg^{2+} 浓度是扩增特异性和产量的保证。

②Taq 酶:DNA 聚合反应的催化酶(因 PCR 反应有高温过程,所以必须使用热稳定的 DNA 聚合酶)。

③上、下游引物:特异识别靶基因片段,引发扩增反应。PCR 产物的特异性取决于引物与模板 DNA 互补的程度,其设计原则最大限度地提高了扩增效率和特异性,同时尽可能抑制非特异性扩增。

④dNTP:相同浓度的 4 种单核苷酸 dATP、dCTP、dGTP、dUTP(或 dTTP),作为 DNA 合成的原料。

⑤微量的模板:从组织、细胞中提取的 DNA 或经由 RNA 逆转录而成的 cDNA。

（3）PCR 反应条件

热循环仪(thermal cycler)为 PCR 反应提供可控的温度转换过程,该过程包括:

①预变性:使基因组 DNA 充分变性,氢键断裂,达到线性化和双链解离状态。一般为 92～95 ℃数分钟,时间长短与 Taq 酶的催化活性及耐热力有关。

②循环反应:变性(92～95 ℃)、退火、延伸(72 ℃)三个步骤往复 30～40 个循环。在最初 3～5 个循环之后,前期的短片段扩增子成为主要的扩增模板,使目的片段在随后的循环过程中呈指数级增长。退火是引物与目的基因片段进行分子间杂交的过程,其温度与引物、目的序列的碱基组成和 GC 含量有关,是 PCR 反应的关键步骤,对退火温度进行摸索和优化是建立稳定 PCR 反应体系的必要环节。延伸:72 ℃ 3～7 min,使 Taq 酶对 PCR 产物进行充分延伸,确保扩增的 DNA 为双链 DNA,避免短片段、不完整扩增子的产生。

（4）扩增产物的电分析

使用凝胶电泳可检测 PCR 反应产物的片段大小和扩增产量。常用的有琼脂糖凝胶电泳或聚丙烯酰胺凝胶电泳。琼脂糖凝胶制备简单,电泳速度快,凝胶孔径大,分离范围广(0.2～20 kb),但电泳分辨率较低,能区分相差几十个碱基的 DNA 片段。聚丙烯酰胺凝胶制备和电泳过程复杂,电泳速度慢,凝胶孔径小,具有分子筛效应,但电泳分辨率较高,可显示 DNA 片段之间几个碱基的长度差异。

在电泳缓冲液或凝胶中加溴化乙锭(EB),可与双链 DNA 形成结合物,在紫外线照射下能发射荧光,因此电泳后将凝胶置于紫外线灯下可直接观察到 DNA 分子在凝胶中泳动形成的条带。一般肉眼可观察到电泳条带的 DNA 量可达 10 ng,其荧光强度与产物含量成正比。同时用已知片段大小的分子标准品(DNA marker)作标记,根据待测样本的条带位置,可以粗略判断扩增产物的长度。

（5）分类

按 PCR 产物的分析方式差异分为序列分析(第一代测序技术和第二代测序技术)和实时荧光 PCR(real-time PCR)等。核酸序列分析技术即测序技术,是分子生物学研究中常用的技术。

①第一代测序技术

又称 Sanger 测序、双脱氧链终止法,其基本原理是利用 4 种双脱氧核苷酸(ddNTP)代替脱氧核苷酸(dNTP)作为底物进行 DNA 合成反应。一旦 ddNTP 掺入 DNA 链中,由于核糖的 3′位碳原子上不含羟基,不能与下一核苷酸反应形成磷酸二酯键,DNA 合成链的延伸反应被终止,生成了若干长度仅相差单个碱基的 DNA 片段。在 4 个 DNA 合成反应体系中分别加入一定比例的带有放射性核素标记的某种 ddNTP,通过单碱基分辨率的凝胶电泳分离不同长度的 DNA 片段,可以根据电泳带的位置确定待测 DNA 分子的序列。若 4 种 ddNTP 用不同颜色的荧光标记,通过软件综合毛细管电泳片段排列顺序和荧光信号,就可以获得序列文件和峰图文件。Sanger 测序读长一般在 300～1000 bp,但前 15～40 bp 和 700 bp 之后的序列由于引物结合和信号衰减等原因而质量值偏低。Sanger 测序在人类基因组计划完成中发挥了重要作用,目前用于高丰度点突变、插入、缺失等的检测。

②第二代测序技术

第二代测序又称下一代测序(next-generation sequencing,NGS),是将基因组 DNA 用限制性内切核酸酶切割成一定长度范围的 DNA 片段(即构建 DNA 文库),然后在其两侧连上接头,用 PCR 方法扩增出几百万个拷贝(克隆)并固定于平板基质上,每个克隆由单个文库片段的多个拷贝组成且可以被同时并行分析。与一代测序的主要区别是高通量、大规模平行测序,能够一次完成整个基因组或转录组测序。

常用的测序平台有 Illumina 测序平台、罗氏(Roche)454 高通量测序平台、SOLiD 平台和 Ion Torrent 平台。

③实时荧光 PCR(real time PCR)技术

实时荧光 PCR(real time PCR)技术是在 PCR 反应体系中加入荧光基团,利用荧光信号随着 PCR 反应的积累来实时监控 PCR 反应的进程,并通过分析软件对 PCR 反应进行检测分析的技术。荧光 PCR 属于闭管检测,无需后期的开盖和电泳过程,避免了扩增产物对实验环境的污染,有利于实验室内部的质量管理和质量控制。

荧光 PCR 的检测结果是分析软件提供的扩增曲线图。荧光扩增曲线可以分成三个阶段:荧光背景信号阶段、荧光信号指数扩增阶段和平台期。在荧光信号指数扩增阶段,PCR 产物量的对数值与起始模板量之间存在线性关系。前 15 个 PCR 循环的荧光信号作为荧光本底信号,第 3～15 个循环的荧光信号标准偏差的 10 倍设置为荧光阈值(threshold),每个反应管内的荧光信号到达设定的荧光阈值时所经历的循环数即为 Ct 值(C:cycle;t:threshold)。每个模板的 Ct 值与该模板起始拷贝数的对数存在线性关系,起始拷贝数越多,Ct 值越小。利用已知起始拷贝数的标准品可作出标准曲线,其中横坐标代表起始拷贝数的对数,纵坐标代表 Ct 值。因此,只要获得未知样品的 Ct 值,便可从标准曲线上计算出该样品的起始拷贝数,即荧光定量 PCR。

目前,分子病理学的临床应用日趋广泛。应用范畴主要有四大类,即肿瘤诊断与靶向治疗、感染因子的检测、遗传性疾病筛查及药物基因组学。分子病理学理论与技术的应用,拓宽了病理诊断的视角,发展了新的研究领域,推动了病理学向更深层次认识疾病的病因和发生机制。

(陈淑敏)

附录 Ⅱ　正常组织和病理组织镜下彩图

第二篇　总　论

2.1　上皮组织

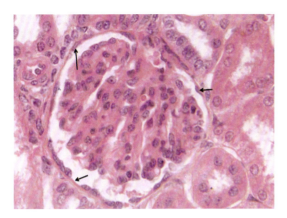

▌图 2-1-1　单层扁平上皮（肾）
simple squamous epithelium

图示肾小囊壁层的单层扁平上皮（↑）。细胞扁而薄，细胞核扁圆形，染成紫蓝色（←）。胞质很少，染成淡红色细线状（↙），含核的部分略厚。

HE 染色 ×400

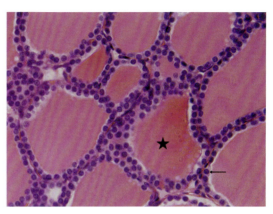

▌图 2-1-2　单层立方上皮（甲状腺）
simple cuboidal epithelium

图示甲状腺滤泡，滤泡中央为滤泡腔（★）。滤泡壁由单层立方上皮细胞组成，细胞为立方形。胞质染色淡；细胞核圆球形，呈蓝紫色，位于细胞中央（←）。

HE 染色 ×400

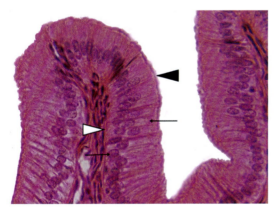

▌图 2-1-3　单层柱状上皮（胆囊）
simple columnar epithelium

图示胆囊黏膜，上皮为单层柱状上皮，细胞垂直切面观呈高柱状，界限清楚，细胞核（→）呈椭圆形、染成蓝紫色，整齐排列于单层柱状上皮细胞的基底部（▷）。胞质呈粉红色（←）。朝向胆囊腔的是细胞的游离面（◀）。

HE 染色 ×400

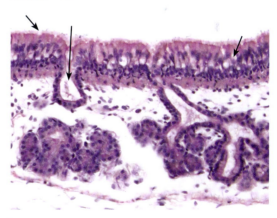

▌图 2-1-4　假复层纤毛柱状上皮（气管）
pseudostratified ciliated columnar epithelium

图示气管黏膜的假复层纤毛柱状上皮，其游离面有纤细的纤毛（↘），上皮由高矮不等、形状不一的柱状细胞、梭形细胞、锥体形细胞组成。上皮细胞之间夹杂着杯状细胞（↙）。上皮表面可见气管腺的开口（↓）。

HE 染色 ×400

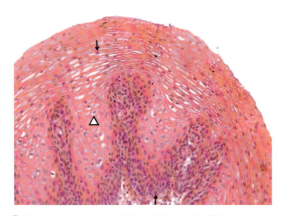

图 2-1-5　未角化的复层扁平（鳞状）上皮（食管）
nonkeratinized stratified squamous epithelium

图示食管黏膜，可见未角化的复层扁平上皮由数十层细胞组成。基底层细胞立方形染色较深(↑)，中间层细胞多边形(△)，浅层细胞扁平形，越近表层，细胞越扁而薄，但都有细胞核(↓)。

HE 染色 ×400

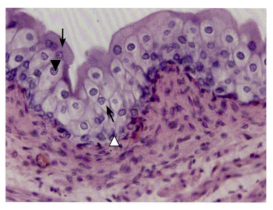

图 2-1-6　变移上皮（膀胱，空虚时）
transitional epithelium

变移上皮表层细胞体积较大，呈大立方形或梨形，称盖细胞(▼)，核圆而大。盖细胞近游离面的细胞质染色较深，称壳层(↓)。中间层细胞较小，呈多边形(↖)，基底层细胞近似立方形(△)。

HE 染色 ×400

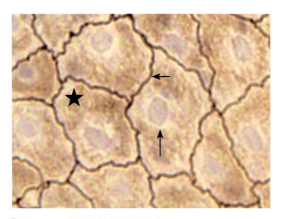

图 2-1-7　单层扁平上皮（间皮）
simple squamous epithelium

图示蟾蜍肠系膜铺片，可见间皮细胞呈多边形，相互紧密连接，细胞边界呈黑色锯齿状条纹(←)。细胞核圆形，染色很淡(↑)；细胞质呈淡黄褐色(★)。

镀银染色 ×400

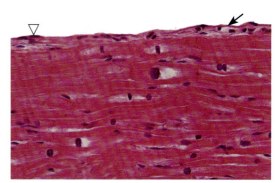

图 2-1-8　单层扁平上皮（内皮）
simple squamous epithelium

图示心室壁，内膜表面为单层扁平上皮，由一层很薄的扁平细胞组成，细胞核扁平形，呈蓝紫色(▽)。胞质很少，呈红色细线状(↙)。

HE 染色 ×400

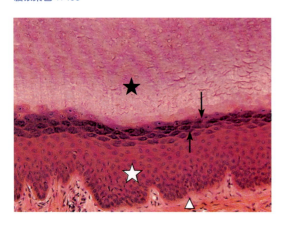

图 2-1-9　角化的复层扁平（鳞状）上皮（指皮）
keratinized stratified squamous epithelium

图示手指皮肤切片，可见手指表皮由角化的复层扁平（鳞状）上皮组成。表皮由深至浅分为五层：①基底层(△)、②棘层(☆)、③颗粒层(↑)、④透明层(↓)、⑤角质层(★)。角质层很厚，染粉红色，由多层无核扁平的角质细胞组成，其深面的结构染色深，未角化的复层扁平上皮细胞形态基本相似。

HE 染色 ×400

2.2　结缔组织

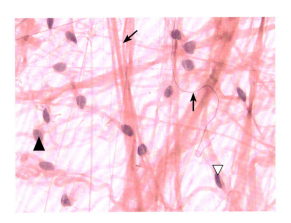

图 2-2-1　疏松结缔组织（兔皮下组织铺片）
loose connective tissue

胶原纤维呈粉红色，粗细不一，波浪状或带状交错分布(↗)；弹性纤维(↑)呈蓝紫色，数量少，呈细丝状，断端常卷曲。成纤维细胞(▲)常紧贴于胶原纤维上或在其附近，扁平多突起，胞核椭圆形，紫蓝色，胞质弱嗜碱性着色浅；纤维细胞体积较小，呈长梭形，胞核较小而染色深(▽)。

偶氮洋红和醛复红染色 ×400

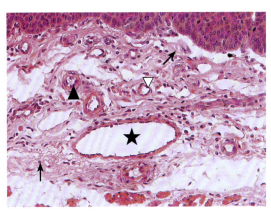

图 2-2-2　疏松结缔组织
loose connective tissue

图示食管黏膜下层的疏松结缔组织切片，可见纤维(↗)断面排列较松散，不易区分胶原纤维和弹性纤维。细胞散在分布，纤维间见紫蓝色的细胞核，多为成纤维细胞的细胞核(↑)。图中可见小动脉(▲)、小静脉(★)、毛细血管(▽)断面。

HE 染色 ×400

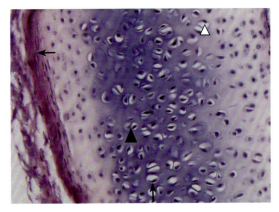

图 2-2-3　透明软骨
hyaline cartilage

图示气管壁上的透明软骨。左侧可见软骨膜(←)，染成紫红色。中部软骨基质嗜碱性强，染成紫蓝色，靠近软骨膜处的软骨细胞较小，越近中部的软骨细胞越大，细胞分裂增生形成同源细胞群(▲)。软骨细胞周围透亮的部分是软骨陷窝(△)；陷窝周围的一圈基质呈均匀的深紫蓝色，为软骨囊(↑)。

HE 染色 ×400

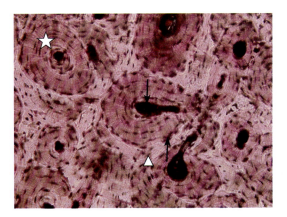

图 2-2-4　骨组织
osseous tissue

图示长骨横切面，多层骨板呈同心圆排列的结构为骨单位(☆)，其中央有一个黑褐色的圆形管腔为中央管(↓)，与中央管相通，横穿骨板的管道称穿通管(↑)。骨单位之间的不规则骨板称间骨板(△)。

HE 染色 ×100

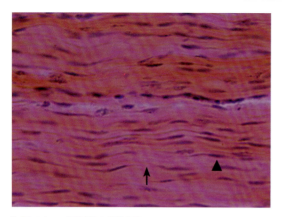

图 2-2-5　规则致密结缔组织
regular intensive connective tissue

图示人肌腱,大量胶原纤维束密集平行排列,染成粉红色
(↑)。细胞扁平状,位于纤维之间,称为腱细胞,细胞核呈
紫蓝色(▲)。
HE 染色 ×400

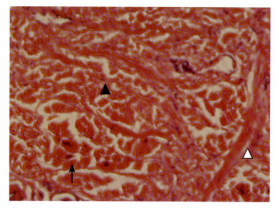

图 2-2-6　不规则致密结缔组织
irregular intensive connective tissue

图示人手指皮肤的网状层。可见大量的胶原纤维(△),染成
粉红色,均被切成纵、横、斜各种断面(▲)。细胞成分较少,
多数是纤维细胞,仅见其细胞核散在纤维束之间(↑)。
HE 染色 ×400

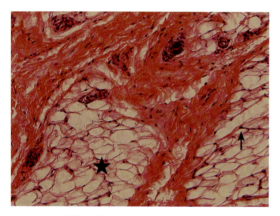

图 2-2-7　脂肪组织
adipose tissue

图示人头皮的皮下组织切片,可见脂肪组织被结缔组织分
隔成脂肪小叶(★)。脂肪细胞体积较大,近似圆形或椭圆
形,胞质呈空泡状,细胞核扁平形,被脂滴挤到细胞一侧,
位于细胞的边缘(↑)。
HE 染色 ×400

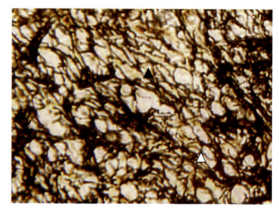

图 2-2-8　网状组织
reticular tissue

图示淋巴结镀银染色,网状纤维又称嗜银纤维,黑褐色的网
状纤维呈细丝状,分支交叉,吻合成网(▲)。网状细胞呈星形,
染成黑色,其突起互相连接。细胞附着在网状纤维上,不易
辨认(△)。
镀银染色 ×400

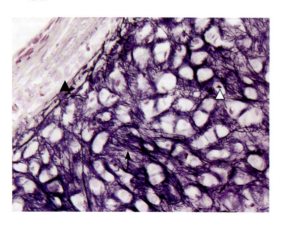

图 2-2-9　弹性软骨
elastic cartilage

图示耳廓弹性软骨,图的一侧为软骨膜(▲),靠近软骨膜处
的软骨细胞体积较小,中央部分的软骨细胞(△)体积较大。
软骨基质含大量的染成深紫蓝色的细丝状的弹性纤维(↑),
弹性纤维交织成网。
霍夫氏弹性纤维染色 ×400

2.3　血　液

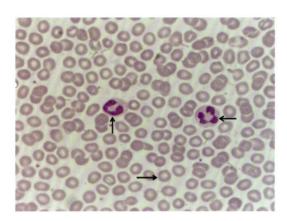

■ 图 2-3-1　血涂片
blood smear

红细胞体积较小,染成粉红色,无核,中央薄、染色淡(→)。中性粒细胞根据细胞核的形态分为杆状核(↑)与分叶核(←)两类。杆状核形似弯曲的腊肠,见于幼稚的中性粒细胞。分叶核可分2～5叶,叶与叶之间常有细丝连接,见于成熟的中性粒细胞,以3～4叶最多见。
瑞氏染色 ×1000

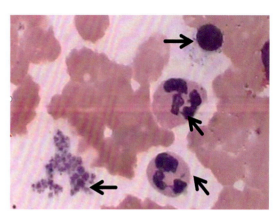

■ 图 2-3-2　血涂片
blood smear

中性粒细胞(↖)胞质内可见细小而分布均匀的颗粒,染成淡粉红色。细胞核染成紫蓝色,核分3叶。淋巴细胞(→)细胞核圆形,呈深紫蓝色,占细胞大部分,胞质很少。血小板(←)形态不规则,有的聚集成堆,分布在血细胞之间。
瑞氏染色 ×1000

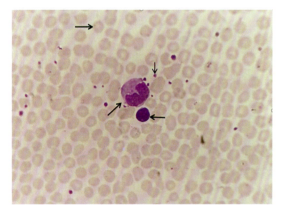

■ 图 2-3-3　血涂片
blood smear

体积较小,染成粉红色、无核的是红细胞(→);单核细胞(↗)数量少,细胞核多为肾形,染色质松散,呈细网状,胞质呈灰蓝色,内含细小的嗜天青颗粒。淋巴细胞(←)细胞核圆形,呈深紫蓝色,占细胞大部分。血小板(↓)大小不等,呈颗粒状散在分布。
瑞氏染色 ×1000

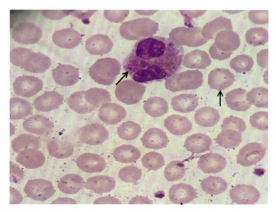

■ 图 2-3-4　血涂片
blood smear

红细胞(↑)为双凹圆盘形,无核,无细胞器,中央薄、染色淡,周边厚、染色深。
嗜酸性粒细胞(↗)核多分为两叶,常呈八字形排列。胞质中含嗜酸性颗粒。
瑞氏染色 ×1000

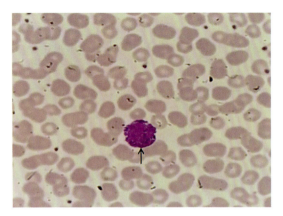

图 2-3-5　血涂片
blood smear

嗜碱性粒细胞(↑)数量最少,很难找到。胞核分叶或呈S形或不规则形,着色较浅,常被胞质颗粒掩盖。胞质内充满大小不等、分布不均匀、染成深紫蓝色的嗜碱性颗粒。
瑞氏染色 ×1000

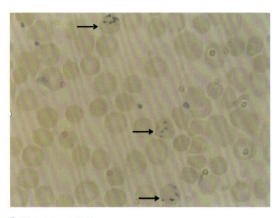

图 2-3-6　血涂片
blood smear

网织红细胞(→)在红细胞的胞质中,有蓝色颗粒状结构,此为红细胞胞质中残留的核蛋白体被着色所形成。
新亚甲蓝染色 ×1000

2.4　肌组织和神经组织

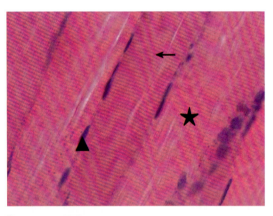

图 2-4-1　骨骼肌
skeletal muscle

图示骨骼肌纤维纵切面(★),呈长带状,染成红色。核紫蓝色,呈扁椭圆形,排列于肌纤维的周边,紧靠肌膜的深面(▲)。肌浆内见明暗相间的横纹,色浅的为明带,色暗的为暗带(←)。
HE 染色 ×400

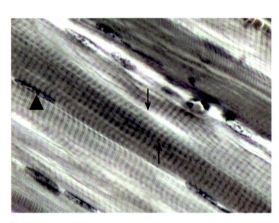

图 2-4-2　骨骼肌
skeletal muscle

图示骨骼肌纤维纵切,横纹明显,深色条带为暗带(A带)(↑),浅色条带为明带(I带)(↓)。肌纤维边缘可见数个长椭圆形的细胞核(▲)。
铁苏木精染色 ×400

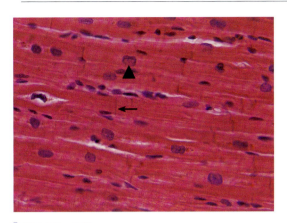

图 2-4-3　心肌
cardiac muscle
图示心肌纤维纵切面,心肌纤维呈短柱状,有分支,染成红色。心肌细胞有核,较大,呈椭圆形(▲),1～2个位于肌纤维中央,染成紫蓝色。横纹较不明显。闰盘呈深红色粗线状,与心肌纤维相垂直(←)。
HE 染色 ×400

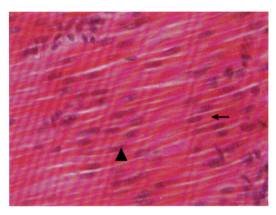

图 2-4-4　平滑肌
smooth muscle
图示平滑肌纤维纵切面,平滑肌纤维染成粉红色,呈细长梭形,中部较粗,两端变细,无横纹(←)。细胞核1个,呈长椭圆形,染成紫蓝色,位于肌纤维的中央(▲)。
HE 染色 ×400

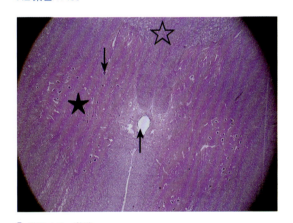

图 2-4-5　脊髓
spinal cord
图示脊髓横切面染成紫红色,中央部有脊髓中央管(↑),染色较深、呈蝶形的为灰质(★),周边部分染色较浅的为白质(☆),灰质内有散在的染色较深的神经元胞体(↓)。
HE 染色 ×40

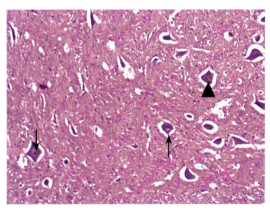

图 2-4-6　多极神经元
multipolar neuron
图示脊髓灰质内各种体积较大的紫蓝色结构即多极神经元胞体(▲),细胞形态多样、大小不同。突起均被切断,细胞核大而圆,染色浅,核仁明显(↓),有的多极神经元细胞核不明显,但可见短突起(↑)。
HE 染色 ×100

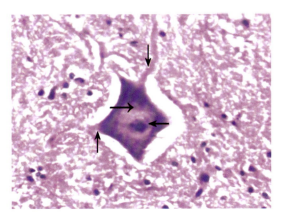

图 2-4-7　多极神经元
multipolar neuron
图示脊髓灰质的多极神经元,胞体大,呈多角形或星形。胞核大而圆,着色浅淡,核仁明显(←)。胞质内充满紫蓝色颗粒状的嗜染质(→)。突起的根部有嗜染质的为树突(↑)。突起的根部无嗜染质的为轴丘,与轴丘相连的长突起为轴突(↓)。
HE 染色 ×400

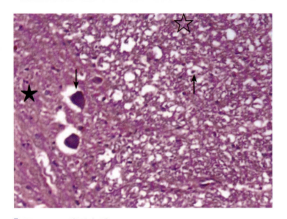

图 2-4-8　脊髓白质
spinal cord white matter
图示左侧是脊髓灰质(★),可见多极神经元(↓)。右侧是脊髓白质(☆),可见大小不等的有髓神经纤维横切面(↑),呈大小不等的圆形,其内紫红色圆点为轴索,轴索外围的空白区为髓鞘,髓鞘表面为一薄层少突胶质细胞膜。
HE 染色　×400

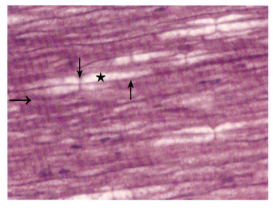

图 2-4-9　有髓神经纤维
myelinated nerve fiber
图示有髓神经纤维纵切,在神经纤维中部可见一条细线状的轴索(↑),轴索两侧空白细网状区域为髓鞘(★),局部变窄处神经膜直接与轴索相贴的结构即郎飞结(↓)。在髓鞘两侧染成淡紫红色的细浅状结构为神经膜(→)。
HE 染色　×400

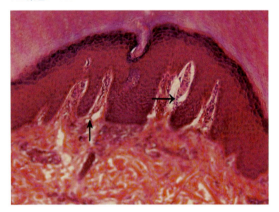

图 2-4-10　触觉小体
tactile corpuscle
高倍镜下乳头层中可见近似长椭圆形的触觉小体(→),触觉小体染成红色,外周是薄层的结缔组织被膜,内部为横行排列的扁平细胞,神经末梢的分支在触觉小体内弯曲缠绕。图见触觉小体下端连有神经纤维(↑)。
HE 染色　×400

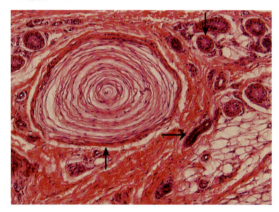

图 2-4-11　环层小体
lamellar corpuscle
图示皮肤真皮网织层中的环层小体(↑),环层小体的体积较大,呈圆形或椭圆形,外围部由数十层呈同心圆排列的扁平细胞组成的被囊组成。其周围有汗腺分泌部(↓)和导管(→)。
HE 染色　×100

图 2-4-12　运动终板
motor end plate
骨骼肌纤维染成红褐色,平行排列。数条运动神经纤维的轴突聚集在一起被染成黑色(→),其分支末梢呈瓜状或菊花瓣状,附着在骨骼肌纤维上,构成运动终板(↑)。
氯化金染色　×100

2.5　细胞和组织的损伤与修复

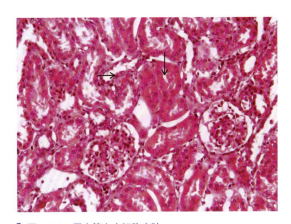

▍ 图 2-5-1　肾小管上皮细胞水肿
　cellular edema of tubular epithelia of kidney

肾小管上皮细胞体积肿大,胞质出现细小红染颗粒(→)(肿大的线粒体),致管腔狭窄而不规则(↓),胞核位于基底部。
HE 染色 ×400

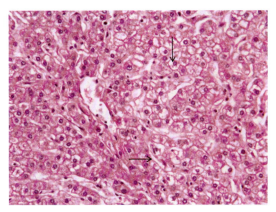

▍ 图 2-5-2　肝细胞气球样变
　ballooning degeneration of liver cell

肝小叶结构紊乱,肝索增宽,不易辨认。肝细胞肿胀明显,细胞质透亮、淡染,严重者细胞膨大如气球(↓),肝窦扭曲、狭窄(→)、闭塞。
HE 染色 ×400

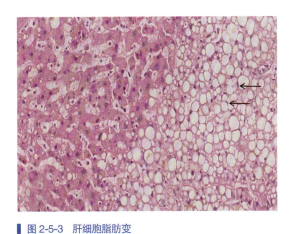

▍ 图 2-5-3　肝细胞脂肪变
　fatty degeneration of liver cell

肝小叶结构基本存在,位于肝小叶周边部见大部分肝细胞胞质中出现大小不等的圆形空泡,把细胞核挤向一侧(←)。
HE 染色 ×400

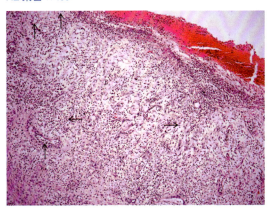

▍ 图 2-5-4　肉芽组织
　granulation tissue

表面为渗出物,其下可见大量新生毛细血管网(↑),并有许多成纤维细胞(→)及炎症细胞浸润(←)。
HE 染色 ×100

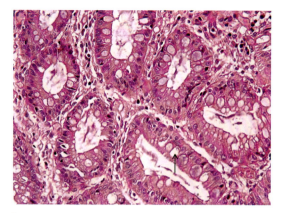

图 2-5-5　胃黏膜肠上皮化生
intestinal epithelial metaplasia of gastric mucosa
黏膜上皮和腺体内有杯状细胞(↑)和吸收细胞(即肠上皮)。
有较多的炎症细胞浸润及淋巴滤泡形成。
HE 染色 ×400

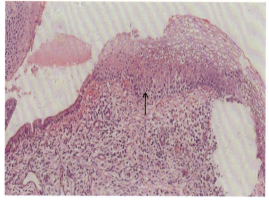

图 2-5-6　支气管黏膜鳞状化生
squamous epithelial metaplasia of bronchial mucosa
见支气管黏膜纤毛柱状上皮部分变为复层鳞状上皮细胞
(↑)。
HE 染色 ×400

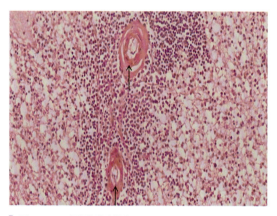

图 2-5-7　脾动脉玻璃样变
hyaline degeneration of splenic artery
脾中央细小动脉管壁增厚,管腔狭窄,动脉壁内有均质、红
染、半透明状的玻璃样物质(↑)。
HE 染色 ×400

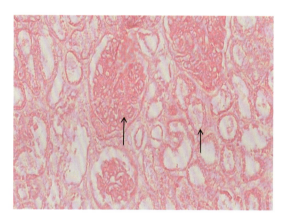

图 2-5-8　肾凝固性坏死
coagulation necrosis of kidney
坏死病灶内细胞结构消失,但仍可见肾组织轮廓和细胞外
形(↑)。
HE 染色 ×100

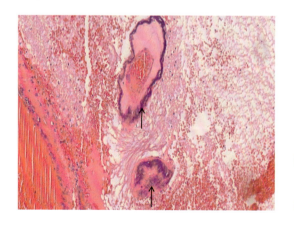

图 2-5-9　脑血管病理性钙化
pathological calcification of cerebrovascular
病变区域可见蓝色颗粒或团块状(↑)。
HE 染色 ×400

2.6　局部血液循环障碍

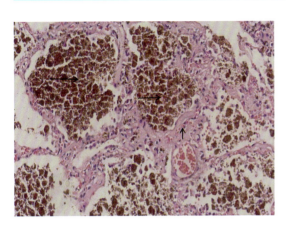

图 2-6-1　慢性肺淤血
chronic congestion of lung
肺泡壁增厚(↑),壁上毛细血管扩张、充血,肺泡腔中有大量巨噬细胞。巨噬细胞胞质含铁血黄素颗粒,称为心衰细胞(→)。
HE 染色 ×400

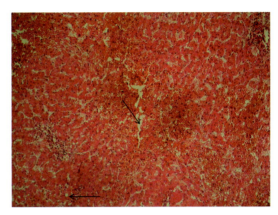

图 2-6-2　慢性肝淤血
chronic congestion of liver
可见肝小叶基本结构及汇管区,小叶的中央静脉及周围肝窦扩张充血(↘),肝小叶中心的肝细胞萎缩甚至消失,小叶周边肝细胞胞质内有大小不等的空泡(←)。
HE 染色 ×100

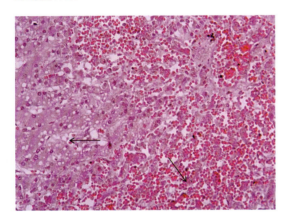

图 2-6-3　慢性肝淤血
chronic congestion of liver
可见肝小叶中央的中央静脉及周围肝窦扩张充血(↘),肝小叶中心的肝细胞萎缩甚至消失,小叶周边肝细胞胞质内有大小不等的空泡(←)。
HE 染色 ×400

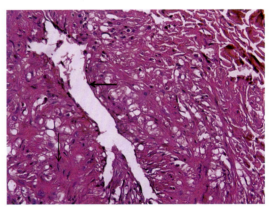

图 2-6-4　血栓机化与再通
organization and recanalization of thrombus
见到红染粗大的血小板梁,周围黏附中性粒细胞。富有毛细血管的肉芽组织(↓)已取代部分血栓(机化)。较大的腔隙表面为内皮细胞所覆盖,有的内含红细胞(再通)(←)。
HE 染色 ×400

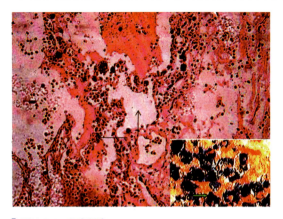

▌图 2-6-5　心衰细胞
　　heart failure cells

肺泡壁增厚，肺泡腔内可见红细胞、淡薄透明的浆液（↑）
及心衰细胞（←）。普鲁士蓝染色为深蓝色颗粒（→）。
HE 染色 ×1000

▌图 2-6-6　混合血栓
　　mixed thrombus

血栓中可见许多淡红色、粗细不等的珊瑚状血小板梁（→）
（血小板梁由许多细颗粒状的血小板构成），边缘附有一
些嗜中性粒细胞（↓）。血小板梁之间为丝网状、浅（或
深）红色的纤维蛋白及较多的红细胞（→）。
HE 染色 ×100

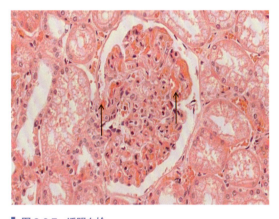

▌图 2-6-7　透明血栓
　　hyaline thrombus

肾小球部分毛细血管内呈强嗜酸性、均质状团块（↑），此又名
为纤维蛋白性血栓或微血栓。
HE 染色 ×400

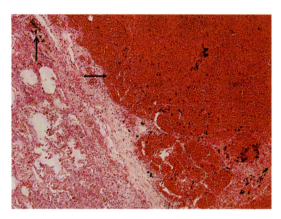

▌图 2-6-8　肺出血性梗死
　　hemorrhagic infarct of lung

右上角为梗死区（→），肺泡轮廓可见，为红染无结构状。
梗死区与正常组织交界处有时可见充血出血带和肉芽组
织。右下角为肺组织严重淤血病变。可找到心衰细胞（↑）。
HE 染色 ×100

2.7　炎　症

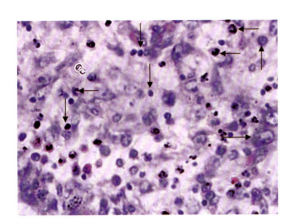

▌ 图 2-7-1　各种炎细胞
　　inflammatory cells

中性粒细胞(←): 核呈分叶状。
单核、巨噬细胞(→): 体大、胞质丰富。
淋巴细胞(↓): 核圆, 偏一侧, 胞质少。
浆细胞(↑): 核圆或卵圆形, 呈车轮状。
HE 染色 ×1000

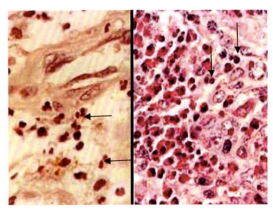

▌ 图 2-7-2　各种炎细胞
　　inflammatory cells

中性粒细胞(←): 细胞体积较小, 胞质略呈嗜酸性, 核呈分
叶, 状2~5叶。
嗜酸性粒细胞(↓): 胞质呈强嗜酸性、颗粒状, 核可为
2~3叶。
HE 染色 ×400

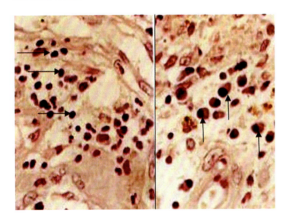

▌ 图 2-7-3　各种炎细胞
　　inflammatory cells

淋巴细胞(→): 细胞体积最小, 细胞质甚少, 核深染、圆形。
浆细胞(↑): 细胞体积较大, 胞质略呈嗜碱性, 核偏位、圆或
卵圆形。核染色较深, 可呈车轮状。
HE 染色 ×400

▌ 图 2-7-4　纤维蛋白性炎 / 白喉
　　fibrinous inflammation /diphtheria

咽部表面复层鳞状上皮大部分已坏死, 其上覆盖一层假膜。
坏死的黏膜与正常黏膜分界明显。假膜由大量纤维蛋白、
坏死黏膜及渗出的炎细胞等形成。
HE 染色 ×100

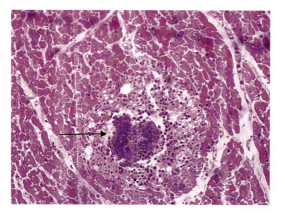

■ 图 2-7-5　心肌脓肿
　 abscess of heart

图中部有个境界清楚的脓肿灶,呈圆形或椭圆形,脓肿灶内心肌组织已完全消失。病灶中心有脓细胞和细菌菌团,并形成脓液(→)。

HE 染色 ×100

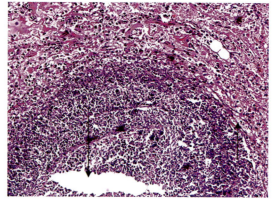

■ 图 2-7-6　肺脓肿
　 abscess of lung

脓肿腔内充满脓液(↓),有大量中性粒细胞、脓细胞和细菌团等。脓肿周围肉芽组织增生形成脓肿膜(↑)。

HE 染色 ×100

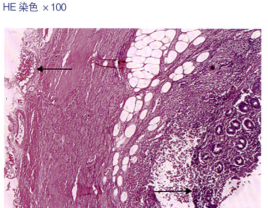

■ 图 2-7-7　蜂窝织炎性阑尾炎
　 phlegmonous appendicitis

阑尾黏膜不完整,已坏死脱落(→)。阑尾各层均有充血水肿及大量中性粒细胞弥漫性浸润,并可见局灶性出血和坏死。浆膜及系膜明显充血(←)。

HE 染色 ×100

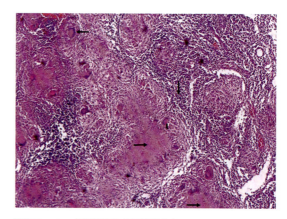

■ 图 2-7-8　肉芽肿性炎（结核结节）
　 granulomatous Inflammation （tubercle）

结核结节中央为干酪样坏死,呈伊红染色(→),周围由类上皮细胞(↓)、多核巨细胞(即朗汉斯巨细胞,←)、淋巴细胞及少量成纤维细胞构成。

HE 染色 ×100

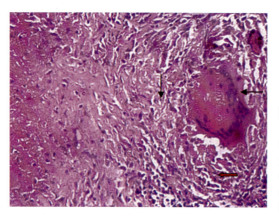

■ 图 2-7-9　肉芽肿性炎（结核结节）
　 granulomatous Inflammation （tubercle）

①朗汉斯巨细胞（←）:体积巨大,胞膜界限不清,胞质呈嗜酸性,核有几十个之多,位于胞质之边缘部。
②类上皮细胞(←):位于结核结节周边,呈上皮样外观。
③淋巴细胞(↓):位于结核结节之间。

HE 染色 ×400

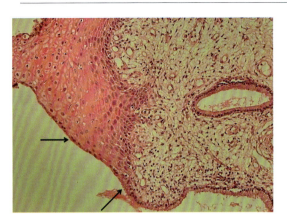

图 2-7-10　宫颈息肉
polyps of the cervix

为宫颈交界口,由复层鳞状上皮(→)向柱状上皮移行(↗)。息肉由增生黏膜上皮、增生血管和疏松结缔组织组成,伴水肿及炎细胞浸润。
HE 染色 ×100

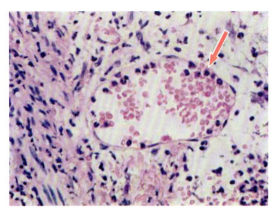

图 2-7-11　炎症早期血管变化
vascular changes in the early stage of inflammation

可见小静脉扩张、充满红细胞,白细胞靠近血管壁或处于内皮细胞之间。部分中性粒细胞已从血管中游出。
HE 染色 ×400

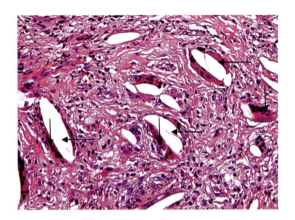

图 2-7-12　异物肉芽肿
foreign body granuloma

异物巨细胞体积巨大,部分细胞质内有吞噬类脂质形成的空隙(←)。核多,可达几十个之多,呈无规律分布,位于胞质中央(↓)。
HE 染色 ×400

2.8　肿　瘤

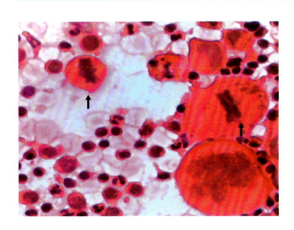

图 2-8-1　恶性瘤细胞涂片
cancer cells in smear

瘤细胞多形性,可见瘤巨细胞和核多形性,核大小、形状、染色不一。核体积增大;核浆比增大;核染色加深,使核膜增厚;核分裂象增多,出现病理性核分裂象(↑)。
HE 染色 ×400

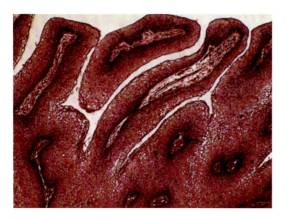

图 2-8-2　皮肤乳头状瘤
squamous papilloma of skin
每一乳头由具有血管(←)的结缔组织构成轴心,表面覆盖
增生的上皮。瘤细胞分化程度高,与发生组织的上皮细胞
极为相似。
HE 染色 ×40

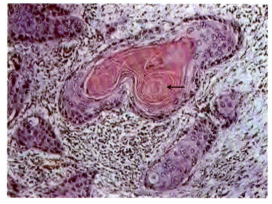

图 2-8-3　食管鳞状细胞癌
squamous cell carcinoma of esophagus
高分化鳞癌可见癌巢,癌巢最外层癌细胞呈单层立方或低
柱状;其内侧为多层排列的类圆形或多角形的细胞;中心
为红染的呈同心圆排列的角化物,称角化珠(←)。
HE 染色 ×400

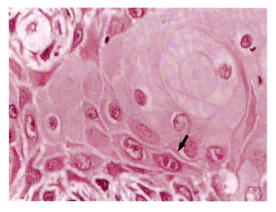

图 2-8-4　食管鳞状细胞癌
squamous cell carcinoma of esophagus
癌细胞为多边形,似鳞状上皮样排列,大小不等,细胞间桥
明显(↙),癌细胞明显异型性,核分裂象多见。
HE 染色 ×400

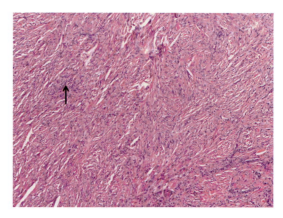

图 2-8-5　纤维瘤
fibroma
纤维组织排列呈束状,瘤细胞核呈梭形(↑),与成纤维细胞
相似。
HE 染色 ×100

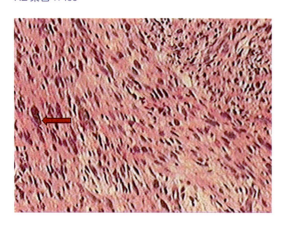

图 2-8-6　纤维肉瘤
fibrosarcoma
肿瘤细胞大小、形态不一,核大、深染,呈梭形,异型性明显
(←),细胞周围可见胶原纤维。
HE 染色 ×400

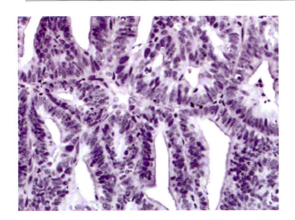

▋ 图 2-8-7   管状腺癌
  tubular adenocarcinoma
癌细胞形成密集的腺样结构,腺体大小不等、形态不一。
HE 染色 × 400

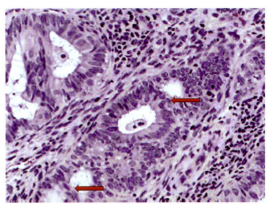

▋ 图 2-8-8   管状腺癌
  tubular adenocarcinoma
癌细胞呈腺管状排列,呈背靠背、共壁现象(←)。
HE 染色 × 400

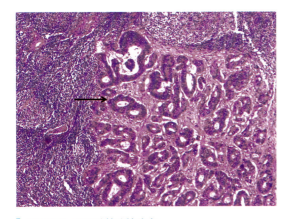

▋ 图 2-8-9   淋巴结转移性腺癌
  metastatic adenocarcinoma of lymph node
边缘窦中见成团的癌组织,为大小不一、形态不规则的癌
腺腔样排列(→)。
HE 染色 × 50

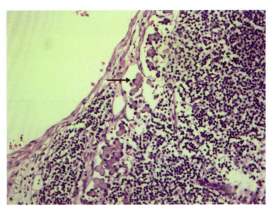

▋ 图 2-8-10   淋巴结转移性印戒细胞癌
  metastatic signet ring cell carcinoma of lymph node
癌细胞异型性明显,为印戒样细胞,即胞质内黏液聚积,将
核挤向一侧(→)。
HE 染色 × 100

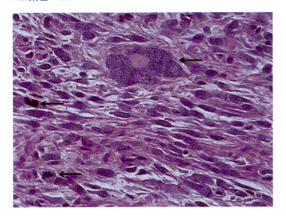

▋ 图 2-8-11   肿瘤细胞核分裂象
  mitotic figure of tumor
可出现巨核、不对称、顿挫型等病理性核分裂象(←)。
HE 染色 × 400

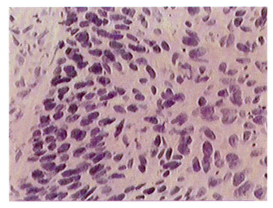

▋ 图 2-8-12   子宫颈上皮内瘤变 Ⅲ 级
  cervical intraepithelial neoplasia Ⅲ
鳞状上皮层次增多,瘤细胞异型性明显,但基底膜完整。
HE 染色 × 400

第三篇　各　论

3.1　心血管系统

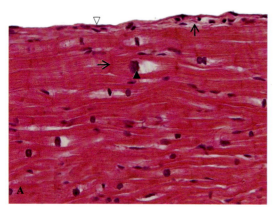

图 3-1-1a　心内膜与浦肯野纤维
endocardium and Purkinje fiber

心内膜表面为内皮(▽),内皮下层为薄层结缔组织(↑),心内膜下层中可见浦肯野纤维的纵切面(▲),它比心肌纤维宽而短,细胞核大,居中。核周胞质丰富而染色浅淡,闰盘明显(→)。
HE 染色 ×400

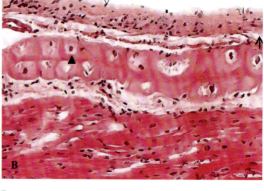

图 3-1-1b　心内膜与浦肯野纤维
endocardium and Purkinje fiber

心内膜表面为内皮(▽),内皮下层为薄层结缔组织(↑),心内膜下层中可见浦肯野纤维的横切面(▲),细胞核大,居中。
HE 染色 ×400

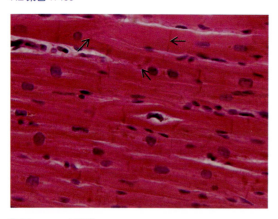

图 3-1-2　心肌膜
myocardium

图示心肌纤维纵切面,短柱状,有分叉(↗),染红色,有横纹但不明显,闰盘呈深红色线状(←)。胞核1~2个,染紫蓝色,位居中央。核周胞质着色较浅,可见脂褐素颗粒(↖)。
HE 染色 ×400

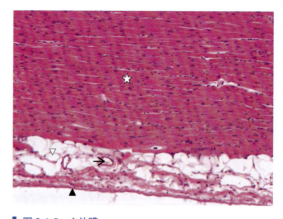

图 3-1-3　心外膜
epicardium

心外膜:表面为间皮(▲),间皮深面为较厚的疏松结缔组织,常见较多的脂肪细胞(▽)和血管(→)。有无脂肪细胞是区别心内膜和心外膜的重要依据。心外膜的深面是心肌膜(☆)。
HE 染色 ×100

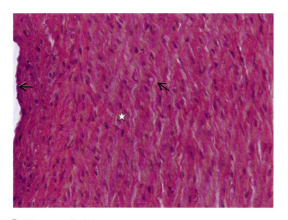

▌图 3-1-4　大动脉
　　large artery

图示大动脉管壁的内膜和中膜。内膜薄(←)，内膜与中膜无明显界限。中膜(☆)最厚，由几十层染成深红色的呈波浪状的弹性膜组成(↖)，弹性膜之间有平滑肌、胶原纤维和弹性纤维。

HE 染色 ×400

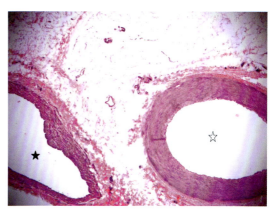

▌图 3-1-5　中动脉和中静脉
　　medium sized artery and medium sized vein

图示伴行的中动脉和中静脉横切面。中动脉管腔圆而规则，管壁较厚(☆)；中静脉管壁较薄，管腔不规则(★)。

HE 染色 ×100

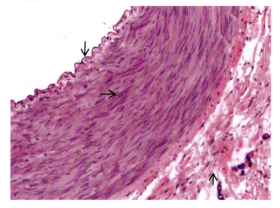

▌图 3-1-6　中动脉
　　medium sized artery

中动脉管壁的三层膜界限明显。内膜薄，内弹性膜呈波浪形(↓)。中膜厚，由数十层环形平滑肌组成，其间有弹性纤维和胶原纤维(→)。外膜较厚(↑)，由疏松结缔组织组成，内含小的血管。

HE 染色 ×400

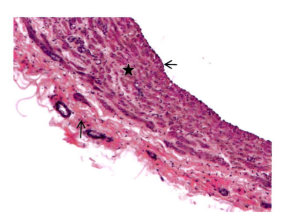

▌图 3-1-7　中静脉
　　medium sized vein

中静脉管壁三层膜界限不明显。内膜的内皮细胞核清晰(←)，无内弹性膜。中膜较薄(★)，环形平滑肌较少，分布松散。外膜较厚(↑)，结缔组织疏松，可见血管和被横切的纵行平滑肌束。

HE 染色 ×400

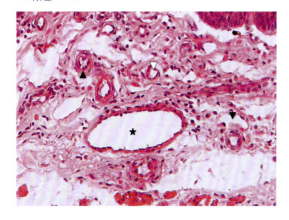

▌图 3-1-8　小动脉、小静脉、毛细血管和毛细淋巴管
　　small arteries and veins and capillary and lymphatic
　　capillary

图示食管黏膜下层。可见结缔组织内的小动脉和小静脉。小动脉(▲)管壁厚、管腔较圆而规则。小静脉管壁较薄，管腔较大(★)。毛细血管管壁薄，管腔最小(▽)。毛细淋巴管的管壁最薄，管腔较大(▼)。

HE 染色 ×100

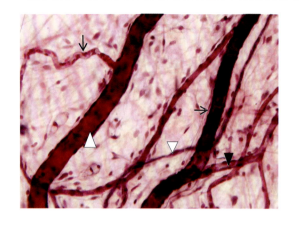

■ 图 3-1-9　微动、静脉和毛细血管
　arteriole venule and capillaries
图示蟾蜍肠系膜铺片。可见微动脉(△)、中间微动脉(↓)、
真毛细血管(▼)、毛细血管后微静脉(▽)和微静脉(→)。管
腔内均可见血细胞。
HE 染色 ×100

3.2　心血管系统疾病

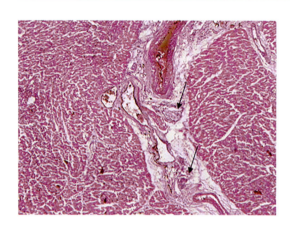

■ 图 3-2-1　风湿性心肌炎
　rhematic myocarditis
心肌间质血管旁有由成簇细胞构成的梭形或椭圆形病灶，
即风湿小体(↙)。
HE 染色 ×100

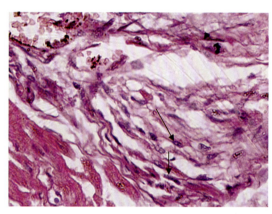

■ 图 3-2-2　风湿性心肌炎
　rhematic myocarditis
风湿小体中央为红染絮状，周围有成堆的风湿细胞。风湿
细胞 (Aschoff cell) 体积较大，呈梭形或多边形，核大，呈
卵圆形，可单核也可多核，染色质浓集核中央，横切似鹰
眼（↘），纵切似毛虫（↓）。
HE 染色 ×400

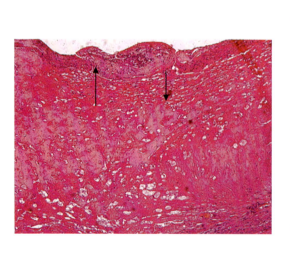

■ 图 3-2-3　主动脉粥样硬化
　atherosclerosis of aorta
有增厚的内膜，呈斑块状隆起，浅层为大量增生的纤维组
织并有玻璃样变性即纤维帽(↑)，呈均质性伊红色；深层为一
片浅伊红色无结构的坏死物。可见胆固醇结晶和泡沫细胞
(↓)。
HE 染色 ×100

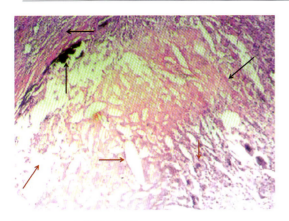

图 3-2-4 主动脉粥样硬化
atherosclerosis of aorta
高倍镜下,见纤维帽(←)、黑色的钙盐沉积(↑)、脂质核心
(↗)、坏死物(↙)、胆固醇结晶(→)和肉芽组织(↓)。
HE 染色 ×400

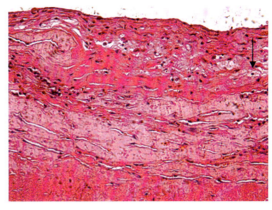

图 3-2-5 主动脉粥样硬化
atherosclerosis of aorta
在胆固醇结晶体的周围有吞噬类脂质的泡沫细胞(↓):呈
圆形、空泡状,内有紫蓝色核。
HE 染色 ×400

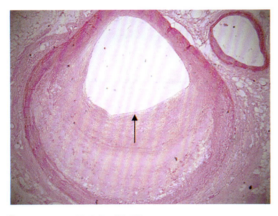

图 3-2-6 冠状动脉粥样硬化
atherosclerosis of coronary artery
内膜呈半月形增厚,内有呈针样空隙的透亮区(即脂质沉
积),伴有大量纤维组织增生,部分已发生玻璃样变性,致使
管腔明显狭窄(↑)。
HE 染色 ×100

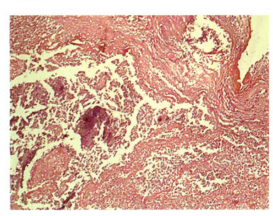

图 3-2-7 亚急性感染性心内膜炎
subacute infective endocarditis
瓣膜上赘生物由红染血小板和纤维蛋白及坏死组织所构
成,深部尚见浅蓝色细菌团,其内散在有淋巴细胞、中性粒
细胞及巨噬细胞等炎细胞。
HE 染色 ×100

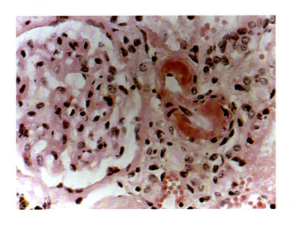

图 3-2-8 原发性高血压的肾脏病变
renal lesions of primary hypertension
肾小球入球小动脉管腔小,管壁厚,均质红染,玻璃样变性。
HE 染色 ×400

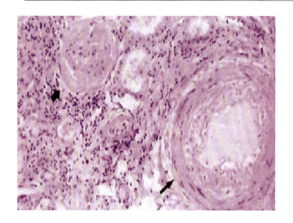

▌图 3-2-9　原发性高血压的肾脏病变
renal lesions of primary hypertension
肾小叶间动脉及弓形动脉内膜增厚(↗)，纤维组织增生，管腔狭小，肾小球纤维化(➹)。
HE 染色 ×100

3.3　呼吸系统

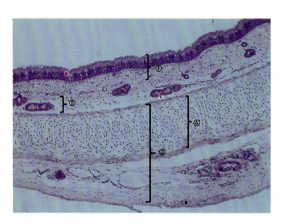

▌图 3-3-1　气管壁
trachea
①黏膜层；②黏膜下层；③外膜层；④透明软骨。
HE 染色 ×100

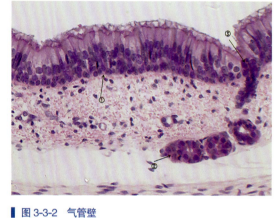

▌图 3-3-2　气管壁
trachea
①假复层纤毛柱状上皮；②气管腺；③气管腺腺管。
HE 染色 ×400

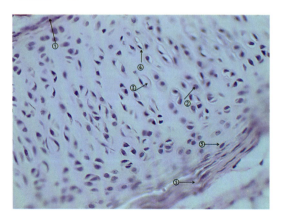

▌图 3-3-3　透明软骨
hyaline cartilage
①软骨膜；②软骨细胞；③软骨陷窝；④软骨囊；⑤幼稚的软骨细胞。
HE 染色 ×400

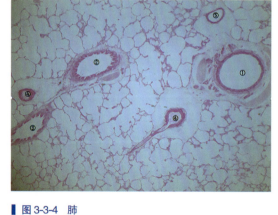

▌图 3-3-4　肺
lung
①小支气管；②细支气管；③终末细支气管；④肺动脉分支；⑤肺静脉分支。
HE 染色 ×40

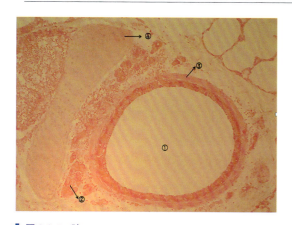

▌图 3-3-5 肺
  lung
①小支气管；②气管腺；③平滑肌细胞；④软骨片。
HE 染色 ×100

▌图 3-3-6 肺
  lung
①细支气管；②黏膜；③气管腺；④软骨片；⑤平滑肌。
HE 染色 ×100

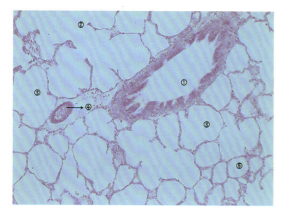

▌图 3-3-7 肺
  lung
①终末细支气管；②肺泡管；③肺泡囊；④肺动脉分支；
⑤肺泡腔。
HE 染色 ×100

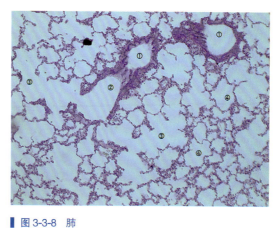

▌图 3-3-8 肺
  lung
①终末细支气管；②呼吸性细支气管；③肺泡管；④肺泡囊。
HE 染色 ×100

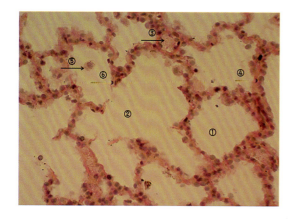

▌图 3-3-9 肺
  lung
①肺泡腔；②肺泡囊；③肺泡间隔内毛细血管；④Ⅱ型肺泡
细胞；⑤尘细胞；⑥Ⅰ型肺泡细胞。
HE 染色 ×400

3.4　呼吸系统疾病

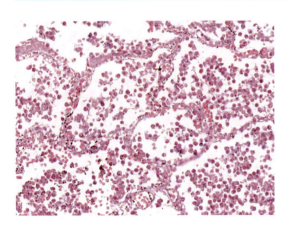

■ 图 3-4-1　大叶性肺炎（红色肝样变期）
lobar pneumonia
肺泡壁毛细血管扩张充血(→)，肺泡腔充满渗出物，主要是
纤维蛋白、红细胞及少量中性粒细胞。
HE 染色 ×400

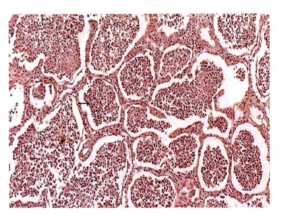

■ 图 3-4-2　大叶性肺炎（灰色肝样变期）
lobar pneumonia
肺泡壁毛细血管受压，呈缺血、贫血状态，肺泡腔充满大量
渗出物，主要是纤维蛋白和中性粒细胞(→)。肺泡壁结构
一般不受破坏。
HE 染色 ×100

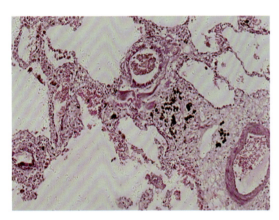

■ 图 3-4-3　小叶性肺炎
lobular pneumonia
肺组织内，可见弥漫散在的灶性病变，病灶间的肺泡腔代
偿性扩张。病变中心细支气管腔内有炎性渗出物，管壁
充血，炎细胞浸润，其周围的肺泡腔内可见炎性水肿和渗
出物。
HE 染色 ×100

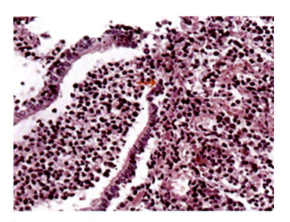

■ 图 3-4-4　小叶性肺炎
lobular pneumonia
病灶中心见细支气管黏膜壁充血、水肿，细支气管黏膜坏
死脱落(→)，管腔内可见大量中性粒细胞、一些红细胞及脱
落的肺泡上皮细胞，纤维蛋白较少及个别单核细胞。
HE 染色 ×400

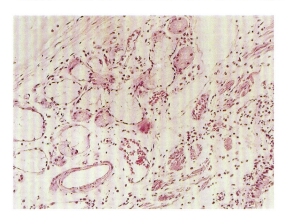

■ 图 3-4-5　慢性支气管炎
chronic bronchitis
支气管黏膜上皮细胞变性、坏死脱落，鳞状上皮化生，固有
层内黏液腺体肥大增生。
HE 染色 ×50

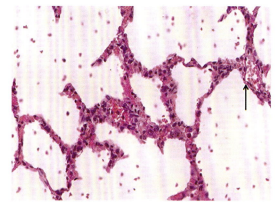

■ 图 3-4-6　间质性肺炎
interstitial pneumonia
肺间隔明显变宽，毛细血管扩张充血(↑)，以淋巴细胞、单
核细胞等炎细胞浸润为主。
HE 染色 ×200

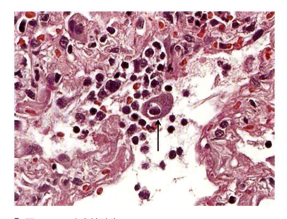

■ 图 3-4-7　病毒性肺炎
viral pneumonia
在增生的上皮或多核巨细胞胞质及胞核内可查见病毒包涵
体(↑)，呈圆形或椭圆形，红细胞大小，嗜酸性染色，周围有
一清晰的透明晕。
HE 染色 ×400

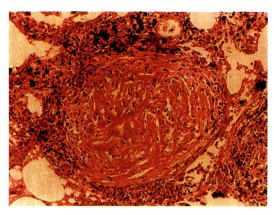

■ 图 3-4-8　硅肺
silicosis
肺组织内有一个纤维结节，中央可含有血管，其周围为大量
排列成洋葱皮结构的胶原纤维，病灶内尚可呈棕黑色的颗粒
沉积。
HE 染色 ×100

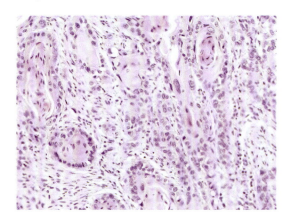

■ 图 3-4-9　肺鳞状细胞癌
squamous cell carcinoma of lung
高分化者，癌细胞呈巢状排列，与间质分界清楚，癌细胞异
型性明显，核分裂象多见，可见病理性核分裂象。癌巢中可
见角化珠和细胞间桥。
HE 染色 ×100

3.5　消化管与消化腺

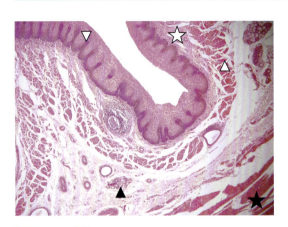

█ 图 3-5-1　食管
esophagus

食管壁近腔面为未角化的复层扁平上皮染红色(▽)，固有层(☆)由细密结缔组织组成，染淡红色。黏膜肌层主要由纵行平滑肌(△)组成。黏膜下层由疏松结缔组织组成，可见食管腺(▲)、各种血管的断面等。黏膜层和黏膜下层共同向管腔内凸起形成皱襞。黏膜下层的外围是染红色的肌层(★)，分内环外纵两层。

HE 染色 ×100

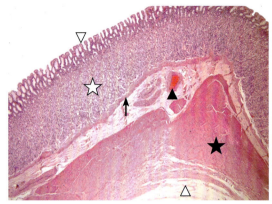

█ 图 3-5-2　胃底
stomach

胃底壁黏膜上皮为单层柱状上皮(▽)，固有层充满大量胃底腺(☆)，黏膜肌层为薄层平滑肌呈红色(↑)；黏膜下层由疏松结缔组织组成，染色淡，无腺体，可见小血管断面(▲)；③肌层很厚染红色，由平滑肌组成(★)；④外膜由浆膜组成(△)。

HE 染色 ×100

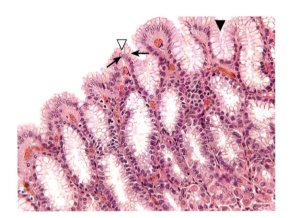

█ 图 3-5-3　表面黏液细胞
stomach

胃底黏膜表面为单层柱状上皮，称表面黏液细胞(▽)，细胞排列紧密，细胞界限明显，细胞核椭圆形染成紫蓝色，整齐排列在细胞基底部(↗)。胞质染成粉红色，顶部胞质较清亮(←)。上皮向下凹陷形成胃小凹(▼)。

HE 染色 ×400

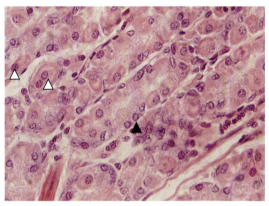

█ 图 3-5-4　胃底腺
fundic gland

图示管状的胃底腺纵切面，壁细胞(△)体积大呈圆形，核1～2个圆形居中染成紫蓝色，胞质嗜酸性染成红色。主细胞(▲)呈柱状，胞核圆较小，位于细胞基底部。胞质嗜碱性染淡蓝紫色。

HE 染色 ×400

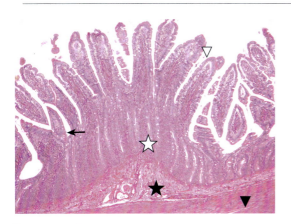

图 3-5-5　空肠
jejunum

图示空肠横切，可见皱襞和绒毛(▽)。固有层(☆)内小肠腺排列紧密，腺管开口于绒毛根部的肠腔(←)。黏膜下层由疏松结缔组织组成(★)。肌层为平滑肌(▼)。

HE 染色 ×100

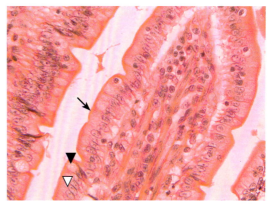

图 3-5-6　肠绒毛
intestinal villus

绒毛上皮吸收细胞(▽)呈柱状，细胞核染紫蓝色，位于细胞基底部。细胞质染淡粉红色，其游离面可见染深红色的粗线状结构，称纹状缘(↘)。杯状细胞数量较少，细胞核紫蓝色，位于细胞基部，顶部细胞质呈透亮空泡状(▼)。

HE 染色 ×400

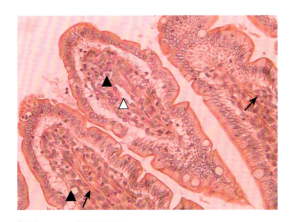

图 3-5-7　中央乳糜管
central lacteal

空肠绒毛中轴的固有层由结缔组织组成，中部可见一条中央乳糜管(△)，其管腔较毛细血管大。绒毛中轴的固有层内还可见毛细血管(▲)、散在的纵行平滑肌纤维(↗)。

HE 染色 ×400

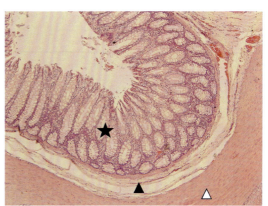

图 3-5-8　结肠
colon

管壁结构与小肠相似，黏膜表面较平整，无绒毛，固有层内肠腺多(★)，内含大量杯状细胞。黏膜下层较薄(▲)，肌层较厚(△)。

HE 染色 ×100

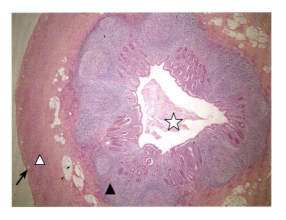

图 3-5-9　阑尾
appendix

阑尾的管腔小而不规则(☆)，固有层和黏膜下层内淋巴小结密集(▲)，并连续成层，致使黏膜肌层不完整而不明显。肌层较薄(△)，外覆浆膜(↗)。

HE 染色 ×40

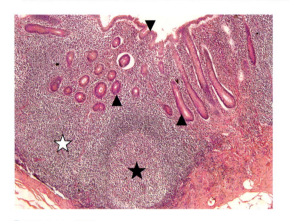

图 3-5-10　阑尾
appendix

阑尾黏膜上皮为单层柱状上皮(▼),大肠腺短而少(▲)。阑
尾的固有层和黏膜下层内淋巴组织(☆)密集。图示淋巴小
结的生发中心(★)。
HE 染色 × 100

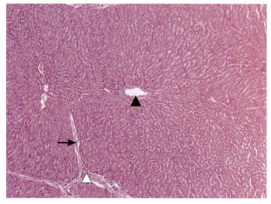

图 3-5-11　肝（人）
liver

正常肝组织内结缔组织(→)较少,相邻肝小叶之间分界不清楚。
肝小叶中央可见中央静脉(▲),肝细胞以中央静脉为中心呈放射
状排列。门管区位于相邻几个肝小叶之间(△)。
HE 染色 × 100

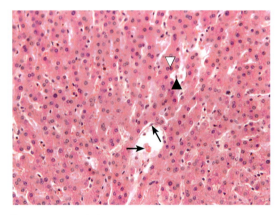

图 3-5-12　肝小叶
lobule of liver

图示肝小叶,中央静脉管壁由内皮(↖)和少量结缔组织组
成;管腔内见血细胞(→)。肝细胞较大,多边形,核大而圆,
可见双核(▽),胞质染红色。肝索呈放射状排列,肝索之间
为肝血窦,血窦内可见肝巨噬细胞(▲)。
HE 染色 × 400

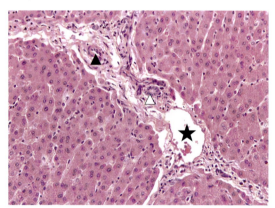

图 3-5-13　肝门管区
liver portal area

图示门管区,可见小叶间动脉(▲)、小叶间静脉(★)和小叶
间胆管(△)三种管道的断面。
HE 染色 × 400

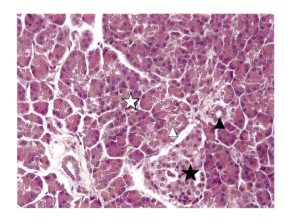

图 3-5-14　胰
pancreas

图示胰腺实质,可见胰岛(★)。胰岛周围皆是浆液性腺泡
(☆),数量多染色较深。泡心细胞(△)位于腺泡腔内,胞质
染色浅。在胰岛周围可见导管(▲)。
HE 染色 × 400

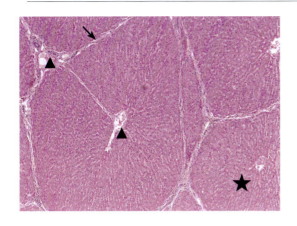

▌图 3-5-15　肝（猪）
　　liver
猪的肝小叶之间结缔组织（↘）较多，相邻肝小叶分界明显。肝小叶（★）呈多边形，肝细胞以中央静脉（▲）为中心呈放射状排列。相邻几个肝小叶之间有门管区（△）。
HE 染色 ×100

3.6　消化系统疾病

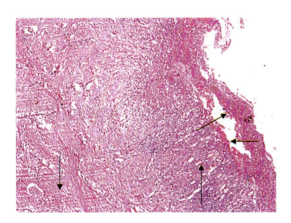

▌图 3-6-1　慢性胃溃疡
　　chronic gastric ulcer
溃疡自浅至深可分为四层：①炎性渗出层（↗）；②坏死组织层（←）；③肉芽组织层（↑），由新生毛细血管、成纤维细胞及炎细胞组成；④瘢痕组织层（↓），由纤维组织构成。
HE 染色 ×100

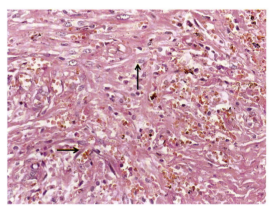

▌图 3-6-2　慢性胃溃疡
　　chronic gastric ulcer
由大量新生毛细血管（与创面垂直，→）、成纤维细胞及炎细胞（↑）组成的幼稚的结缔组织。
HE 染色 ×400

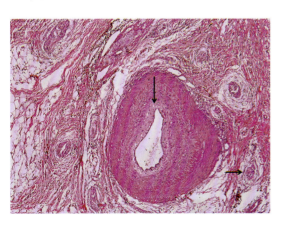

▌图 3-6-3　慢性胃溃疡
　　chronic gastric ulcer
闭塞性动脉内膜炎（↓）：小动脉壁内膜增厚，管腔狭窄或有血栓形成。神经节细胞变性，神经纤维也常发生变性和断裂，断裂神经纤维可呈小球状增生（→）。
HE 染色 ×100

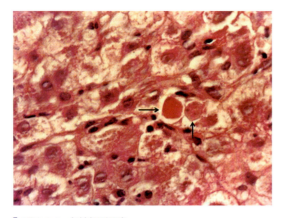

■ 图 3-6-4　急性轻型肝炎
acute hepatitis in light type

见两个呈圆形、嗜酸性较强的肝细胞已死亡,其中一个嗜
酸性极强(→),核已溶解、消失;另一个嗜酸性较弱(↑),核
已裂解,两者均称为嗜酸小体。
HE 染色 ×400

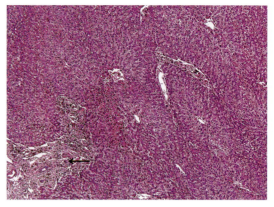

■ 图 3-6-5　慢性肝炎
chronic hepatitis

随病变进展,肝小叶之间的汇管区有大量纤维组织增生和
炎细胞浸润(←)。
HE 染色 ×100

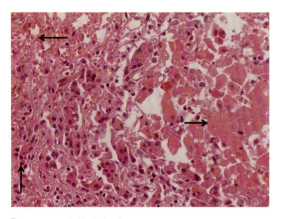

■ 图 3-6-6　急性重型肝炎
fulminant hepatitis

肝细胞坏死严重而广泛(→),致肝细胞大部已消失,以小叶中
央尤著,仅小叶边缘残存少量肝细胞。肝窦充血出血(←),小
叶内及汇管区有较多炎细胞浸润(↑),不见再生结节。
HE 染色 ×400

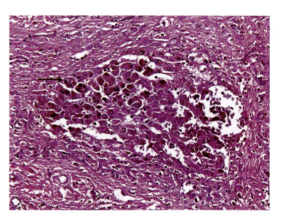

■ 图 3-6-7　亚急性重型肝炎
subacute severe hepatitis

肝细胞大片坏死,肝小叶结构破坏。可见肝细胞结节状再
生(→)。
HE 染色 ×400

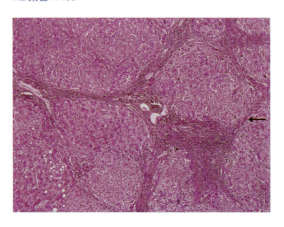

■ 图 3-6-8　门脉性肝硬化
portal cirrhosis

肝脏正常结构肝小叶已破坏,而代之以由纤维间隔围绕的
肝细胞团,称之假小叶(←)。假小叶大小不等,周边有许多
纤维组织包绕。
HE 染色 ×40

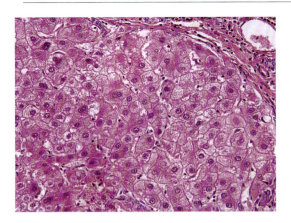

■ 图 3-6-9　门脉性肝硬化
portal cirrhosis

无中央静脉偏位,肝细胞排列紊乱,不呈放射状,部分肝细胞有不同程度的脂肪变性及再生。
HE 染色 ×400

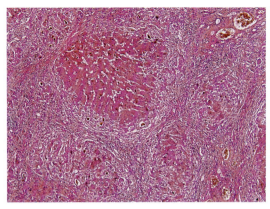

■ 图 3-6-10　坏死后性肝硬化
postnecrotic cirrhosis

镜下见:肝细胞呈结节状再生形成大小不等的假小叶,其内肝细胞常有变性和胆色素沉着。假小叶间纤维间隔较宽且厚薄不均,炎细胞浸润和胆小管增生显著。
HE 染色 ×40

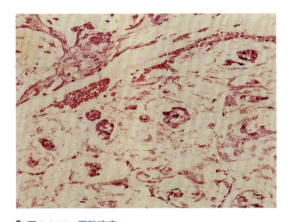

■ 图 3-6-11　胃黏液癌
gastric mucinous carcinoma

癌细胞排列呈小腺圈、条索状或散在分布,其周围为大量"黏液湖"样结构,染色较淡,无细胞成分。
HE 染色 ×100

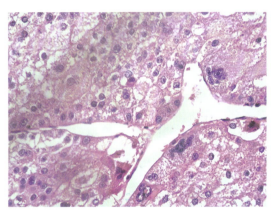

■ 图 3-6-12　肝细胞癌
liver cell carcinoma

癌细胞呈条索状、片状或小梁状(似肝细胞索),排列较紊乱,索间或小梁间有丰富的血窦。癌细胞呈多边形,胞质丰富、染色较红,核大深染,核膜清楚。
HE 染色 ×400

3.7　泌尿系统

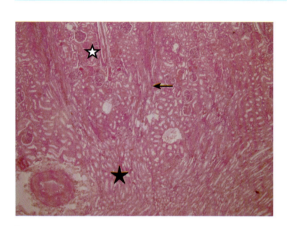

▌图 3-7-1　肾
　　kidney

肾的浅部实质为肾皮质,分布着许多球形肾小体(☆),纵行的管道是往返于皮质和髓质的泌尿小管(←)。深部为肾髓质(★),内有许多管道和血管的断面,无肾小体。

HE 染色 ×40

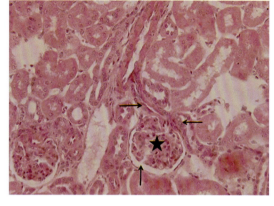

▌图 3-7-2　肾小体
　　renal corpuscle

图示一个肾小体,肾小体的中央为血管球(★)和肾小囊腔(↑)。在血管极处可见入球微动脉管壁上的球旁细胞(→)、致密斑(←)。

HE 染色 ×400

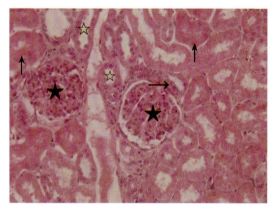

▌图 3-7-3　肾皮质
　　renal cortex

可见肾小体(★),近曲小管(↑)管壁较粗,管腔小而不清楚,有刷状缘。远曲小管(☆)管壁较薄,管腔较大而规则,无刷状缘,在肾小体血管极处可见致密斑(→),细胞呈高柱状,胞核排列紧密。

HE 染色 ×400

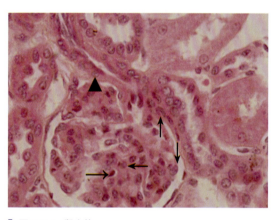

▌图 3-7-4　肾小体
　　renal corpuscle

图示肾小体和球旁复合体。可见大而圆的球旁细胞核(▲)与球外系膜细胞核(↑)。根据细胞核形状可辨认血管球内的三种细胞:圆形较大染色浅的是足细胞核(↓);小而扁染色深的是内皮细胞核(←);略长而弯染色深的是系膜细胞核(→)。

HE 染色 ×400

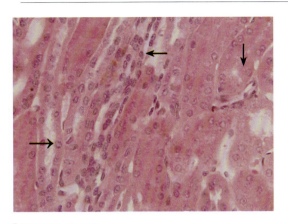

图 3-7-5　肾小管
renal tubule

近曲小管较粗长，管腔小而不规则，管壁为单层锥体形或立方形上皮(↓)。远曲小管管腔较大而规则，管壁为单层立方上皮(→)。细段管径细，管壁为单层扁平上皮(←)。
HE 染色 ×400

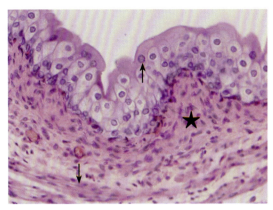

图 3-7-6　膀胱
urinary bladder

膀胱黏膜上皮为变移上皮(↑)，固有层由结缔组织组成，内无腺体(★)，肌层厚，由平滑肌组成(↓)。
HE 染色 ×400

3.8　泌尿系统疾病

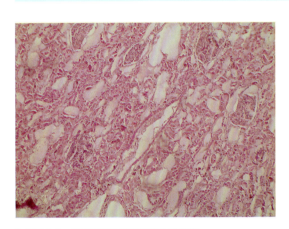

图 3-8-1　急性弥漫性增生性肾小球肾炎
acute diffuse proliferative glomerulonephritis

肾小球内血管内皮细胞和系膜细胞增生。肾小球囊腔变狭窄。近曲小管上皮细胞肿胀，管腔星芒状。肾间质毛细血管扩张充血，伴炎细胞浸润。
HE 染色 ×100

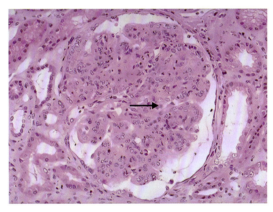

图 3-8-2　急性弥漫性增生性肾小球肾炎
acute diffuse proliferative glomerulonephritis

肾小球内血管内皮细胞和系膜细胞增生(→)。肾小球囊腔变狭窄。近曲小管上皮细胞肿胀，管腔星芒状。肾间质毛细血管扩张充血，伴炎细胞浸润。
HE 染色 ×400

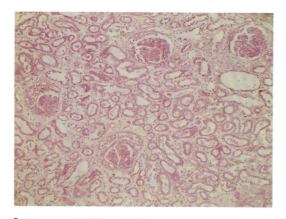

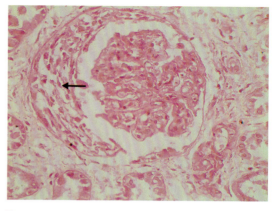

■ 图 3-8-3　新月体肾小球肾炎
crescentic glomerulonephritis
肾小球体积增大,球囊壁层上皮细胞肿胀增生成多层,突
向肾小球囊腔,呈新月体或环状体。
HE 染色 ×100

■ 图 3-8-4a　新月体肾小球肾炎
crescentic glomerulonephritis
肾小球体积增大,球囊壁层上皮细胞肿胀增生成多层,突
向肾小球囊腔,呈新月体(←)。
HE 染色 ×400

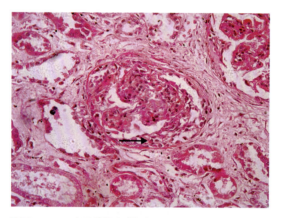

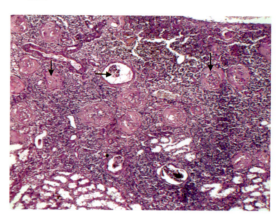

■ 图 3-8-4b　新月体肾小球肾炎
crescentic glomerulonephritis
肾小球体积增大,球囊壁层上皮细胞肿胀增生,环绕毛细
血管丛形成环状体(→)。
HE 染色 ×400

■ 图 3-8-5　慢性硬化性肾小球肾炎
chronic sclerosing glomerulonephritis
肾小球不同程度明纤维化、玻璃样变性(↓)。部分肾小球
代偿性肥大、扩张(→)。纤维化和玻璃样变的肾小球相互
集中、靠拢,称为"肾小球集中现象"。
HE 染色 ×100

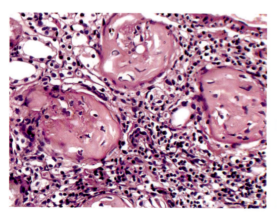

■ 图 3-8-6　慢性硬化性肾小球肾炎
chronic sclerosing glomerulonephritis
病变的肾小球萎缩、纤维化、玻璃样变性,表现为红染、均
质、无结构的玻璃样小体,相应肾小管也萎缩、纤维化或
消失。
HE 染色 ×400

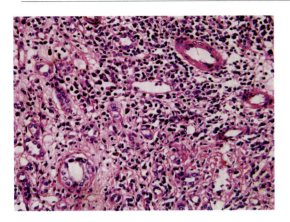

▎图 3-8-7　急性肾盂肾炎
acute pyelonephritis

肾盂黏膜、间质充血、水肿，有大量中性粒细胞浸润，肾小管萎缩、变性、坏死。

HE 染色 ×400

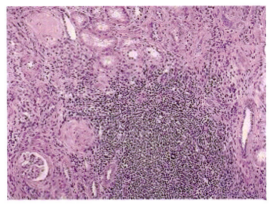

▎图 3-8-8　慢性肾盂肾炎
chronic pyelonephritis

肾间质明显纤维组织增生和大量淋巴细胞、浆细胞浸润，左下角见肾球囊周围纤维化。

HE 染色 ×100

3.9　生殖系统

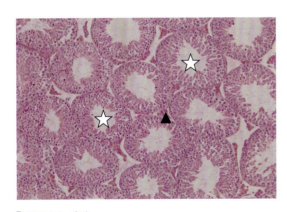

▎图 3-9-1　睾丸
testis

可见大量横切或斜切的生精小管断面(☆)，生精小管之间少量的结缔组织为睾丸间质(▲)。

HE 染色 ×100

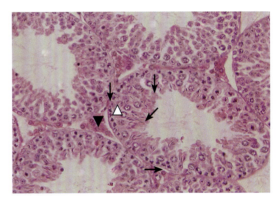

▎图 3-9-2　睾丸
testis

图示生精小管断面，可见基膜(→)、精原细胞(↓)、初级精母细胞(△)、精子细胞(↓)、精子(↙)。支持细胞轮廓不清。睾丸间质内见大而圆的间质细胞(▼)。

HE 染色 ×400

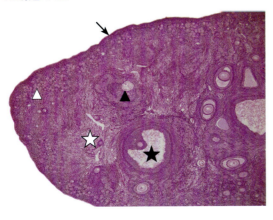

▎图 3-9-3　卵巢
ovary

图示卵巢皮质，卵巢外覆结缔组织白膜(↘)，卵巢的皮质从浅至深可见：原始卵泡(△)、生长卵泡(★)、闭锁卵泡(▲)和白体(☆)。

HE 染色 ×40

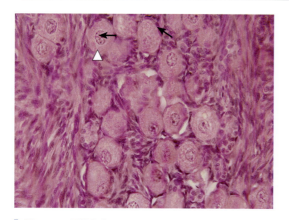

图 3-9-4　原始卵泡
primordial follicle

图示原始卵泡(△),数量多,体积小,内有一个初级卵母细胞(←),周围为单层扁平的卵泡细胞(↘)。
HE 染色 ×400

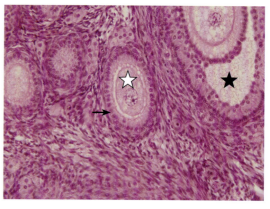

图 3-9-5　初级卵泡
primary follicle

图示一个初级卵泡,中央是初级卵母细胞(☆),周围是柱状卵泡细胞(→)。初级卵泡的右上侧有一个次级卵泡(★)。
HE 染色 ×400

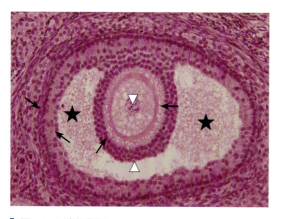

图 3-9-6　次级卵泡
secondary follicular

图示一个次级卵泡,可见以下结构:初级卵母细胞核(▽)、染红色的透明带(←)、放射冠(↗)、卵丘(△)、卵泡腔(★)、颗粒层(↖)、卵泡膜(↘)。
HE 染色 ×400

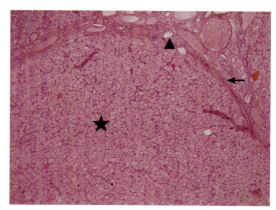

图 3-9-7　黄体
corpus luteum

黄体体积很大,其外周有结缔组织包绕(←)。可见颗粒黄体细胞(★),数量多,胞体大,染色浅,位于中部;膜黄体细胞(▲),数量少,胞体小,位于黄体的周边。
HE 染色 ×100

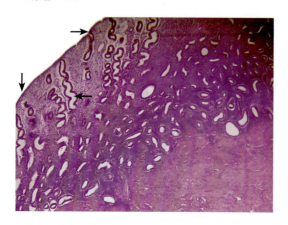

图 3-9-8　子宫
uterus

图示子宫内膜增生晚期。子宫内膜表面为单层柱状上皮(↓),固有层内有许多子宫腺(←),可见子宫腺在上皮的开口(→)。子宫肌层很厚,由大量的平滑肌束和许多结缔组织组成,各层肌束交错分布,分层不明显(☆)。
HE 染色 ×40

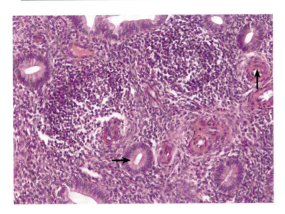

▌图 3-9-9　子宫
uterus

图示增生期子宫内膜,可见大量的管状子宫腺断面(→)及
螺旋动脉的断面(↑)。

HE 染色 ×400

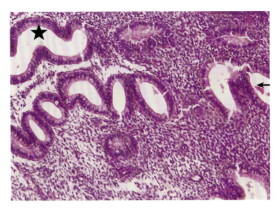

▌图 3-9-10　子宫
uterus

图示分泌期子宫内膜,可见子宫腺的管腔扩大而弯曲(★),
管腔内有分泌物(←)。

HE 染色 ×400

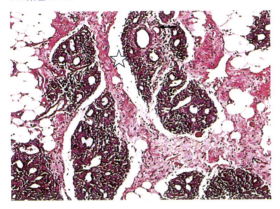

▌图 3-9-11　乳腺
mammary gland

图示静止期乳腺(☆),与活动期乳腺比较,腺体不发达,仅
有少量的腺泡和导管,结缔组织和脂肪组织丰富,腺泡和
导管不易区分,腺泡腔小(←)。

HE 染色 ×100

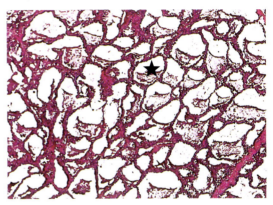

▌图 3-9-12　乳腺
mammary gland

图示活动期乳腺,妊娠后期的乳腺,小叶间结缔组织和脂
肪组织很少,小叶内腺泡很多,腺腔内可见染成红色的乳
汁(★)。

HE 染色 ×100

3.10　生殖系统疾病

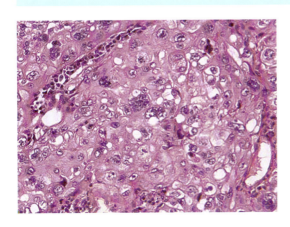

▌图 3-10-1 宫颈鳞状细胞癌
squamous cell carcinoma of cervix

癌细胞异型性明显,为多边形,细胞大小不一,排列不规则,
核浆比例失调,核大深染,核分裂象易见。

HE 染色 ×400

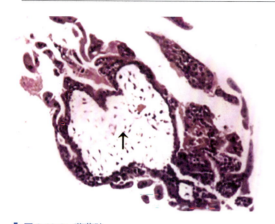

图 3-10-2　葡萄胎
hydatidiform mole
胎盘绒毛肿大,绒毛间质明显水肿,疏松淡染,绒毛间质内血管消失(↑)。
HE 染色 ×100

图 3-10-3　葡萄胎
hydatidiform mole
绒毛表面细胞滋养层细胞和合体滋养层细胞不同程度增生。细胞滋养层细胞(↑),合体滋养层细胞(↑)如图示。
HE 染色 ×400

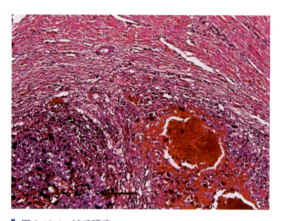

图 3-10-4　绒毛膜癌
choriocarcinoma
肌层中见大量成片的癌细胞(←)。癌细胞团块或条索间无血管和间质,亦无绒毛结构。有明显出血和坏死。
HE 染色 ×100

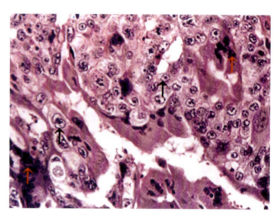

图 3-10-5　绒毛膜癌
choriocarcinoma
异型增生的细胞滋养层细胞,大小较一致,胞质淡染,核圆形,淡染,核仁清楚(↑)。异型增生的合体滋养层细胞呈合胞体状,胞质丰富红染,核深蓝染,大小较一致(↑)。
HE 染色 ×400

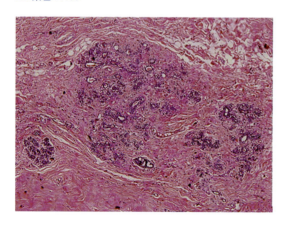

图 3-10-6　乳腺纤维腺瘤
fibroadenoma of breast
瘤组织由增生的腺管和纤维结缔组织构成。
HE 染色 ×100

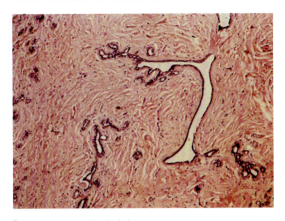

■ 图 3-10-7　乳腺纤维腺瘤
　　fibroadenoma of breast
管内型:腺瘤主要由已发生玻璃样变的胶原纤维和管腔变弯曲、狭窄的腺管组成。增生的腺体被大量增生纤维挤压,腺管变形成为弯曲、狭窄、有分支的裂隙。
HE 染色 ×100

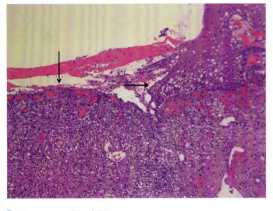

■ 图 3-10-8　宫颈糜烂
　　cervical erosion
宫颈口部上皮炎症脱落(↓),鳞状上皮增生(→)。
HE 染色 ×50

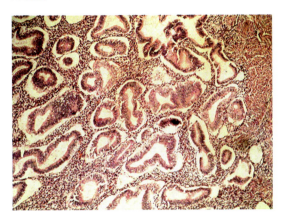

■ 图 3-10-9　子宫内膜增生症
　　endometrial hyperplasia
腺体明显增生,大小不一,有的扩张呈囊状,内膜间质细胞明显增生,排列紧密。
HE 染色 ×100

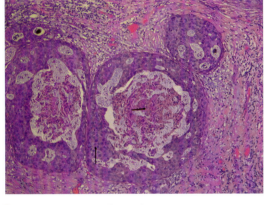

■ 图 3-10-10　乳腺导管原位癌
　　ductal carcinoma in situ of the breast
导管上皮异型增生(↑),中央为粉刺样坏死(→),导管基底膜完整。
HE 染色 ×100

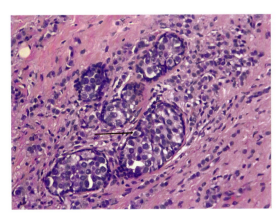

■ 图 3-10-11　乳腺小叶原位癌
　　lobular carcinoma in situ
癌组织限于小叶内腺泡(→)。
HE 染色 ×200

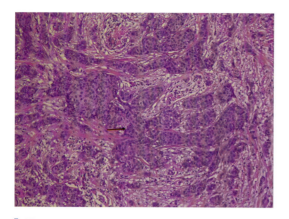

▌图 3-10-12　乳腺浸润性导管癌
　invasive ductal carcinoma
癌细胞簇状或梁状排列(→)。
HE 染色 ×100

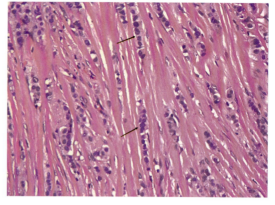

▌图 3-10-13　乳腺浸润性小叶癌
　invasive lobular carcinoma
癌细胞呈线状排列(→)。
HE 染色 ×100

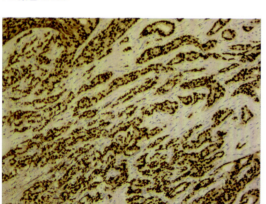

▌图 3-10-14　乳腺浸润性导管癌
　invasive ductal carcinoma
肿瘤细胞核强阳性。
免疫组织化学染色 ER×100

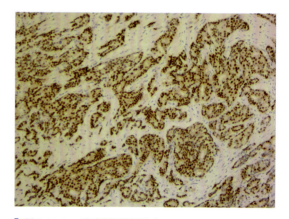

▌图 3-10-15　乳腺浸润性导管癌
　invasive ductal carcinoma
肿瘤细胞核强阳性。
免疫组织化学染色 PR×100

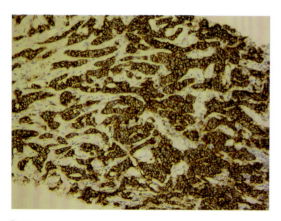

▌图 3-10-16　乳腺浸润性导管癌
　invasive ductal carcinoma
肿瘤细胞膜强阳性。
免疫组织化学染色 HER2×100

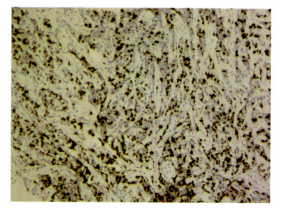

▌图 3-10-17　乳腺浸润性导管癌
　invasive ductal carcinoma
肿瘤细胞核强阳性。
免疫组织化学染色 Ki-67×100

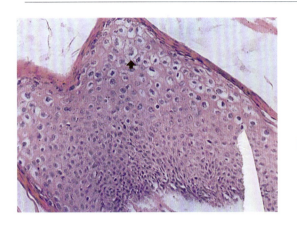

▌图 3-10-18　阴茎尖锐湿疣
condyloma acuminatum of penis
鳞状上皮明显增生,呈乳头状。细胞层次增多,表层细胞
异型性明显,有凹空细胞(↑)。
HE 染色 ×400

3.11　内分泌系统

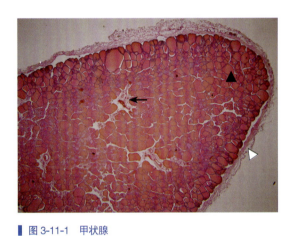

▌图 3-11-1　甲状腺
thyroid gland
表面包着结缔组织被膜(▽),腺实质内有大小不等滤泡
(▲),滤泡间有少量结缔组织和血管(←)。
HE 染色 ×40

▌图 3-11-2　甲状腺
thyroid gland
甲状腺滤泡(☆)大小不等,滤泡壁一般由单层立方上皮围
成(▲),滤泡旁细胞(▽)位于滤泡上皮之间或滤泡旁的结缔
组织中,细胞体积较大,核呈圆形 。
HE 染色 ×400

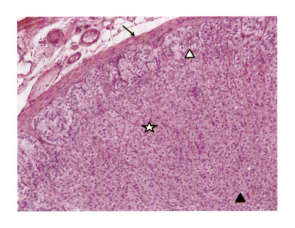

▌图 3-11-3　肾上腺
adrenal gland
皮质表面为结缔组织被膜(↘)。实质分外周的皮质和中央
的髓质,皮质可分为球状带(△)、束状带(☆)和网状带(▲)。
HE 染色 ×100

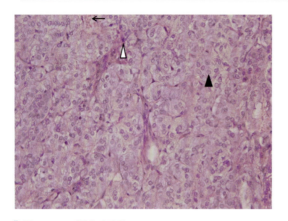

▌图 3-11-4　肾上腺髓质
adrenal medulla
肾上腺髓质主要含嗜铬细胞(▲),核圆,胞体呈多边形,胞质染色淡。细胞团索间有血窦(←)。交感神经节细胞(△)胞体大,有突起,胞质染紫红色,核圆形,染色浅。
HE 染色 ×400

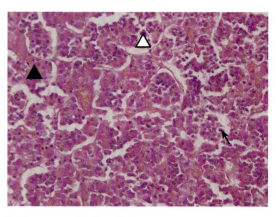

▌图 3-11-5　垂体(远侧部)
hypophysis
嗜酸性细胞(▲),胞体大,胞质染红色。嗜碱性细胞(△),胞体大,核圆,着色浅,胞质染淡紫蓝色。嫌色细胞(↖),胞体小,胞质着色浅,细胞核明显。
HE 染色 ×400

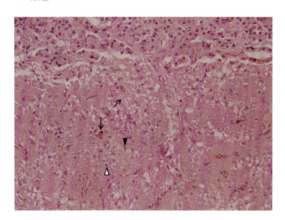

▌图 3-11-6　垂体
hypophysis
神经垂体着色浅,可见神经纤维(↗);散在的神经胶质细胞又称垂体细胞(△),细胞小,胞质轮廓不清,仅见细胞核、血窦(↓)以及大小不一的赫令体(▼)。
HE 染色 ×400

3.12　内分泌系统疾病

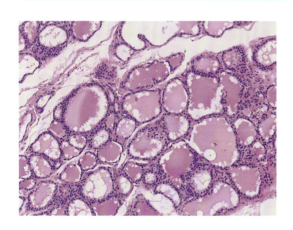

▌图 3-12-1　弥漫性毒性甲状腺肿
diffuse toxic goiter
甲状腺滤泡呈弥漫性增生,滤泡大小不等。
HE 染色 ×100

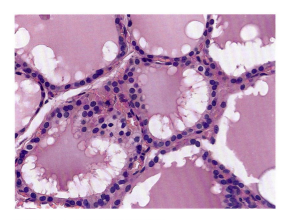

▌ 图 3-12-2　弥漫性毒性甲状腺肿
　diffuse toxic goiter

滤泡上皮呈立方状或高柱状,胞核大小一致,部分滤泡上皮细胞向滤泡腔内呈乳头状突起。腔较小,胶质稀薄,靠上皮边缘有成排的吸收小空泡。间质中血管丰富,显著充血,有淋巴细胞浸润。
HE 染色 ×400

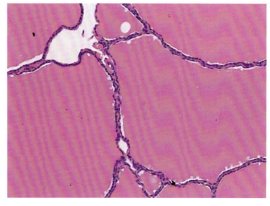

▌ 图 3-12-3　弥漫性非毒性甲状腺肿
　diffuse nontoxic goiter

镜下见甲状腺滤泡增生肥大,滤泡大小差异显著。大部分滤泡显著扩大,腔内充满胶质,使上皮细胞受压呈扁平状。
HE 染色 ×100

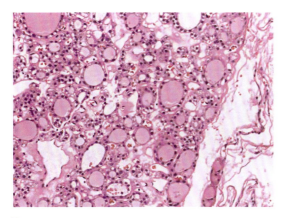

▌ 图 3-12-4　甲状腺腺瘤
　thyroid adenoma

瘤组织与正常甲状腺之间有包膜分隔。瘤组织由多数小滤泡构成,滤泡圆形,由单层立方上皮围绕而成,无明显异型性。无或仅有少量淡红色胶质。间质水肿,黏液变性。
HE 染色 ×100

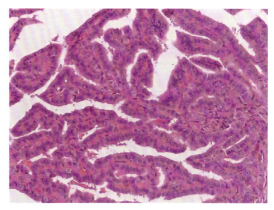

▌ 图 3-12-5　甲状腺乳头状癌
　papillary carcinoma of thyroid gland

癌细胞呈矮柱状或立方形,核染色质少,呈透明或毛玻璃样,无核仁,偶见核分裂象。癌细胞围绕纤维血管中心轴呈乳头状排列,乳头分支较复杂,有三级以上分支。
HE 染色 ×100

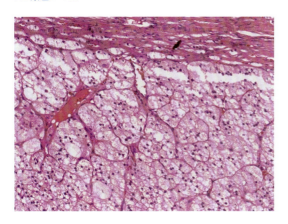

▌ 图 3-12-6　肾上腺皮质腺瘤
　adrenal adenoma

肾上腺被膜增厚,瘤细胞呈腺样结构。细胞体积较小,胞质宽,透明,核小。
HE 染色 ×100

3.13　淋巴器官

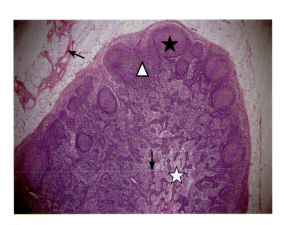

▌ 图 3-13-1　淋巴结
lymph node

淋巴结表面为被膜,可见血管、脂肪组织和输入淋巴管(←)。被膜下方的浅层皮质内可见许多淋巴小结(★),其深面为副皮质区(△),髓质在淋巴结的深部,由髓索(↓)和髓窦(☆)组成。

HE 染色 ×100

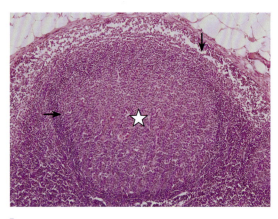

▌ 图 3-13-2　淋巴结
lymph node

图示一个淋巴小结,周边以小淋巴细胞(→)为主,排列紧密,着色深;中央以大淋巴细胞为主,着色浅,称为生发中心(☆)。被膜与淋巴小结之间结构疏松,染色较浅的为皮质淋巴窦(↓)。

HE 染色 ×400

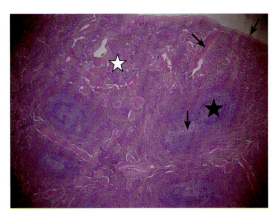

▌ 图 3-13-3　脾
spleen

脾的表面是被膜(↙),被膜深入实质形成很多小梁(↘)。白髓染成紫蓝色的圆形或椭圆形结构,由动脉周围淋巴鞘(↓)及其旁附的淋巴小结(脾小体)(★)组成。红髓(☆)范围广,染色较红,分布于白髓之间。

HE 染色 ×100

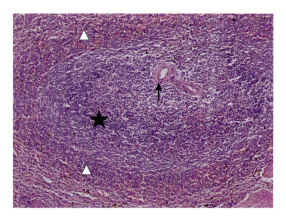

▌ 3-13-4　脾（白髓）
spleen（white pulp）

动脉周围淋巴鞘主要由密集的 T 淋巴细胞聚集在中央动脉的周围构成,可见 1~2 个中央动脉切面(↑),位于动脉周围淋巴鞘中央或偏一侧。淋巴小结(脾小体)(★)位于淋巴鞘的一侧。红髓和白髓的交界处称为边缘区(△)。

HE 染色 ×400

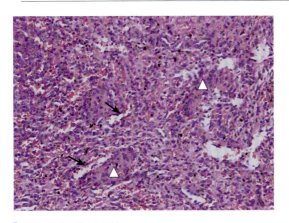

图 3-13-5　脾（红髓）
spleen（red pulp）

脾索呈索状并相互连接成网（△）。脾索之间大小不等形状不规则的腔隙为脾血窦（↘），脾血窦和脾索内均含有血细胞。
HE 染色 ×400

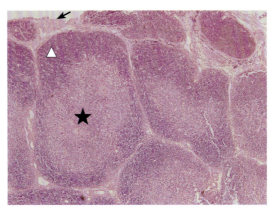

图 3-13-6　胸腺
thymus

胸腺表面为被膜（↙），实质可见许多不完全分隔的胸腺小叶。小叶周边染色深呈紫蓝色的为皮质（△），中央部染色浅的为髓质（★）。
HE 染色 ×100

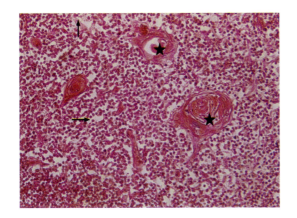

图 3-13-7　胸腺（髓质）
thymus

胸腺髓质内可见粉红色的胸腺小体，由同心圆排列的上皮细胞组成，其中心的细胞渐退化（★）。胸腺小体是胸腺特征结构。其周围可见分布稀疏的淋巴细胞（胸腺细胞）（→）和体积较大有突起的上皮性网状细胞（↑）。
HE 染色 ×400

3.14　造血和淋巴系统疾病

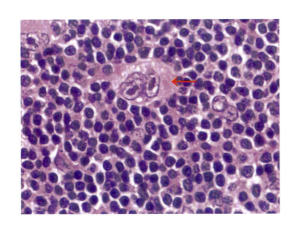

图 3-14-1　霍奇金淋巴瘤
Hodgkin lymphoma

瘤细胞形态多样，典型 R-S 细胞体积较大（←），椭圆形或不规则形，胞质丰富，嗜双色性或嗜酸性，核大，双核，核内有一嗜酸性大核仁，核仁边界光滑整齐，周围有一透明空晕。
HE 染色 ×400

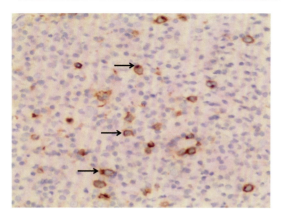

■ 图 3-14-2　霍奇金淋巴瘤
　　Hodgkin lymphoma
肿瘤细胞膜/细胞质阳性,核旁高尔基体着色(→)。
免疫组织化学染色 CD15×200

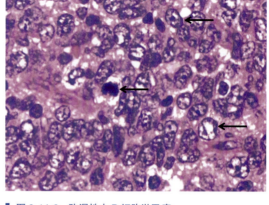

■ 图 3-14-3　弥漫性大 B 细胞淋巴瘤
　　diffuse large B cell lymphoma
瘤细胞体积较大,浆丰富,核较大而圆或不规则,染色深,
可见核仁,有一定异型性,核分裂易见(←)。
HE 染色 ×400

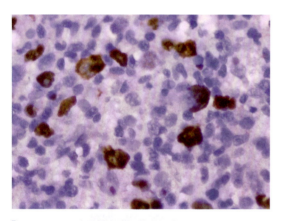

■ 图 3-14-4　弥漫性大 B 细胞淋巴瘤
　　diffuse large B cell lymphoma
肿瘤细胞核阳性。
原位杂交染色 EBER×200

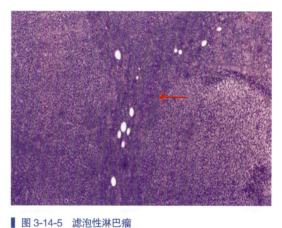

■ 图 3-14-5　滤泡性淋巴瘤
　　follicular lymphoma
淋巴结的结构破坏,肿瘤性滤泡排列紧密(←),界限不清,
滤泡样结构(>75%),背靠背分布,套区变薄、不完整。
HE 染色 ×40

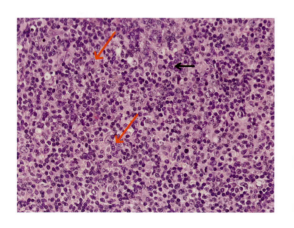

■ 图 3-14-6　滤泡性淋巴瘤
　　follicular lymphoma
瘤细胞以中心细胞(←)为主,可见中心母细胞(↙)。
HE 染色 ×400

图 3-14-7　滤泡性淋巴瘤
follicular lymphoma
肿瘤细胞膜/细胞质阳性。
免疫组织化学染色 BCL2 × 100

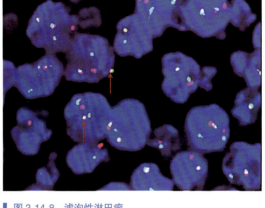

图 3-14-8　滤泡性淋巴瘤
follicular lymphoma
荧光原位杂交（FISH）检测 Bcl-2/IgH 融合基因阳性示细胞核内可见 1 个红色信号、1 个绿色信号和 1 个红绿融合的黄色信号（↑）。
FISH × 1000

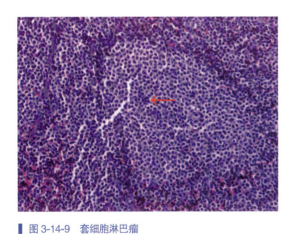

图 3-14-9　套细胞淋巴瘤
mantle cell lymphoma
类似于中心细胞的小至中等大小淋巴样细胞单形性增生（←），可形成模糊结节状。
HE 染色 × 400

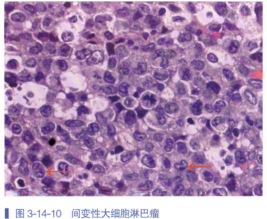

图 3-14-10　间变性大细胞淋巴瘤
anaplastic large cell lymphoma
肿瘤细胞具有特征性形态：具有偏心性、马蹄形或肾形核（←），细胞大型，胞质丰富嗜酸性，但也有小细胞型，可有多核而似 R-S 细胞，染色质多细腻，具有多个不明显核仁，也可核仁明显。
HE 染色 × 400

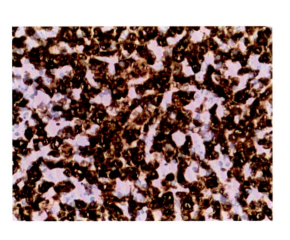

图 3-14-11　间变性大细胞淋巴瘤
anaplastic large cell lymphoma
肿瘤细胞质/细胞核阳性。
免疫组织化学染色 ALK × 200

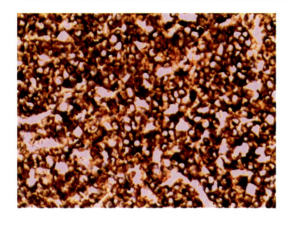

▌图 3-14-12　间变性大细胞淋巴瘤
　anaplastic large cell lymphoma
肿瘤细胞膜 / 细胞质阳性。
免疫组织化学染色 CD30 × 200

3.15　皮肤和感觉器官

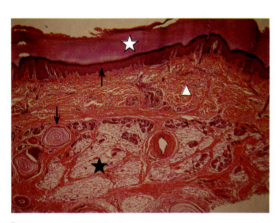

▌图 3-15-1　手指皮肤
　skin of the finger
手指表皮浅层为很厚的角质层, 染紫红色(☆), 深层染色深,
由多层细胞组成(↑)。真皮由不规则致密结缔组织组成
(△)。皮下组织由疏松结缔组织和脂肪组织构成(★), 可见
环层小体等(↓)。
HE 染色 × 100

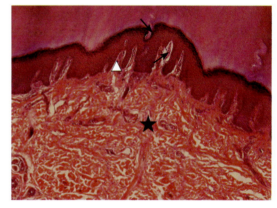

▌图 3-15-2　手指皮肤
　skin of the finger
真皮乳头层伸向表皮基底层形成真皮乳头(△), 乳头内含
触觉小体(↗)。网织层内可见致密结缔组织(★)、小血管、
汗腺。图中可见汗腺导管穿过表皮(↘)。
HE 染色 × 100

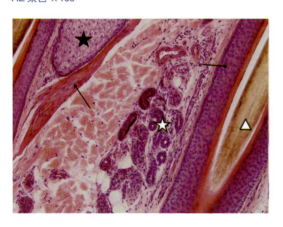

▌图 3-15-3　头皮
　scalp
头皮内有毛根(△)、毛囊(→)、皮脂腺(★)、立毛肌(↖)、汗腺
(☆)等。
HE 染色 × 100

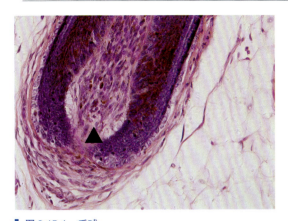

▌ 图 3-15-4　毛球
hairball
毛球(▲)。
HE 染色 ×100

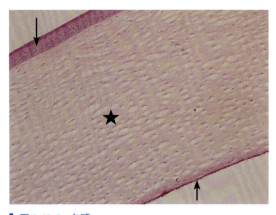

▌ 图 3-15-5　角膜
cornea
眼球由前至后分五层：①角膜上皮，为未角化的复层扁平上皮，很薄(↓)；②前界层，不易辨认；③角膜基质(★)，很厚；④后界层难辨认；⑤角膜内，皮为单层扁平上皮(↑)。
HE 染色 ×200

3.16　神经系统疾病

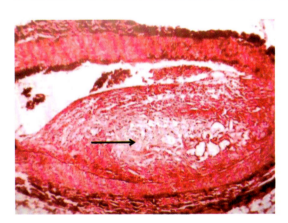

▌ 图 3-16-1　脑动脉粥样硬化
atherosclerosis of brain
血管内皮下见胆固醇结晶(→)，粥样斑块形成。
HE 染色 ×40

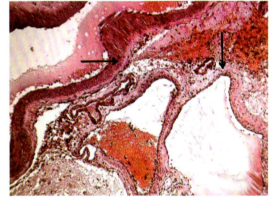

▌ 图 3-16-2　动静脉血管畸形
arteriovenous malformation of brain
薄壁静脉(↓)及有平滑肌的动脉(→)紧密相靠，脉管间为脑组织，并可见含铁血黄素沉积。
HE 染色 ×40

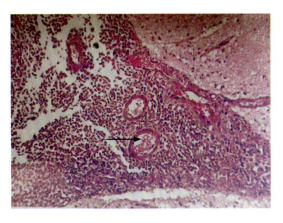

▌ 图 3-16-3　化脓性脑膜炎
purulent meningitis
脑实质表面见软脑膜血管扩张、充血(→)，蛛网膜下腔内见大量中性粒细胞。
HE 染色 ×40

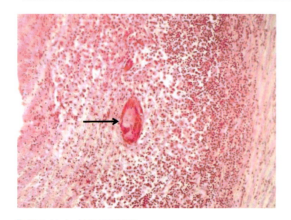

图 3-16-4　结核性脑膜炎
tuberculous meningitis
坏死灶周围见上皮样细胞、朗汉斯巨细胞(→)和淋巴细胞
浸润。
HE 染色 ×40

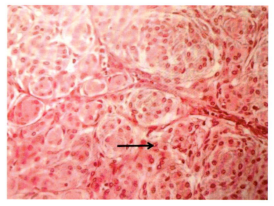

图 3-16-5　脑膜皮细胞型脑膜瘤
meningeal cutaneous cell type of meningioma
见旋涡状排列的脑膜上皮细胞,分化良好,细胞可见开窗
现象(→)。
HE 染色 ×100

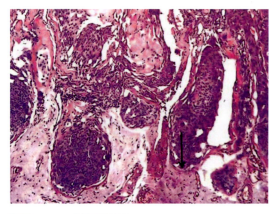

图 3-16-6　非典型脑膜瘤
atypical meningioma
肿瘤细胞生长活跃,细胞密度较高,细胞中度或明显异型,
周围胶质增生,生长活跃的肿瘤细胞舌状侵犯(↓)脑实质。
HE 染色 ×40

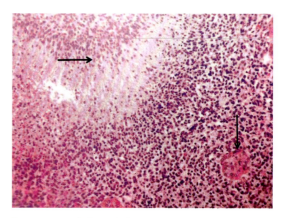

图 3-16-7　胶质母细胞瘤
glioblastoma
增生密集的肿瘤细胞,周围见栅栏状坏死灶(→),间质血管
丛高度增生(↓)。
HE 染色 ×100

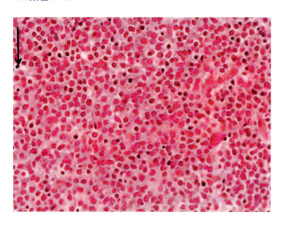

图 3-16-8　少突胶质细胞瘤
oligodendroglioma
肿瘤细胞核圆形,大小一致,核周有空晕(↓),呈"煎鸡蛋"
样形态,薄壁分支的毛细血管穿插其中。
HE 染色 ×100

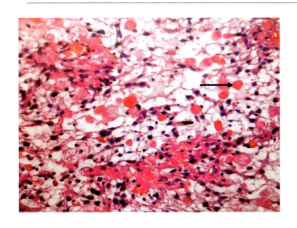

▌图 3-16-9   毛细胞型星形细胞瘤
pilocytic astrocytoma

黏液样变的背景中见或致密或疏松分布的胶质细胞,散在
Rosenthal 纤维,并可见嗜酸性蛋白小体(→)。
HE 染色 ×100

3.17   骨关节疾病

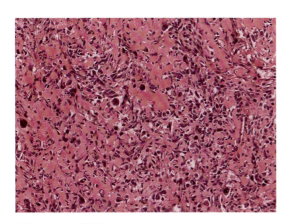

▌图 3-17-1   骨肉瘤
osteosarcoma

瘤细胞形态各异、大小不等,有明显异型性,细胞核大、染
色深,部分细胞核核仁明显。肿瘤中梭形瘤细胞较丰富,
排列密集。部分区域可见嗜伊红均质的骨样组织或新骨
形成。
HE 染色 ×400

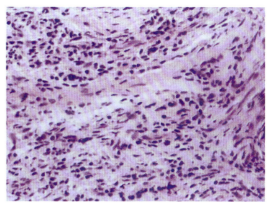

▌图 3-17-2   骨髓炎
osteomyelitis

骨髓腔内正常组织结构消失,出现多量细胞及纤维性成分。
HE 染色 ×400

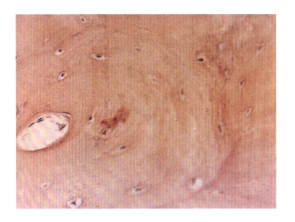

▌图 3-17-3   骨瘤
osteoma

镜下见大量骨小梁形成。骨小梁成熟,但粘合线与正常骨
不同。
HE 染色 ×400

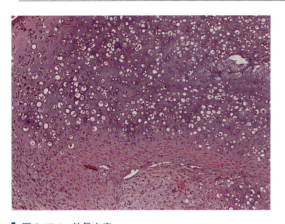

图 3-17-4　软骨肉瘤
chondrosarcoma
软骨细胞增生活跃,细胞密度增加,且细胞核体积大、深染,
无明显软骨陷窝形成。
HE 染色 ×400

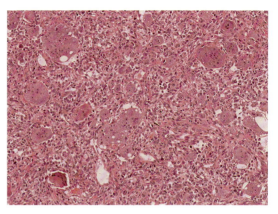

图 3-17-5　骨巨细胞瘤
giant cell tumor of bone
肿瘤由单核基质细胞和多核巨细胞组成,多核巨细胞分布
在基质细胞之间,胞核数多达几十个,常聚集在细胞的中
央,肿瘤间质血管丰富。
HE 染色 ×400

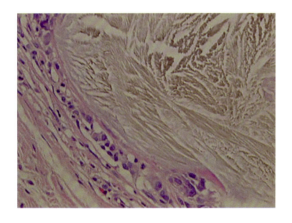

图 3-17-6　痛风
gout
痛风石形成,周围有渗出和增生的细胞围绕。
HE 染色 ×400

3.18　软组织疾病

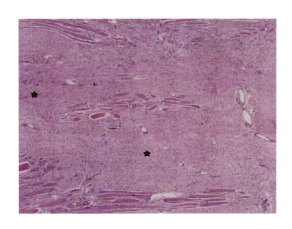

图 3-18-1　侵袭性纤维瘤病
aggressive fibromatosis
梭长纤细的成纤维细胞及胶原纤维平直排列(☆),浸润周
围横纹肌组织。
HE 染色 ×20

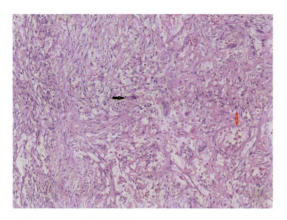

■ 图 3-18-2　结节性筋膜炎
　 nodular fasciitis
短梭形、胖梭形的成纤维细胞/肌纤维母细胞杂乱增生，见红细胞外渗(⇩)，背景少量淋巴细胞，少许组织样细胞或数量不等的多核巨细胞(⇨)。
HE 染色 ×100

■ 图 3-18-3　隆突性皮肤纤维肉瘤
　 dermatofibrosarcoma protuberans
皮肤真皮层及皮下组织间弥漫浸润性生长的短梭形细胞，肿瘤包绕皮下脂肪组织呈蜂窝状(⇨)，肿瘤间残存脂肪细胞。
HE 染色 ×20

■ 图 3-18-4　胃肠道间质瘤
　 gastrointestinal stromal tumor
胃黏膜肌层下见弥漫增生的梭形细胞束状、编织状排列。
HE 染色 ×40

■ 图 3-18-5　胃肠道间质瘤
　 gastrointestinal stromal tumor
肿瘤细胞膜阳性。
免疫组织化学染色 DOG-1×100

■ 图 3-18-6　神经鞘瘤
　 schwannoma
肿瘤由富有细胞的梭形细胞的束状区(Antoni A区，☆)及疏松水肿的网状区(Antoni B区，◇)组成。
HE 染色 ×40

▌图 3-18-7　神经鞘瘤
　　schwannoma
肿瘤细胞核/细胞质阳性。
免疫组织化学染色 S100×100

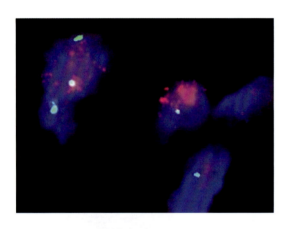

▌图 3-18-8　脂肪肉瘤
　　liposarcoma
部分为分化近乎成熟的脂肪细胞,可见含单个或多个小脂滴的脂母细胞(⇨),核周有压迹。
HE 染色 ×400

▌图 3-18-9　脂肪肉瘤
　　liposarcoma
FISH ×400 MDM2 基因扩增阳性。

3.19　传染病与寄生虫疾病

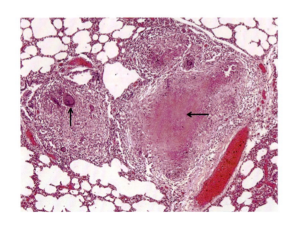

▌图 3-19-1　急性粟粒性肺结核
　　acute miliary tuberculosis
可见 2 个大小不同的结核结节。结核结节由类上皮细胞、朗汉斯巨细胞(↑)、淋巴细胞和成纤维细胞组成,中央常为红染无结构颗粒状坏死灶(←)。
HE 染色 ×100

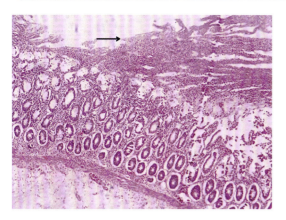

图 3-19-2　细菌性痢疾
bacillary dysentery
可见到肠四层结构(黏膜层、黏膜下层、肌层与浆膜)。病变黏膜表浅坏死,有假膜形成(→)。假膜下组织充血、水肿。
HE 染色 ×100

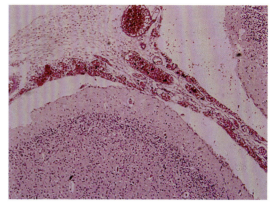

图 3-19-3　流行性脑脊髓膜炎
epidemic cerebrospinal meningitis
蛛网膜下腔间隙变大,充满大量脓性渗出物,其中有大量的炎细胞,大脑蛛网膜下腔内的血管高度扩张、充血,脑实质炎症反应不明显,无明显病变。
HE 染色 ×40

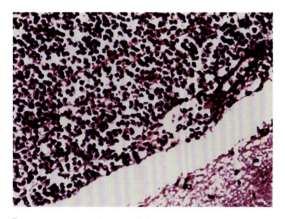

图 3-19-4　流行性脑脊髓膜炎
epidemic cerebrospinal meningitis
渗出物以中性粒细胞为主,尚有纤维蛋白及少量的淋巴细胞、巨噬细胞。脑实质除有水肿和神经细胞变性外,无明显病变。
HE 染色 ×400

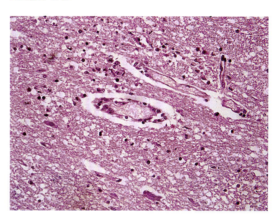

图 3-19-5　流行性乙型脑炎
epidemic encephalitis B
淋巴细胞袖套反应:脑组织内血管高度扩张、充血,血管周围间隙变宽,淋巴细胞、巨噬细胞围绕血管周围形成袖套状浸润。
HE 染色 ×100

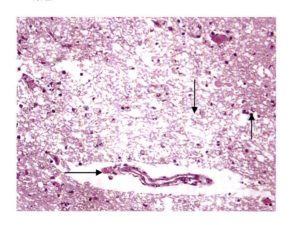

图 3-19-6　流行性乙型脑炎
epidemic encephalitis B
①筛状软化灶形成(↓):呈淡染空网状结构;②胶质细胞结节(↑):胶质细胞呈弥漫性增生或集中成团而形成;③淋巴细胞袖套反应(→):血管扩张、周围间隙变宽,淋巴细胞、巨噬细胞围绕血管周围。
HE 染色 ×100

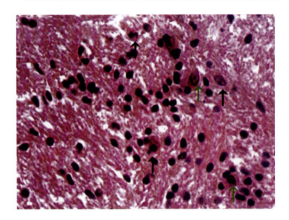

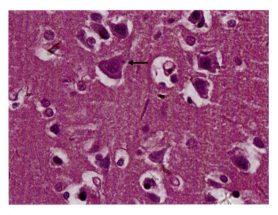

▌ 图 3-19-7　流行性乙型脑炎
　　epidemic encephalitis B

神经细胞变性、坏死(↑),胶质细胞围绕变性的神经细胞形成卫星现象(↑),胶质细胞进入变性的神经细胞内称噬神经现象,胶质细胞局灶性增生形成胶质结节。

HE 染色 ×400

▌ 图 3-19-8　流行性乙型脑炎
　　epidemic encephalitis B

噬神经细胞现象:有的神经细胞胞质内可见小胶质细胞及中性粒细胞侵入(←)。

HE 染色 ×400

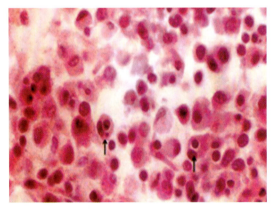

▌ 图 3-19-10　肠伤寒
　　typhoid fever of intestine

伤寒细胞(↑):呈圆形,胞质丰富,内可见吞噬细胞碎片、伤寒杆菌、红细胞、淋巴细胞,核圆浅染。多数伤寒细胞聚集即形成伤寒小结。

HE 染色 ×1000